PLC 应用技术

主　编　孙　琳　刘旭东

副主编　王　璐　闫　佳　冯珊珊

参　编　徐　凯　田　佳

北京理工大学出版社

BEIJING INSTITUTE OF TECHNOLOGY PRESS

内容简介

本书以西门子 S7－200 为例，采用以项目为中心，结合高职院校职业教育课程改革经验，从综合工程开发的角度，系统地介绍了西门子 S7－200 系列 PLC 的工作原理、具体编程方法以及在综合案例中的典型应用。

本书主要内容分为 6 个项目，即初识 PLC 控制系统、交流电动机基本控制系统、交通灯控制系统、计数器在控制系统中的应用、步进顺序指令应用、PLC 功能指令应用。本书还在每一项目的编写中加入了拓展提高，扩展了所学知识的深度和广度。

本书可以作为高职高专院校电气自动化技术、机械制造及其自动化、机电一体化、工业自动化等相近专业的 PLC 教材，也可以作为自学考试人员的学习用书。

图书在版编目（CIP）数据

PLC 应用技术 / 孙琳，刘旭东主编 .—北京：北京理工大学出版社，2019.2（2022.2 重印）

ISBN 978－7－5682－6709－0

Ⅰ.①P…　Ⅱ.①孙…②刘…　Ⅲ.①PLC 技术－高等学校－教材　Ⅳ.①TM571.6

中国版本图书馆 CIP 数据核字（2019）第 027016 号

出版发行 / 北京理工大学出版社有限责任公司
社　　址 / 北京市海淀区中关村南大街 5 号
邮　　编 / 100081
电　　话 /（010）68914775（总编室）
　　　　　（010）82562903（教材售后服务热线）
　　　　　（010）68944723（其他图书服务热线）
网　　址 / http：//www.bitpress.com.cn
经　　销 / 全国各地新华书店
印　　刷 / 唐山富达印务有限公司
开　　本 / 787 毫米 ×1092 毫米　1/16
印　　张 / 13
字　　数 / 308 千字
版　　次 / 2019 年 2 月第 1 版　2022 年 2 月第 3 次印刷
定　　价 / 35.00 元

责任编辑 / 陈莉华
文案编辑 / 陈莉华
责任校对 / 周瑞红
责任印制 / 施胜娟

图书出现印装质量问题，请拨打售后服务热线，本社负责调换

前言 Preface

本书根据高职高专的培养目标，结合高职高专的教学改革和课程改革，采用“项目导向、任务驱动”的教学模式，改变了以往“理论、实验、课程设计”三段式教学方式。全书围绕着课程主旨，以实际应用为主线，通过不同的工程项目和实例，将理论知识完全嵌入到每一个实践项目中，做到教、学、做的紧密结合。

本书以西门子 S7-200 为例，系统地介绍了 PLC 的组成、工作原理、编程方法、指令应用，主要内容分为 6 个项目，即初识 PLC 控制系统、交流电动机基本控制系统、交通灯控制系统、计数器在控制系统中的应用、步进顺序指令应用、PLC 功能指令应用。每个项目由多个任务组成，通过任务的逐一破解，展现了真实、完整的实际工作过程，充分体现了基于工作过程的全新教学理念，实现了教、学、做一体化的教学模式。在本书编写的过程中，将典型例题、拓展提高、练习与思考等有机地融入教材中，力求最大限度地扩展知识的深度和广度。

本书由辽宁建筑职业学院孙琳、营口职业技术学院刘旭东担任主编，并负责项目四、项目五的编写；辽宁建筑职业学院王璐、鞍山师范学院高职院闫佳、辽宁建筑职业学院冯珊珊担任副主编，并负责项目一任务三、项目三、项目六的编写；辽宁建筑职业学院徐凯、渤海船舶职业学院田佳担任项目一任务一和任务二、项目二的编写。

本书在编写过程中参阅了许多同行专家编写的教材和资料，同时也得到了相关单位和有关同仁的大力支持和帮助，在此表示衷心的感谢！

限于作者的学识水平，书中难免存在错误、疏漏之处，在此，全体编写者殷切期望使用本书的各位读者给予批评指正。

编　者

初识PLC控制系统

任务一　彩灯控制

任务目标

（1）掌握西门子 PLC 的系统组成及其工作原理。

（2）掌握 S7－200 系列 PLC 编程软件的使用。

（3）熟悉 PLC 的工作过程。

任务分析

通过 PLC 来实现一盏灯点亮与熄灭的控制，这是利用 PLC 进行开关量控制的一个简单应用。控制电路如图 1－1 所示。

（1）按下 SB 按钮，彩灯 HL 亮。

（2）松开 SB 按钮，彩灯 HL 灭。

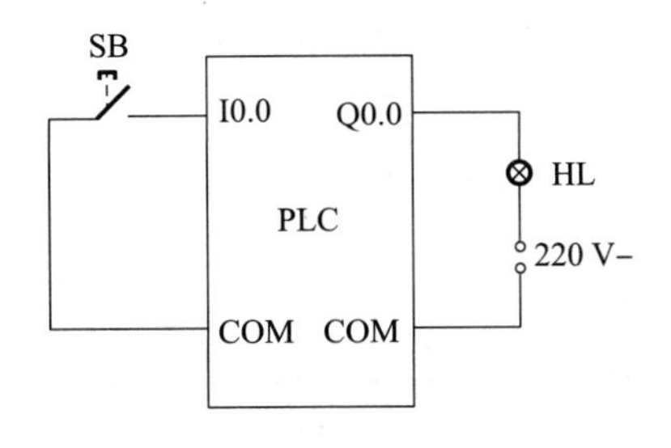

图 1－1　彩灯控制电路

如何用 PLC 实现本任务呢？PLC 是什么？其结构如何？通过本任务学习来解决这些问题。在完成任务之前，需要掌握西门子 PLC 的系统组成及工作原理，并且要掌握 S7 - 200 系列 PLC 软件的基本操作，熟悉 PLC 的工作过程。

知识准备

微课：认识西门子 PLC 系统组成

一、认识西门子 PLC 系统的组成

（一）PLC 的基本结构

可编程逻辑控制器（Programmable Logic Controller，PLC）是计算机家族中的一员，专为在工业环境应用而设计。它采用一类可编程的存储器，用于其内部存储程序，执行逻辑运算、顺序控制、定时、计数与算术操作等面向用户的指令，并通过数字或模拟式输入/输出控制各种类型的机械或生产过程。传统的继电接触控制系统通常由输入设备、控制线路和输出设备三大部分组成，如图 1 - 2 所示。显然这是一种由许多“硬”的元器件连接起来组成的控制系统，PLC 及其控制系统是从继电接触控制系统和计算机控制系统发展而来的，PLC 的输入/输出部分与继电接触控制系统大致相同，PLC 控制部分用微处理器和存储器取代继电器控制线路，其控制作用是通过用户软件来实现的。PLC 的基本结构如图 1 - 3 所示。PLC 的基本组成部分包括微处理器（CPU）、存储器、I/O 单元、电源单元和编程器等。

图 1 - 2　继电接触控制系统

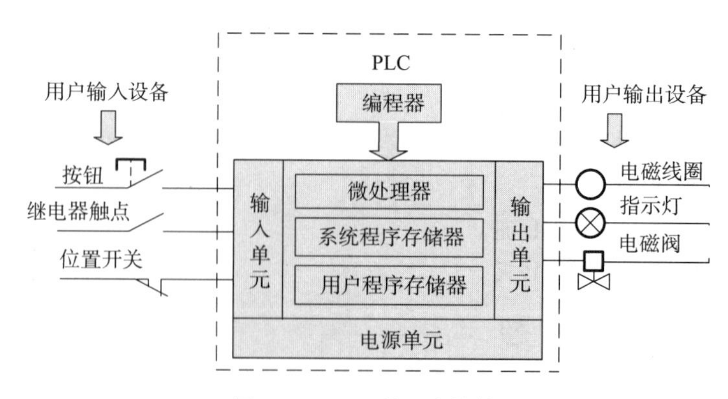

图 1 - 3　PLC 的基本结构

1. 微处理器（CPU）

CPU 一般由控制器、运算器和寄存器组成，这些电路都集成在一个芯片上。与一般计算机一样，CPU 是 PLC 的核心，它按系统程序赋予的功能指挥 PLC 有条不紊地进行工作。

不同型号 PLC 的 CPU 芯片是不同的，有的采用通用 CPU 芯片，如 8031、8051、8086、

80826 等，也有的采用厂家自行设计的专用 CPU 芯片，如西门子公司的 S7－200 系列 PLC 均采用其自行研制的 CPU 芯片，如图 1－4 所示。随着 CPU 芯片技术的不断发展，PLC 所用的 CPU 芯片也越来越高档。

图 1－4　S7－200 系列 CPU 种类

S7－200 CPU 有 CPU 21X 和 CPU 22X 两个系列，CPU 21X 包括 CPU 212、CPU 214、CPU 215 和 CPU 216，是第一代产品，主机都可进行扩展，本书不做介绍。CPU 22X 包括 CPU 221、CPU 222、CPU 224、CPU 226 和 CPU 226 XM，是第二代产品，具有速度快、通信能力强等特点，其主机结构如图 1－5 所示。

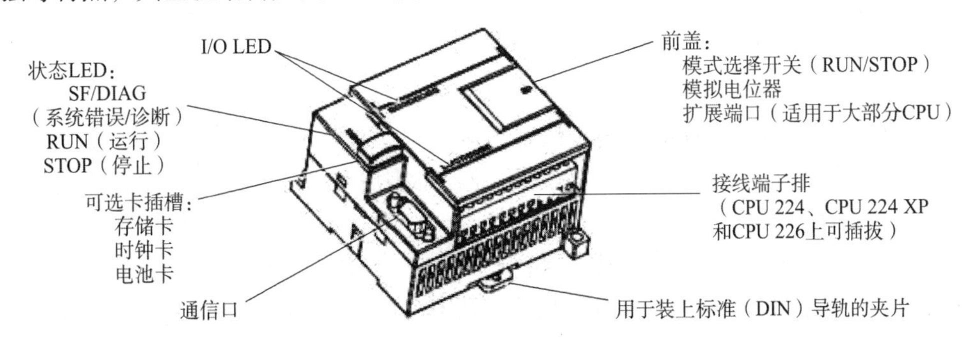

图 1－5　CPU 22X 主机结构

CPU 的主要功能如下：

（1）接收并存储用户程序和数据。

（2）诊断电源、PLC 工作状态及编程的语法错误。

（3）接收输入信号，送入数据寄存器并保存。

（4）运行时顺序读取、解释、执行用户程序，完成用户程序的各种操作。

（5）将用户程序的执行结果送至输出端。

S7－200 系列 CPU 22X 的特性如表 1－1 所示。

表 1-1　S7-200 系列 CPU 22X 的特性

特　　征	CPU 221	CPU 222	CPU 224	CPU 224 XP	CPU 226
数字输入	6	8	14	14	24
数字输出	4	6	10	10	16
数字输入/输出的最大值	10	78	168	168	248
模拟输入	0	8	28	30	28
模拟输出	0	4	14	15	14
模拟输入/输出的最大值	0	10	35	38	35
程序内存	4	4	8/12	12/16	16/24
数据内存	2	2	8	10	10

2. 存储器

PLC 的存储器可以分为系统程序存储器、用户程序存储器及工作数据存储器 3 种。

1）系统程序存储器

系统程序存储器用来存放由 PLC 生产厂家编写的系统程序，并固化在 ROM 内，用户不能直接更改。系统程序质量的好坏，很大程度上决定了 PLC 的性能，其内容主要包括三部分：第一部分为系统管理程序，它主要控制 PLC 的运行，使整个 PLC 按部就班地工作；第二部分为用户指令解释程序，通过用户指令解释程序，将 PLC 的编程语言变为机器语言指令，再由 CPU 执行这些指令；第三部分为标准程序模块与系统调用程序，它包括许多不同功能的子程序及其调用管理程序，如完成输入/输出及特殊运算等的子程序，PLC 的具体工作都是由这部分程序来完成的，这部分程序的多少决定了 PLC 性能的强弱。

2）用户程序存储器

根据控制要求而编制的应用程序称为用户程序。用户程序存储器用来存放用户针对具体控制任务，用规定的 PLC 编程语言编写的各种用户程序。目前较先进的 PLC 采用可随时读写的快闪存储器作为用户程序存储器。快闪存储器不需后备电池，掉电时数据也不会丢失。

3）工作数据存储器

工作数据存储器用来存储工作数据，即用户程序中使用的 ON/OFF 状态、数值数据等。在工作数据区中开辟有元件映像寄存器和数据表。其中，元件映像寄存器用来存储开关量、输出状态以及定时器、计数器、辅助继电器等内部器件的 ON/OFF 状态；数据表用来存放各种数据，它存储用户程序执行时的某些可变参数值及 A/D 转换得到的数字量和数学运算的结果等。

3. 输入/输出（I/O）单元

输入/输出接口是 PLC 与外界连接的接口，是 CPU 与现场 I/O 装置或其他外部设备之间的连接部件。

输入接口用来接收和采集两种类型的输入信号：一类是由按钮、选择开关、行程开关、继电器触点、接近开关、光电开关、数字拨码开关等送入的开关量输入信号；另一类是由电位器、测速发电机和各种变送器等送入的模拟量输入信号。

输出接口用来连接被控对象中各种执行元件，如接触器、电磁阀、指示灯、调节阀

(模拟量)、调速装置(模拟量)等。

4. 编程器

编程器有简易编程器和智能图形编程器两种,主要用于编程、对系统做一些设定、监控PLC及PLC所控制的系统的工作状况。编程器是PLC开发应用、监测运行、检查维护不可缺少的器件。

5. 电源

对于每个型号,西门子厂家都提供24 V直流电和120/240 V交流电两种电源供电的CPU类型。可在主机模块外壳的侧面看到电源规格。

输入接口电路连接外信号源也分直流和交流两种类型。输出接口电路主要有两种类型,即交流继电器输出型和直流晶体管输出型。CPU 22X系列PLC可提供5个不同型号的10种基本单元CPU供用户选用,其类型及参数如表1-2所示。

表1-2　S7-200系列CPU的电源

型号	电源/输入/输出类型	主机I/O点数
CPU 221	DC/DC/DC	6输入/4输出
	AC/DC/继电器	
CPU 222	DC/DC/DC	8输入/6输出
	AC/DC/继电器	
CPU 224	DC/DC/DC	14输入/10输出
	DC/DC/继电器	
	AC/DC/继电器	
CPU 226	DC/DC/DC	24输入/16输出
	AC/DC/继电器	
CPU 226 XM	DC/DC/DC	24输入/16输出
	AC/DC/继电器	

注:表1-2中的电源/输入/输出类型的含义如下。

如为DC/DC/DC,则表示电源类型为24 V DC,输入类型为24 V DC,输出类型为24 V DC晶体管型。

如为AC/DC/继电器,则表示电源类型为220 V AC,输入类型为24 V DC,输出类型为继电器型。

CPU 22X电源供电接线如图1-6所示。

6. 扩展接口

扩展接口用于扩展PLC的I/O端子数。当PLC本身提供的I/O端子数量满足不了要求时,可通过此端口用电缆将I/O扩展模块与主机单元相连。

7. 通信接口

PLC通过通信接口可以与显示设定单元、触摸屏、打印机相连,也可以与其他PLC或

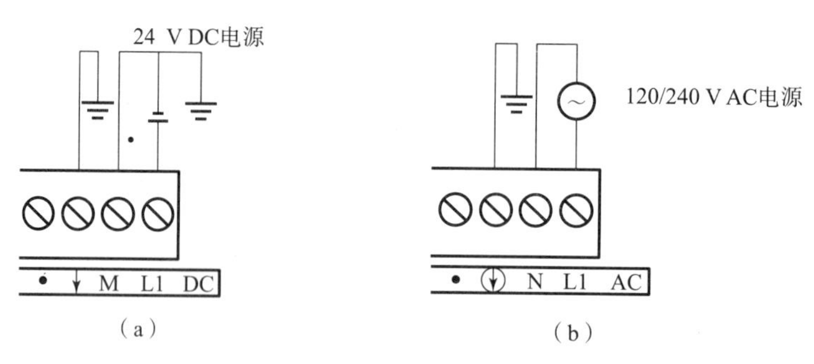

图 1-6　CPU 22X 电源供电接线

(a) 直流供电；(b) 交流供电

上位计算机相连，以此来实现"人-机"或"机-机"对话的要求。

(二) S7-200 系列 PLC 的 I/O 接线

下面以 CPU 226 CN AC/DC/RLY 模块的输入/输出单元的接线为例来说明 S7-200 系列 PLC 的 I/O 接线。CPU 226 CN 指的是主机型号，AC 指的是主机的电源类型是交流，DC 指的是该主机的输入电路的电源是直流的，RLY 指的是该主机输出模块是继电器型。图 1-7 所示是 CPU 226 CN AC/DC/RLY 模块接线。

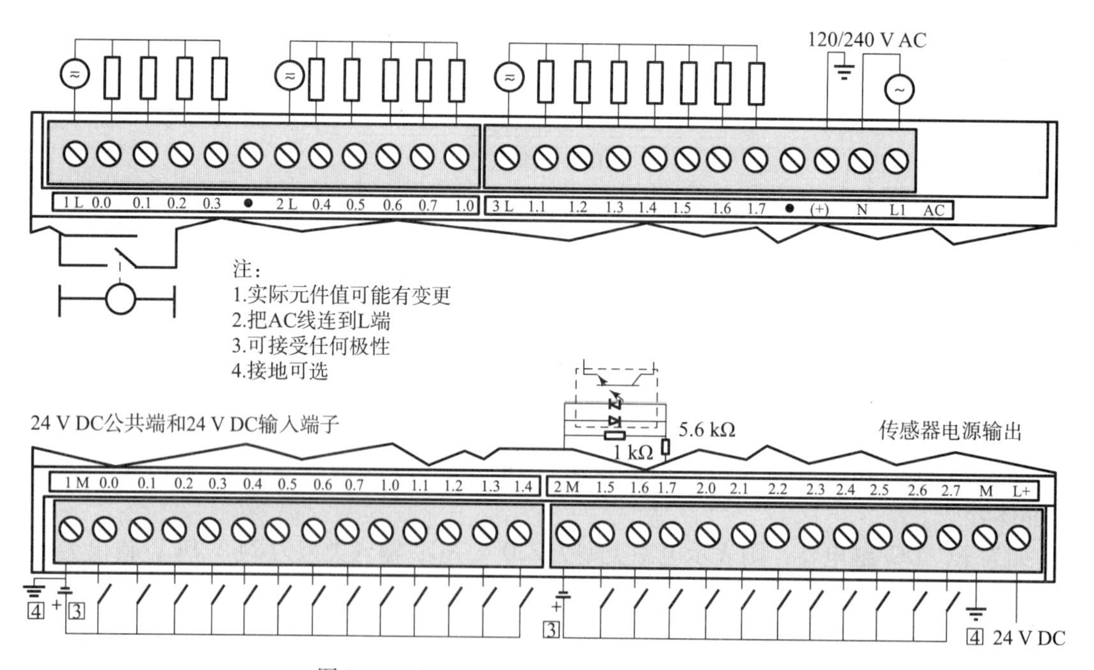

图 1-7　CPU 226 CN AC/DC/RLY 模块接线

CPU 226 CN AC/DC/RLY 型 PLC 共有 24 个数字量输入，16 个数字量输出，本机无模拟量的输入和输出端口。24 个数字量输入端子被分成两组：第一组由 I0.0 ~ I0.7 和 I1.0 ~ I1.4 与公共端 1M 组成；第二组由 I1.5 ~ I1.7 和 I2.0 ~ I2.7 与公共端 2M 组成，每个外部输入的开关信号一端接至输入端子，另一端经一个直流电源接至公共端。输入电路的直流电源可由外部提供，也可由 PLC 自身的 M、L+ 两个端子提供。16 个数字量输出端子分成 3 组：第一组由 Q0. 0 ~ Q0. 3 与公共端 1L 组成；第二组由 Q0. 4 ~ Q0. 7 和 Q1. 0 与公共端 2L 组成；第三组由 Q1. 1 ~ Q1. 7 与公共端 3L 组成。每个负载的一端与输出端子相连，另一端经电源与公共端相连。由于是继电器输出方式，所以既可带直流负载，也可带交流负载，负载的激励源由负载性质确定。输出端子排的右端 N、L1 端子是供电交流电源 220 V 输入端。

PLC 数字量输入端子所接的设备主要有按钮、行程开关、转换开关以及控制过程中自动检测温度、压力等的信号开关。PLC 数字量输出端子所接的设备主要有接触器线圈、继电器线圈、照明灯、电磁阀线圈等。

二、S7 –200 系列 PLC 编程软件的使用

PLC 控制系统除了硬件接线外，还需要进行程序编制，下面就来学习如何使用 PLC 编程软件。

微课：S7 –200 系列 PLC 编程软件使用

（一）PLC 的程序软件

PLC 的软件包括系统软件和应用软件两部分，系统程序由厂家提供，PLC 按照系统程序赋予它的功能有序地工作；应用程序是用户为达到某一控制要求，利用 PLC 厂家提供的编程语言而编写的程序。

（二）STEP 7 – Micro/WIN 软件简介

1. 软件安装

将 STEP 7 – Micro/WIN V4. 0 的安装光盘插入 PC 机的 CD – ROM 中，安装向导程序将自动启动并引导用户完成整个安装过程。用户还可以在安装目录中双击“setup. exe”图标，进入安装向导，按照安装向导完成软件的安装。

（1）选择安装程序界面的语言，系统默认使用英语。

（2）按照安装向导提示，接受 License 条款，单击“Next”按钮继续。

（3）为 STEP 7 – Micro/WIN V4. 0 选择安装目录文件夹，单击“Next”按钮继续。

（4）在 STEP 7 – Micro/WIN V4. 0 安装过程中，必须为 STEP 7 – Micro/WIN V4. 0 配置波特率和站地址，其波特率必须与网络上的其他设备的波特率一致，而且站地址必须唯一。

（5）STEP 7 – Micro/WIN V4. 0 SP3 安装完成后，重新启动 PC 机，单击“Finish”按钮完成软件的安装。

（6）初次运行的 STEP 7 – Micro/WIN V4. 0 为英文界面，如果用户想要使用中文界面，必须进行设置。

在主菜单中，选择“Tools”中的“Options”选项。在弹出的“Options 选项”对话框中，选择“General”（常规）选项，对话框右半部分会显示“Language”选项，选择“Chinese”项，单击“OK”按钮，保存退出，重新启动 STEP 7 – Micro/WIN V4. 0 后即为中文操作界面，如图 1 –8 所示。

2. 在线连接

顺利完成硬件连接和软件安装后，就可建立 PC 机与 S7 –200 CPU 的在线联系了，步骤如下。

（1）在 STEP 7 – Micro/WIN V4. 0 主操作界面下，单击操作栏中的“通信”图标或选择

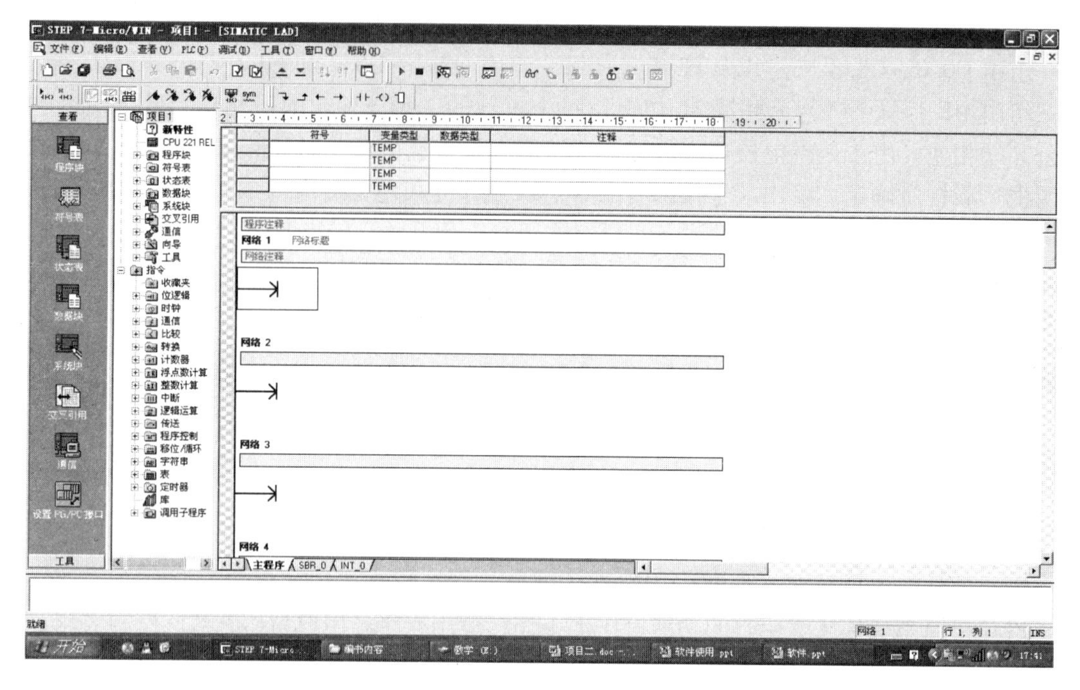

图 1－8　STEP 7－Micro/WIN 编程软件的编程窗口

主菜单中的“查看”→“组件”→“通信”菜单命令，则会出现一个通信建立结果对话框，显示是否连接了 CPU 主机。

（2）双击“双击刷新”图标，STEP 7－Micro/WIN V4.0 将检查连接的所有 S7－200 CPU 站，并为每个站建立一个 CPU 图标。

（3）双击要进行通信的站，在通信建立对话框中可以显示所选站的通信参数。此时，可以建立与 S7－200 CPU 的在线联系，如进行主机组态、上传和下载用户程序等操作。

3. 编程软件的基本功能

（1）在离线（脱机）方式下可以实现对程序的编辑、编译、调试和系统组态。

（2）在线方式下可通过联机通信的方式上传和下载用户程序及组态数据，编辑和修改用户程序。

（3）支持 STL、LAD、FBD 这 3 种编程语言，并且可以在三者之间任意切换。

（4）在编辑过程中具有简单的语法检查功能，能够在程序错误行处加上红色曲线进行标注。

（5）具有文档管理和密码保护等功能。

（6）提供软件工具，能帮助用户调试和监控程序。

（7）提供设计复杂程序的向导功能，如指令向导功能、PID 自整定界面、配置向导等。

（8）支持 TD 200 和 TD 200C 文本显示界面（TD 200 向导）。

4. 窗口组件及功能

STEP 7－Micro/WIN V4.0 编程软件采用了标准的 Windows 界面，熟悉 Windows 的用户可以轻松掌握，其窗口组件如图 1－9 所示。

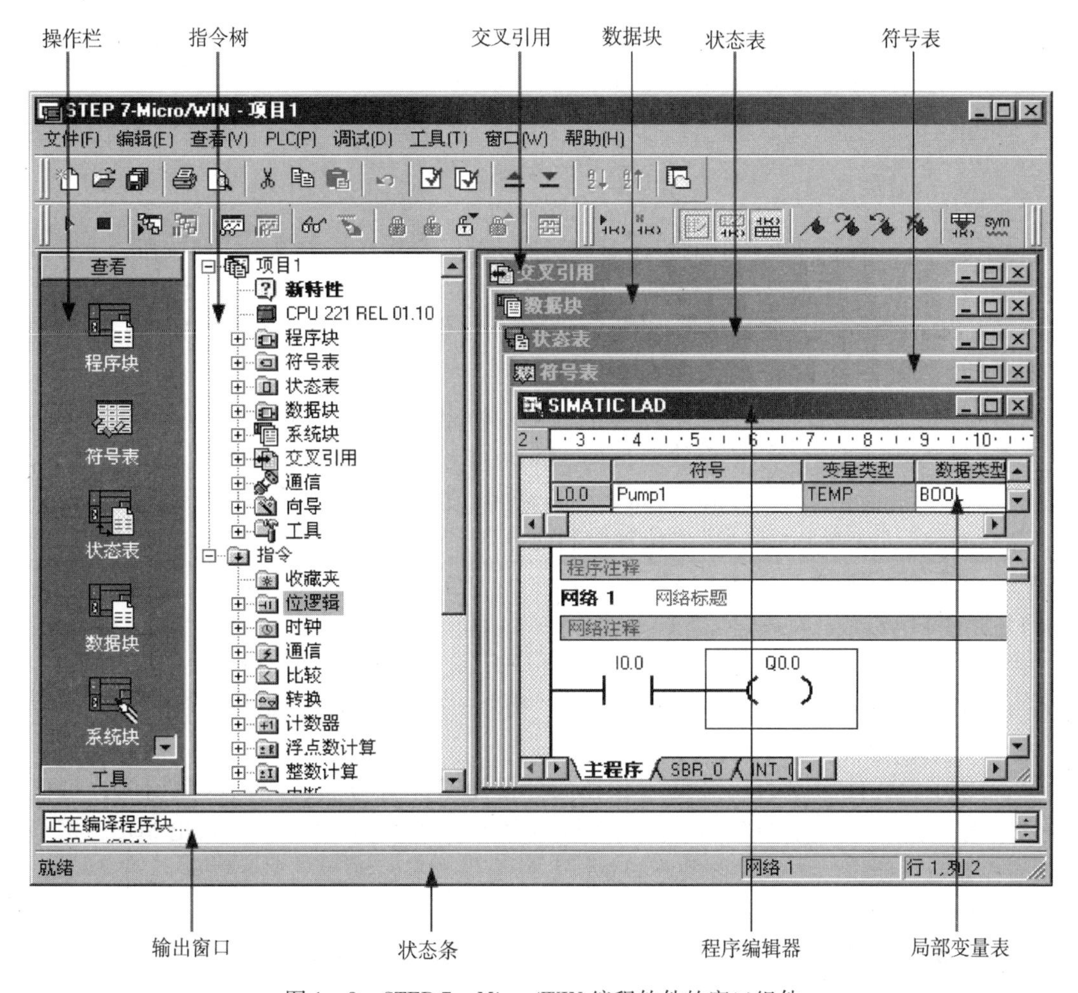

图 1-9　STEP 7-Micro/WIN 编程软件的窗口组件

1）菜单条

与基于 Windows 的其他应用软件一样，位于窗口最上方的是 STEP 7-Micro/WIN V4.0 的菜单条，如图 1-10 所示。它包括“文件”“编辑”“查看”“PLC”“调试”“工具”“窗口”及“帮助”8 个主菜单选项，这些菜单包含了通常情况下控制编程软件运行的命令，并通过使用鼠标或热键执行操作。

图 1-10　菜单条

2）工具条

工具条是一种代替命令或下拉菜单的便利工具，如图 1-11 所示，它通常是为最常用的 STEP 7-Micro/WIN V4.0 操作提供便利的鼠标访问。用户可以定制每个工具条的内容和外观，将最常用的操作以按钮的形式设定到工具条中。

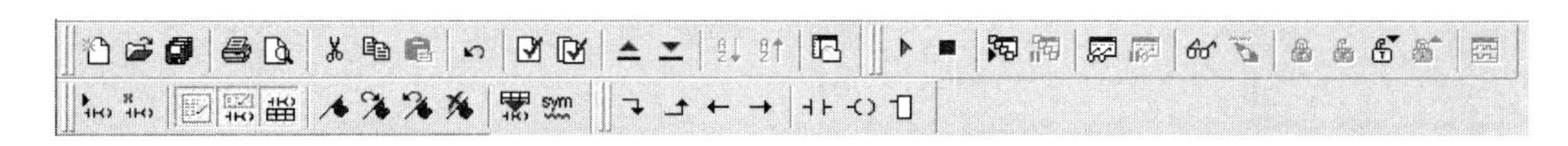

图 1-11 工具条

3）操作栏

操作栏为编程提供按钮控制的快速窗口切换功能，在操作栏中单击任何按钮，主窗口就切换成此按钮对应的窗口。操作栏可用主菜单中的“查看”→“框架”→“导航条（Navigation Bar）”选项控制其是否打开。操作栏中提供了“查看”和“工具”两种编程按钮控制群组。

选择“查看”类别，显示“程序块”（Program Block）、“符号表”（Symbol Table）、“状态表”（Status Chart）、“数据块”（Data Block）、“系统块”（System Block）、“交叉引用”（Cross Reference）及“通信”（Communication）按钮控制等；选择“工具”类别，显示“指令向导”“文本显示向导”“位置控制向导”“EM253 控制面板”和“调制解调器扩展向导”的按钮控制等。

4）指令树

提供所有项目对象和为当前程序编辑器（LAD 或 STL）提供所有指令的树形视图。指令树可用主菜单中的“查看”→“框架”→“指令树”菜单命令控制其是否打开。

5）交叉引用窗口

当希望了解程序中是否已经使用和在何处使用某一符号名或存储区赋值时，可使用“交叉引用”表。“交叉引用”列表识别在程序中使用的全部操作数，并指出 POU、网络或行位置以及每次使用的操作数指令上下文。

6）数据块/数据窗口

该窗口可以设置和修改变量存储区内各种类型存储区的一个或多个变量值，并可以加注释加以说明，允许用户显示和编辑数据块内容。

7）状态表窗口

状态表窗口允许将程序输入、输出或将变量置入图表中，以便追踪其状态。在状态表窗口中可以建立多个状态图，以便从程序的不同部分监视组件。每个状态图在状态表窗口中有自己的标签。

8）符号表/全局变量表窗口

允许用户分配和编辑全局符号。用户可以建立多个符号表。

9）输出窗口

用来显示程序编译的结果信息，如各程序块（主程序、子程序数量及子程序号、中断程序数量及中断程序号等）及各块大小、编译结果有无错误以及错误编码及其位置。可用主菜单中的“查看”→“框架”→“输出窗口”菜单命令控制其是否打开。

10）状态条

提供在 STEP 7 - Micro/WIN V4.0 中操作时的操作状态信息。如在编辑模式中工作时，它会显示简要的状态说明、当前网络号码、光标位置等编辑信息。

11）程序编辑器

程序编辑器包含局部变量表和程序视图窗口。如果需要，用户可以拖动分割条，扩展程序视图，并覆盖局部变量表。当用户在主程序之外建立子程序或中断程序时，标记出现在程序编辑器窗口的底部。单击该标记，可在子程序、中断处理程序和主程序之间移动。

12）局部变量表

每个程序块都对应一个局部变量，在带有参数的子程序调用中，参数的传递就是通过局部变量表进行的。局部变量表包含对局部变量所作的赋值（即子程序和中断处理程序使用的变量）。

5. 程序编辑

1）建立项目

双击“STEP 7 - Micro/WIN V4.0”图标，或在菜单中选择“开始”→“SIMATIC”→“STEP 7 - Micro/WIN V4.0”命令启动应用程序，同时会打开一个新项目。单击工具条中的“新建”按钮或者选择主菜单中“文件”→“新建”命令也能新建一个项目文件。

一个新建项目程序的指令树包含“程序块”“符号表”“数据块”“系统块”“通信”以及“工具”等9个相关的块，其中“程序块”中有一个主程序OB1、一个子程序SBR_0和一个中断程序INT_0。

2）编辑程序

STEP 7 - Micro/WIN V4.0编程软件有很强的编辑功能，提供了3种编程器来创建用户的梯形图（LAD）程序、指令表（STL）程序与功能块图（FBD）程序，而且用任何一种编程器编写的程序都可以用另一种编辑器来浏览和编辑。通常情况下，用LAD编辑器或FBD编辑器编写的程序可以在STL编辑器中查看或编辑，但是，只有严格按照网络块编程格式编写的STL程序才可以切换到LAD编程器中。

6. 程序编译

程序编辑完成后，可以选择菜单“PLC”→“编译或全部编译”命令进行离线编译，或者单击工具条中的“编译或全部编译”按钮来实现。在编译时，“输出窗口”列出发生的所有错误。关于错误的具体位置（网络、行和列）以及错误类型识别，用户可以双击错误线，调出程序编辑器中包含错误的代码网络来查看；对于编译程序错误代码可以查看STEP 7 - Micro/WIN V4.0的帮助与索引。

7. 程序下载

程序编译后，可以选择菜单“文件”→“下载”命令进行下载，或者直接单击工具条中的“下载”按钮来实现。如果下载成功，用户可以看到“输出窗口”中程序下载情况的信息。

如果STEP 7 - Micro/WIN V4.0中用于用户的PLC类型的数值与用户实际使用的PLC不匹配，会显示警告信息：“为项目所选的PLC类型与远程PLC类型不匹配。继续下载吗?”此时用户可终止程序下载，纠正PLC类型后，再单击“下载”按钮，重新开始程序下载。

8. 调试监控

STEP 7 - Micro/WIN V4.0编程软件提供了一系列工具，可使用户直接在软件环境下调试并监视用户程序的执行。当用户成功地在运行STEP 7 - Micro/WIN V4.0的编程设备，同时建立了和PLC的通信，并向PLC下载程序后，就可以使用“调试”工具栏的诊断功能了。通过单击工具栏中的按钮或从“调试”菜单列表中选择调试工具，打开调试工具条，如图1-12所示，即可完成相应的操作。

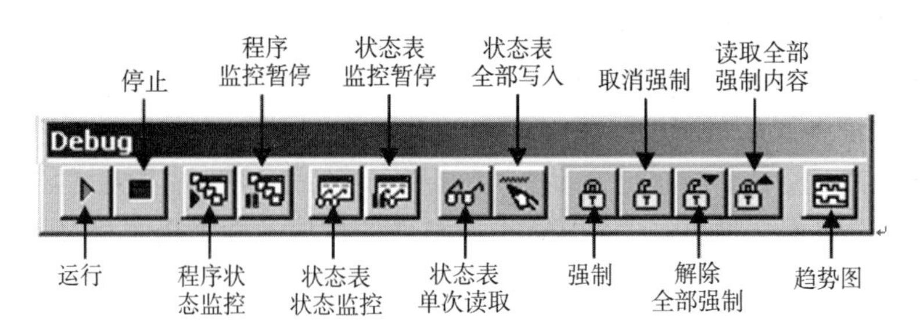

图 1－12　STEP 7－Micro/WIN V4.0 编程软件的调试工具栏

任务实施

STEP 7－Micro/MIN 软件提供 3 种程序编辑器，即指令表（STL）、梯形图（LAD）和功能块图（FBD），这里选用梯形图编辑器进行编程。

1. 新建项目

双击 STEP 7－Micro/MIN 快捷方式图标，启动应用程序，系统自动打开一个新的 STEP 7－Micro/MIN 项目。

2. 程序输入

1）编辑符号表

（1）用鼠标左键单击软件操作栏中“查看”下的“符号表”选项，或者用鼠标左键双击软件指令树下的“符号表”指令中的“用户定义”选项，根据 PLC 接线图在符号表中输入 I/O 注释，如图 1－13 所示。

符号表

			符号	地址	
1			按钮SB	I0.0	
2			KM	Q0.0	
3					
4					
5					

图 1－13　输入 I/O 注释

（2）选择菜单中“工具”下的“选项”命令，弹出对话框后，选择“程序编辑器”选项卡，在“符号寻址”下拉列表框中选择“显示符号和地址”选项，如图 1－14 所示。

2）编辑程序

按照软件程序编写步骤，首先进入编程界面，编辑过程如图 1－15 所示。

3）编译与下载

（1）单击工具条中的 或 按钮进行编译。

（2）单击 按钮把程序下载到 PLC，执行外部设备动作。

4）程序调试

（1）下载成功后，将 PLC 设置在“运行”状态。

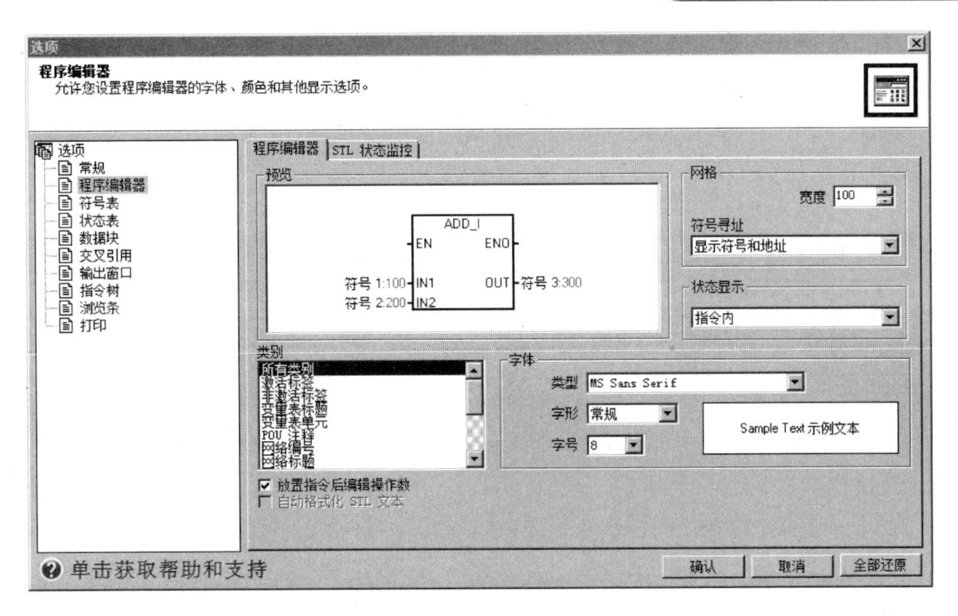

图 1－14　选择“显示符号和地址”选项

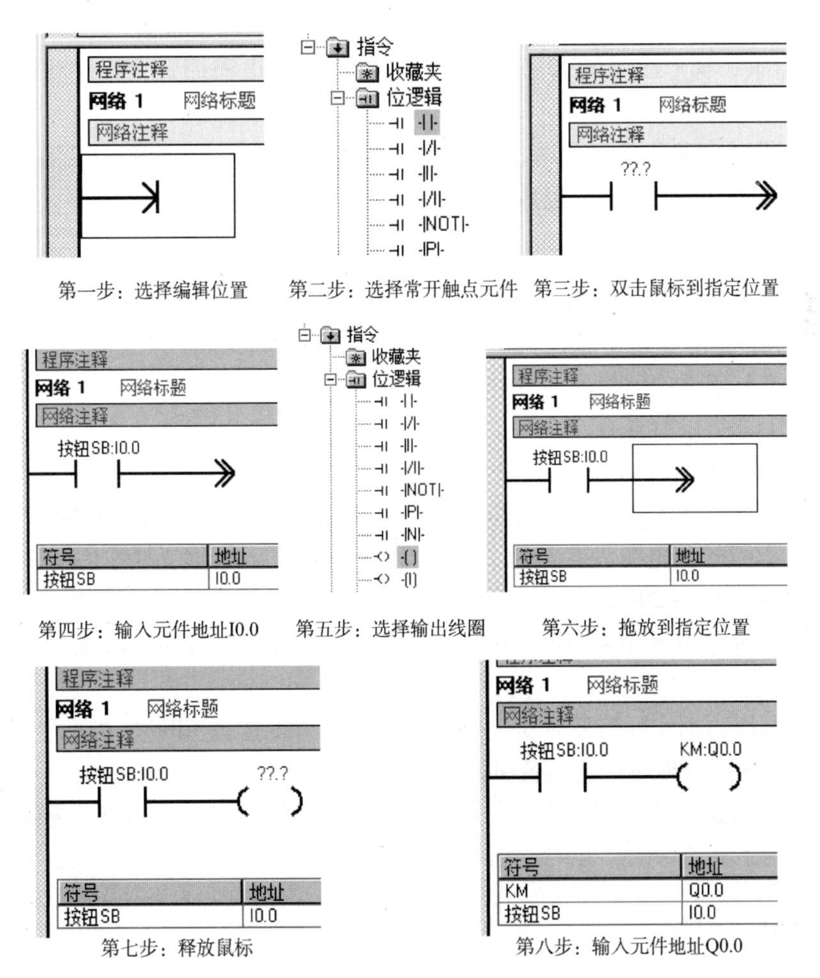

图 1－15　编辑程序步骤

（2）双击指令树“状态表”中的“用户定义 1”，在弹出的对话框中的“地址”栏下输入 I0.0 和 Q0.0，在 I0.0 的新值上输入“1”，状态表会出现图 1-16 所示现象。通过光标选中 I0.0 的新值“2#1”，单击工具条中的“强制”按钮，这里用强制功能是为了模拟按下按钮 SB 时 I0.0 状态位为“1”。

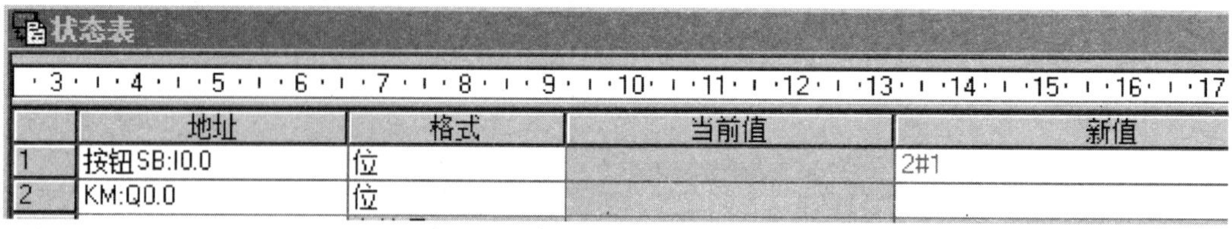

状态表

·3·ı·4·ı·5·ı·6·ı·7·ı·8·ı·9·ı·10·ı·11·ı·12·ı·13·ı·14·ı·15·ı·16·ı·17

	地址	格式	当前值	新值
1	按钮SB:I0.0	位		2#1
2	KM:Q0.0	位		

图 1-16　程序状态表提示信息

（3）选择菜单栏中“调试”下的“开始状态表监控”和“开始程序状态监控”命令，或者单击工具条中的 和 按钮，以便对程序进行调试监控。在监控状态下，I0.0 触点和 Q0.0 线圈发蓝，说明电流正通过这两个元件，此时状态表 I0.0 和 Q0.0 的当前值都为“2#1”，PLC 上 Q0.0 指示灯亮，说明程序编辑正确。若将 I0.0 强置为“0”时，发现 PLC 的 Q0.0 指示灯灭，梯形图中的 I0.0 开关和 Q0.0 线圈无电流通过，程序状态表中 I0.0 和 Q0.0 的当前值都为“2#0”。

（4）确认程序编辑没有问题后，选择菜单栏中“调试”栏下的“取消全部强制”命令，或单击工具条中的按钮，以取消输入强置。

3. 任务总结

（1）CPU 芯片的性能关系到 PLC 处理控制信号的能力与速度，CPU 位数越高，系统处理的信息量越大，运算速度也越快。

（2）PLC 产品手册中给出的“存储器类型”和“程序容量”是针对用户程序存储器而言的。

（3）I/O 的能力可按用户的需要进行扩展和组合。

（4）编程器不直接加入现场控制运行。一台编程器可开发、监护多台 PLC 的工作。

（5）为防止因外部电源发生故障，造成 PLC 内部重要数据丢失，故一般备有后备电源。在安装和拆除 S7-200 之前，必须确认该设备的电源已断开，并遵守相应的安全防护规范。如果在带电情况下对 S7-200 及相关设备进行安装或接线，有可能导致电击和设备损坏。

（6）用户可以根据实际需要对新建项目进行修改：①选择 CPU 主机型号；②添加子程序或中断程序；③更名程序；④更名项目。

（7）一旦下载成功，在 PLC 中运行程序之前，必须将 PLC 从“停止”模式转换为“运行”模式。单击工具条中的“运行”按钮，或选择菜单栏中“PLC”→“运行”命令。

任务评价

为全面记录和考核任务完成的情况，表 1-3 给出了任务评分标准。

表 1－3　"彩灯控制"任务评分表

实施步骤	考核内容	分值	成绩
接线	拟定接线图，完成各设备之间的连接	10	
编程	编程并录入梯形图程序，编译、下载	10	
调试及故障排除	调试：PLC 处于 RUN 状态后，闭合开关 SA； 故障排除：逐一检查输入和输出回路。 说明：（1）能准确完成软硬件联调，显示正确结果； （2）若结果错误，能找出故障点并加以解决	20	
成果演示		10	
总评成绩		50	

练习与思考

1. 什么是 PLC？
2. PLC 的组成部分有哪些？
3. PLC 的 CPU 有哪些功能？
4. 简述 PLC 的发展历程。
5. 简述 PLC 的应用领域。
6. 在熟悉 STEP 7－Micro/WIN 编程软件的使用方法基础上，完成某电磁阀通断电路的设计、安装与调试。具体要求：当开关 SB 接通时，电磁阀 YV 得电；相反，当开关 SB 断开时，电磁阀 YV 失电。电磁阀通断电路如图 1－17 所示。

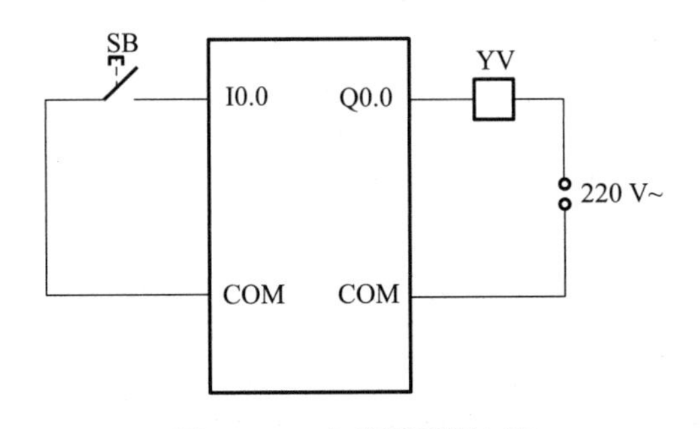

图 1－17　电磁阀通断电路

任务二　抢答器控制

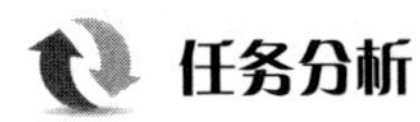

任务分析

在各种知识竞赛中，经常用到抢答器。现有 4 人抢答器，通过 PLC 来实现控制，如

图1－18所示，图中，输入I0.1～I0.4与4个抢答按钮相连，对应4个输出Q0.1～Q0.4继电器。只有最早按下按钮的人才有输出，后续者无论是否有输入均不会有输出。当组织人按下复位按钮后，输入I0.0接通抢答器复位，进入下一轮竞赛。

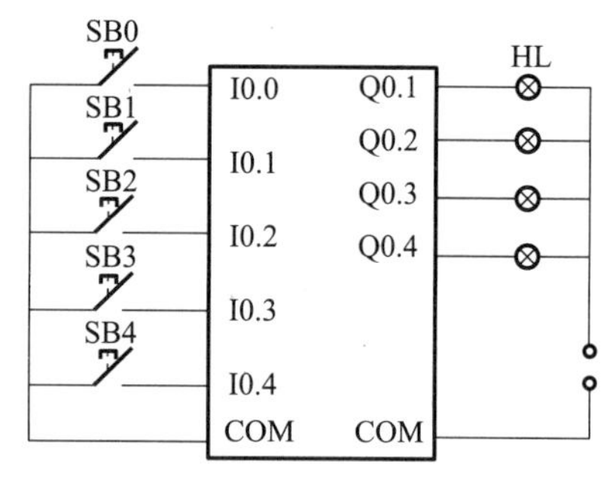

图1－18　4人抢答器控制电路

本任务涉及多个输入/输出，在PLC硬件上如何连接？如何理解PLC的输入/输出？通过本任务的学习来解决这些问题。

在此之前要掌握PLC的工作原理，掌握PLC的工作方式，了解输入/输出接口电路的类型。

微课：PLC的输入输出端口

知识准备

一、PLC的输入/输出端口

在PLC系统中，外部设备信号均是通过输入/输出端口与PLC进行数据传送的。所以，无论是硬件电路设计还是软件电路设计，都要清楚地了解PLC的端口结构及使用注意事项，这样才能保证系统的正确运行。

输入/输出接口就是将PLC与现场各种输入/输出设备连接起来的部件。PLC应用于工业现场，要求其输入接口能将现场的输入信号转换成微处理器能接收的信号，且最大限度地排除干扰信号，提高其工作可靠性；输出接口能将微处理器送出的弱电信号放大成强电信号，以驱动各种负载。因此，PLC采用专门设计的输入/输出端口电路。

输入/输出接口的任务是采集被控对象或被控生产过程的各种变量然后送入CPU处理，同时控制器又通过输入/输出接口将控制器运算处理产生的控制输出送到被控设备或生产现场，驱动各种执行机构动作，实现实时控制，如图1－19所示。

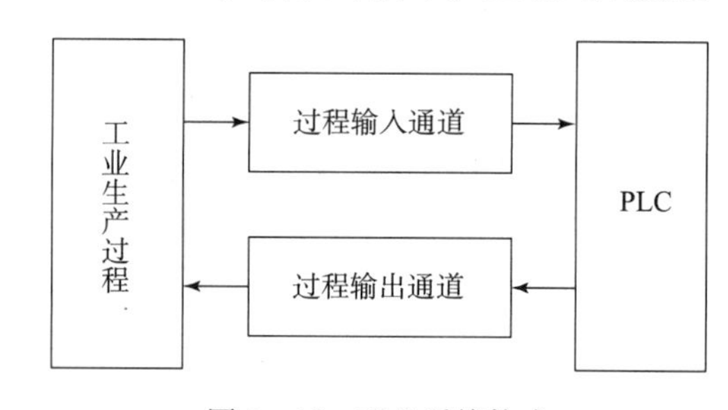

图1－19　PLC系统构成

1. 输入接口

输入接口电路是PLC与控制现场的接口界面的输入通道。由于生产过程中使用的各种开关、按钮、传感器等输入器件直接接到PLC输入接口电路上，为防止由于触点抖动或干扰脉冲引起错误的输入信号，输入接口电路必须有很强的抗干扰能力。

输入接口电路提高抗干扰能力的方法主要有以下几个。

1）利用光电耦合器提高抗干扰能力

光电耦合器的工作原理：发光二极管有驱动电流流过时导通发光，光敏三极管接收到光线，由截止变为导通，将输入信号送入PLC内部。光电耦合器中的发光二极管是电流驱动元件，要有足够的能量才能驱动。而干扰信号虽然有的电压值很高，但能量较小，不能使发光二极管导通发光，所以不能进入PLC内，实现了电隔离。

2）利用滤波电路提高抗干扰能力

最常用的滤波电路是电阻电容滤波电路，如图1－20中的R_1和C构成的电路。

图1－20所示电路的工作原理：S为输入开关，当S闭合时，LED点亮，显示输入开关S处于接通状态。从而使光电耦合器导通，将高电平经滤波器送到PLC内部电路中。当CPU在循环的输入阶段锁入该信号时，将该输入点对应的映像寄存器状态置“1”；当S断开时，则对应的映像寄存器状态置“0”。

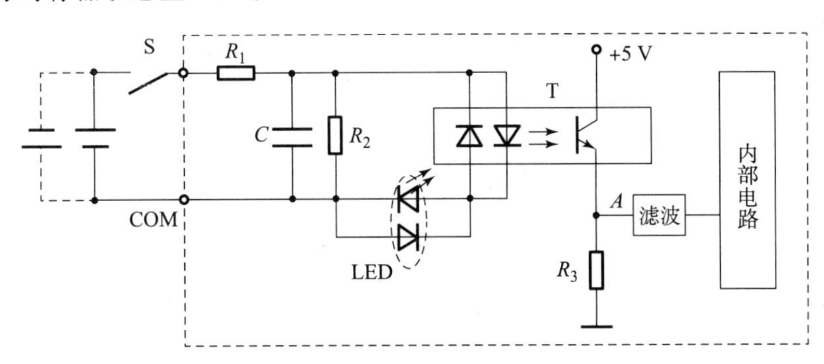

图1－20　输入接口结构原理

2. 输出接口

输出接口用来连接被控对象中各种执行元件，如接触器、电磁阀、指示灯、调节阀（模拟量）、调速装置（模拟量）等。每种输出电路都采用电气隔离技术，电源都由外部提供。

输出接口有以下3种输出方式，如图1－21所示。

（1）继电器输出。接触电阻小，抗冲击能力强，但响应速度慢，一般为ms级，可驱动交/直流负载，常用于低速大功率负载，建议在输出量变化不频繁时优先选用。

图1－21（a）所示电路的工作原理：当内部电路的状态为“1”时，使继电器K的线圈通电，产生电磁吸力，触点闭合，则负载得电，同时点亮LED，表示该路输出点有输出。当内部电路的状态为“0”时，使继电器K的线圈无电流，触点断开，则负载断电，同时LED熄灭，表示该路输出点无输出。

（2）晶体管输出。优点是响应速度快，一般为ns级，无机械触点，可频繁操作，寿命长，只可以驱动直流负载；缺点是过载能力差。适合在直流供电、输出量变化快的控制系统（如控制步进电动机）中使用。

图1－21（b）所示电路的工作原理：当内部电路的状态为“1”时，光电耦合器T_1导通，使大功率晶体管VT饱和导通，则负载得电，同时点亮LED，表示该路输出点有输出。当内部电路的状态为“0”时，光电耦合器T_1断开，大功率晶体管VT截止，则负载失电，LED熄灭，表示该路输出点无输出。当负载为电感性负载，VT关断时会产生较高的反电动势，VD的作用是为其提供放电回路，避免VT承受过电压。

（3）晶闸管输出。响应速度比较快，一般为μs级，无机械触点，可频繁操作，寿命长，适合驱动交流负载。

图1－21（c）所示电路的工作原理：当内部电路的状态为“1”时，发光二极管导通发光，相当于双向晶闸管施加了触发信号，无论外接电源极性如何，双向晶闸管T均导通，负载得电，同时输出指示灯LED点亮，表示该输出点接通；当对应T的内部继电器的状态均

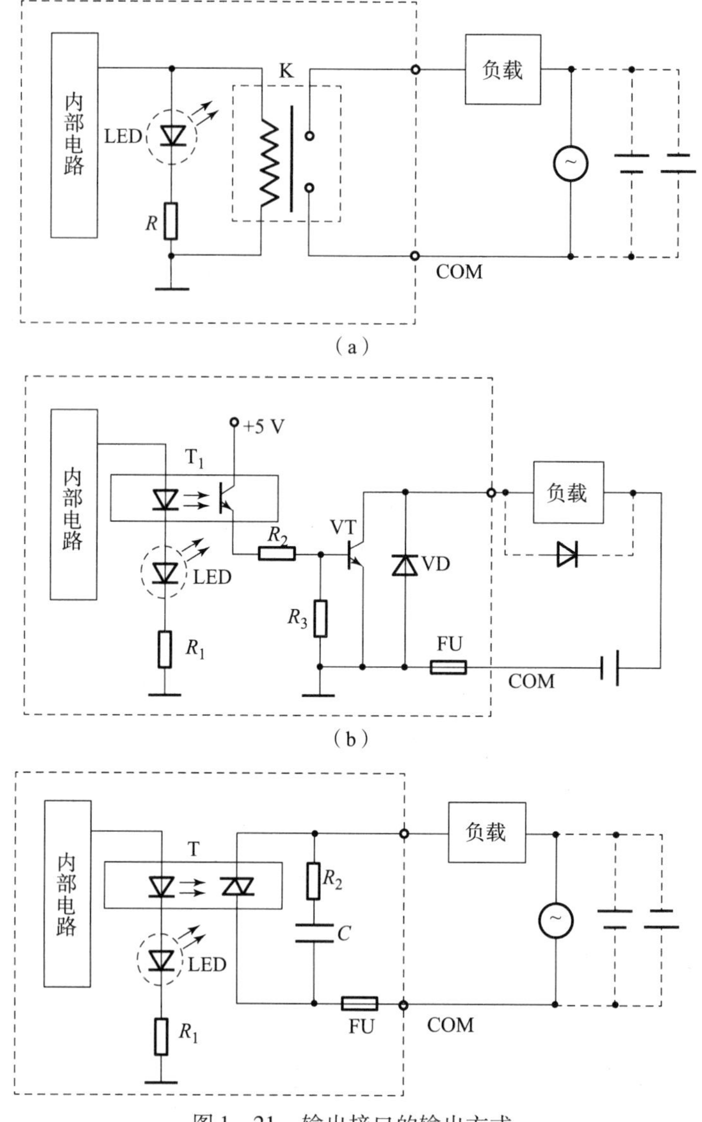

图 1－21　输出接口的输出方式

(a) 继电器输出；(b) 晶体管输出；(c) 晶闸管输出

为“0”时，双向晶闸管施加了触发信号，双向晶闸管关断，此时 LED 不亮，负载失电。

二、PLC 的工作原理

微课：PLC 的工作原理

PLC 是怎样把控制系统中的硬件和软件联系起来完成控制要求的呢？这需要了解一下 PLC 的工作原理。PLC 的工作原理可以简单地表述为：在系统程序管理下，PLC 是以集中输入、集中输出，周期性循环扫描的方式进行工作的。每一次扫描所用的时间称为扫描周期或工作周期。

1. 循环扫描的工作原理

S7－200 在扫描循环中完成一系列任务，其工作原理如图 1－22 所示。在一个扫描周期中，S7－200 主要执行下列 5 个部分的操作。

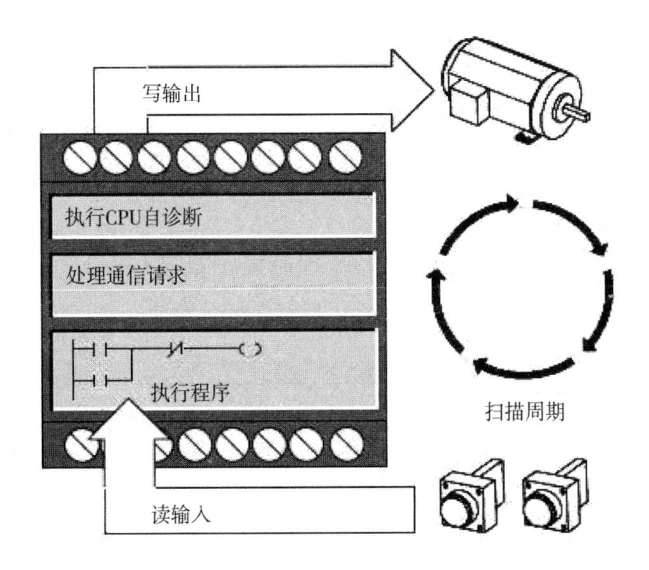

图 1－22　PLC 的工作原理

（1）读输入。S7－200 从输入单元读取输入状态，并存入输入映像寄存器中。

（2）执行程序。CPU 根据这些输入信号控制相应逻辑，当程序执行时刷新相关数据。程序执行后，S7－200 将程序逻辑结果写到输出映像寄存器中。

（3）处理通信请求。S7－200 执行通信处理。

（4）执行 CPU 自诊断。S7－200 检查固件、程序存储器和扩展模块是否工作正常。

（5）写输出。在程序结束时，S7－200 将数据从输出映像寄存器中写入输出锁存器，最后复制到物理输出点，驱动外部负载。

2. PLC 的信号处理规则

（1）输入映像区中的数据取决于本扫描周期输入采样阶段中各输入端子的通断状态。在程序执行和输出刷新阶段，输入映像区中的数据不会因为有新的输入信号而发生改变。

（2）输出映像区中的数据由程序的执行结果决定。在输入采样和输出刷新阶段，输出映像区的数据不会发生改变。

（3）输出端子直接与外部负载连接，其状态由输出锁存器的值来决定。输出锁存器的值由上次输出刷新期间输出映像寄存器的值决定。

3. PLC 的工作模式

S7－200 有两种操作模式，即停止模式和运行模式。CPU 面板上的 LED 状态灯可以显示当前的操作模式。在停止模式下，S7－200 不执行程序，可以下载程序和 CPU 组态。在运行模式下，S7－200 将运行程序。

S7－200 提供一个方式开关来改变操作模式。可以用方式开关（位于 S7－200 前盖下面）手动选择操作模式：当方式开关拨在 STOP（停止）模式时，停止程序执行；当方式开关拨在 RUN（运行）模式时，启动程序的执行；也可以将方式开关拨在 TERM（终端）（暂态）模式，允许通过编程软件来切换 CPU 的工作模式，即停止模式或运行模式。

如果方式开关打在 STOP 或者 TERM 模式，且电源状态发生变化，则当电源恢复时，CPU 会自动进入 STOP 模式。如果方式开关打在 RUN 模式，且电源状态发生变化，则当电源恢复时，CPU 会进入 RUN 模式。

任务实施

1. 绘制梯形图

根据图 1－18 硬件电路图所示，绘制 PLC 控制程序如图 1－23 所示。

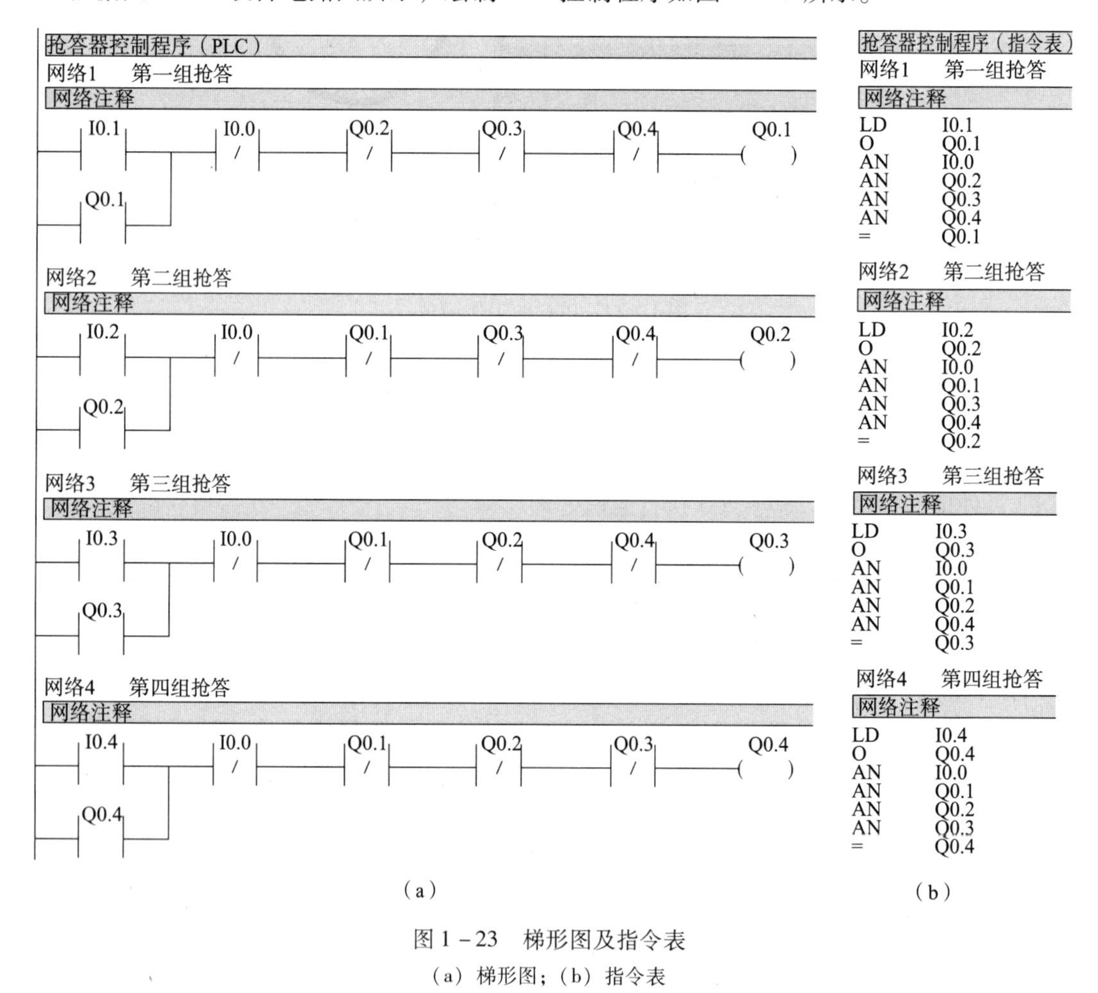

图 1－23 梯形图及指令表

（a）梯形图；（b）指令表

2. 任务总结

（1）采用光电耦合电路与现场输入信号相连接的目的是防止现场的强电干扰进入 PLC。

（2）由于 PLC 在工业生产现场工作，对输入/输出接口有两个主要的要求：一是接口有良好的抗干扰能力；二是接口能满足工业现场各类信号的匹配要求。

任务评价

为全面记录和考核任务完成的情况，表 1－4 给出了任务评分标准。

表 1－4　“抢答器控制”任务评分表

实施步骤	考核内容	分值	成绩
接线	拟定接线图，完成各设备之间的连接	10	
编程	编程并录入梯形图程序，编译、下载	10	
调试及故障排除	调试：PLC 处于 RUN 状态时，闭合开关 SA； 故障排除：逐一检查输入和输出回路。 说明：（1）能准确完成软硬件联调，显示正确结果； （2）若结果错误，能找出故障点并加以解决	20	
成果演示		10	
总评成绩		50	

练习与思考

1. PLC 是按照什么样的工作方式进行工作的？每个阶段主要完成哪些任务？
2. PLC 输入接口电路是如何提高抗干扰能力的？
3. PLC 输出接口电路有几种类型？
4. PLC 输出接口电路分别适用于什么场合？
5. 简述 PLC 的分类。
6. 在熟悉 STEP 7－Micro/WIN 编程软件的使用方法的基础上，实现两地控制一盏灯程序的设计。具体要求：在 PLC 的输出端子上连接一盏灯，在 A 和 B 两地都能控制灯的亮灭。填写如表 1－5 所示的 I/O 端口分配表。

表 1－5　I/O 端口分配表

输入端子			输出端子		
名称	代号	输入点编号	名称	代号	输出点编号
A 地灯亮按钮	SB1		灯	L	
A 地灯灭按钮	SB2				
B 地灯亮按钮	SB3				
B 地灯灭按钮	SB4				

任务三　自动门控制

任务目标

（1）掌握 PLC 的梯形图语言和指令表语言。

（2）了解 PLC 的其他编程语言。

（3）学会 PLC 的位操作指令。

任务分析

用 PLC 控制一车库大门的自动打开和关闭动作，以便让一个接近大门的物体（如车辆）进入或离开车库。控制要求：采用一台 PLC，把一个超声波开关和一个光电开关作为输入设备将信号送入 PLC，PLC 输出信号控制门电动机旋转，如图 1－24 所示。

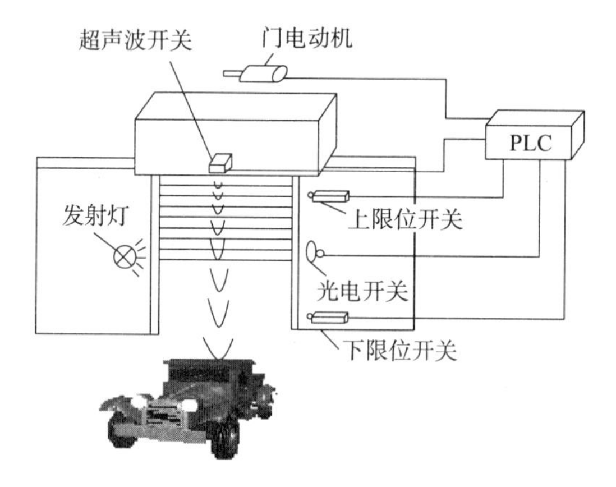

微课：行程开关外形

图 1－24　PLC 在自动开关门中的应用

若想实现上述控制，首先要编制控制程序，PLC 有多种不同类型的输入方式，通过本任务的学习来解决这个问题。

知识准备

一、PLC 的编程语言

PLC 是专为工业自动化控制而开发、研制的自动控制装置，其编程语言与计算机编程语言有很大不同，PLC 编程语言直接面对生产一线的电气技术人员及操作维修人员，面向用户，因此简单易懂，易于掌握。PLC 编程语言有梯形图（LAD）、指令表（STL）、功能块图（FBD）、顺序功能流程图及结构化文本等几种常用编程语言，如图 1－25 所示。

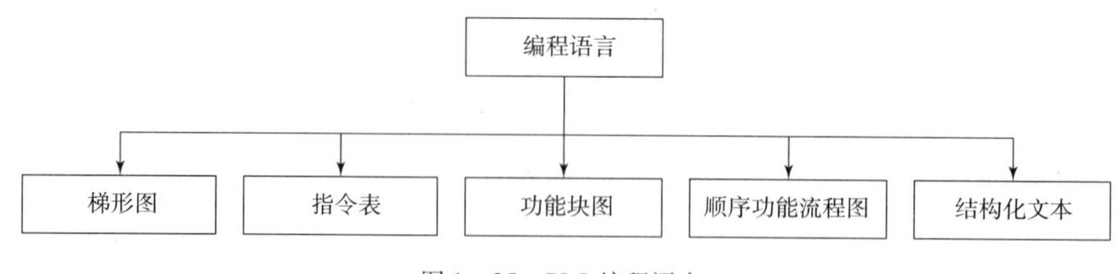

图 1－25　PLC 编程语言

1. 梯形图语言

梯形图语言是在继电器控制原理图的基础上产生的一种直观、形象的图形逻辑编程语言。它沿用继电器的触点、线圈、串并联等术语和图形符号，同时也增加了一些继电器控制系统中没有的特殊符号，以便扩充 PLC 的控制功能。

梯形图语言比较形象、直观，对于熟悉继电器表达方式的电气技术人员来说，不需要学习更深的计算机知识，极易被接受，因此在 PLC 编程语言中应用最多。图 1－26 所示是采用接触器控制的电动机启停控制线路，图 1－27 所示是采用 PLC 控制时的梯形图，可以看出两者之间的对应关系。

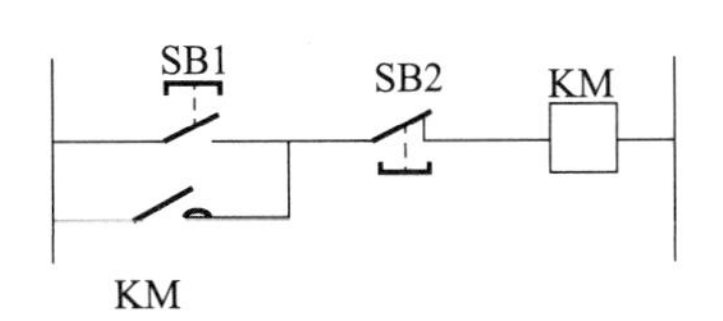

图 1－26　电动机启停控制线路

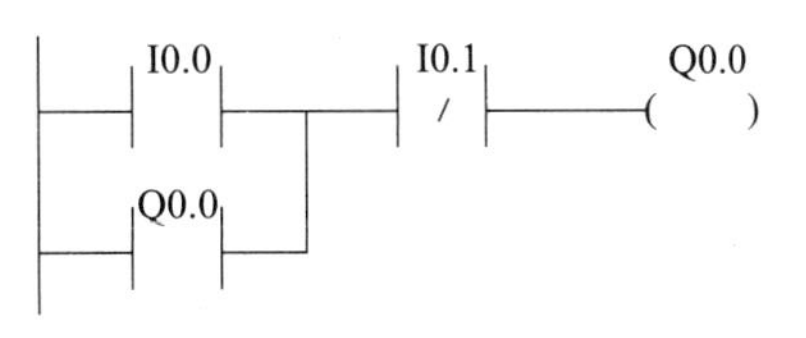

图 1－27　梯形图语言

注意：在图 1－26 所示的电动机启停控制线路中，各个元件和触点都是真实存在的，每一个线圈一般只能带几对触点。而图 1－27 中，所有的触点线圈等都是软元件，没有实物与之对应，PLC 运行时只是执行相应的程序。因此，理论上梯形图中的线圈可以带无数多个常开触点和常闭触点。

2. 指令表语言

指令表语言就是助记符语言，它常用一些助记符来表示 PLC 的某种操作，有的厂家将指令称为语句，两条或两条以上指令的集合叫作指令表，也称为语句表。不同型号 PLC，其助记符的形式不同。图 1－28 所示为梯形图对应的指令表语言。

通常情况下，用户利用梯形图进行编程，然后再将所编程序通过编程软件或人工的方法转换成指令表输入到 PLC。

```
LD    I0.0
O     Q0.0
AN    I0.1
=     Q0.0
```

图 1－28　指令表

注意：不同厂家生产的 PLC 所使用的助记符各不相同，因此同一梯形图写成的指令表就不相同，在将梯形图转换为助记符时，必须先弄清 PLC 的型号及内部各器件编号、使用范围和每一条助记符的使用方法。

3. 功能块图语言

功能块图编程语言实际上是用逻辑功能符号组成的功能块来表达命令的图形语言，与数字电路中的逻辑图一样，它极易表现条件与结果之间的逻辑功能。图 1－29 所示为电动机启停控制的功能块图语言。

由图 1－29 可见，这种编程方法是根据信息流将各种功能块加以组合，是一种逐步发展起来的新式编程语言，正在受到各种 PLC 厂家的重视。

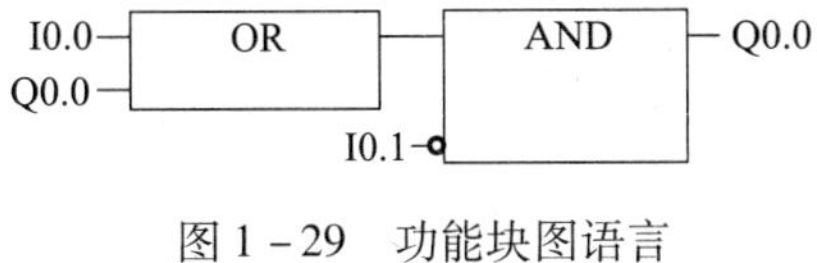

图 1－29　功能块图语言

4. 顺序功能流程图语言

顺序功能流程图常用来编制顺序控制类程序。它包含步、动作、转换 3 个要素。顺序功能编程法可将一个复杂的控制过程分解为一些小的顺序控制要求连接组合成整体的控制程序。顺序功能流程图法体现了一种编程思想，在程序的编制中具有很重要的意义。图 1－30 所示为某一控制系统顺序功能流程图语言。

顺序功能流程图编程语言的特点：以功能为主线，按照功能流程的顺序分配，条理清楚，便于用户理解程序；避免梯形图或其他语言不能顺序动作的缺陷，同时也避免了用梯形图语言对顺序动作编程时，由于机械互锁造成用户程序结构复杂、难以理解的缺陷；用户程序扫描时间也大大缩短。

5. 结构化文本语言

随着PLC的飞速发展，如果许多高级功能还是用梯形图来表示，会很不方便。为了增强PLC的数字运算、数据处理、图表显示、报表打印等功能，方便用户的使用，许多大中型PLC都配备了PASCAL、BASIC、C等高级编程语言，这种编程方式叫作结构化文本。

结构化文本编程语言的特点：采用高级语言进行编程，可以完成较复杂的控制运算；需要有一定的计算机高级语言的知识和编程技巧，对工程设计人员要求较高；直观性和操作性较差。

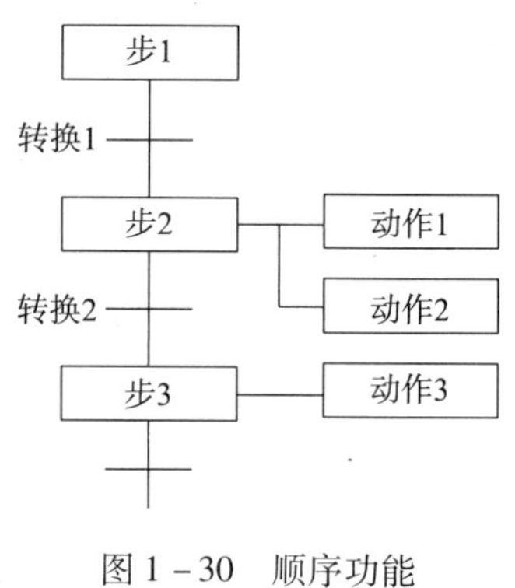

图1－30　顺序功能流程图语言

平时所说的PLC编程语言与一般计算机语言相比，具有相当明显的特点，它既不同于一些高级语言，也不同于一般的汇编语言，它既可满足易于编写，同时又可满足易于调试的要求。

二、S7－200的基本位操作指令

随着PLC的不断发展，厂家为用户提供了梯形图、指令表、功能块图和高级语言等编程语言，但无论从PLC的产生原因（主要替代继电接触式控制系统）还是广大电气工程技术人员的使用习惯来说，梯形图和指令表一直是它最基本、最常用的编程语言。在下面讲解和举例时主要用到的也是梯形图程序和指令表两种方式。

位操作指令是PLC常用的基本指令。位操作指令是对PLC数据区存储器中的某一位进行操作。位操作的值为“0”或“1”，“1”表示位元件通电，“0”表示位元件不通电。

1. 触点与线圈指令

1）指令格式及梯形图表示方法

指令格式及梯形图表示方法如表1－6所示。

表1－6　触点与线圈指令

助记符	功能	梯形图图示	操作元件
LD	取常开触点	─┤ ├─	I，Q，M，SM，T，C，V，S
LDN	取常闭触点	─┤/├─	I，Q，M，SM，T，C，V，S

2）使用说明

（1）LD和LDN指令一方面可用于和梯形图的左母线相连，作为一个逻辑行开始，另一方面可与ALD、OLD指令配合使用，作为分支电路的起点。

（2）OUT指令用于把运算结果输出到线圈。注意没有输入线圈。

注意：因为PLC是以扫描方式执行程序的，当并联双线圈（同一个线圈）输出时，只有后面的驱动有效。

2. 触点串联指令

1）指令格式及梯形图表示方法

指令格式及梯形图表示方法如表1-7所示。

表1-7　触点串联指令

助记符	功能	梯形图图示	操作元件
A	与指令		I，Q，M，SM，T，C，V，S
AN	与非指令	/	I，Q，M，SM，T，C，V，S

2）使用说明

（1）A、AN是单个触点串联连接指令，可连续使用。

（2）若要串联多个触点组合回路时，须采用后面要讲的ALD指令。

（3）在OUT指令后面，通过某一触点对其他线圈使用OUT指令，称为连续输出。

注意：不要将连续输出的顺序弄错，如图1-31所示。

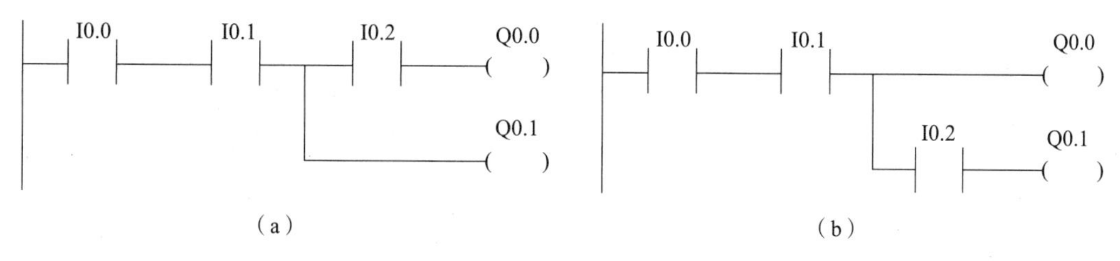

图1-31　连续输出

（a）不合适；（b）合适

3. 触点并联指令

1）指令格式及梯形图表示方法

指令格式及梯形图表示方法如表1-8所示。

表1-8　触点并联指令

助记符	功能	梯形图图示	操作元件
O	或指令		I，Q，M，SM，T，C，V，S
ON	或非指令	/	I，Q，M，SM，T，C，V，S

2）使用说明

（1）O、ON指令用于单个触点并联，紧接在LD、LDN指令之后用，即对其前面LD、LDN指令所规定的触点再并联一个触点。

（2）这两个指令可连续使用。

4. 电路块的并联、串联指令

1）指令格式及梯形图表示方法

指令格式及梯形图表示方法如表 1 -9 所示。

表 1 -9　电路块的并联和串联指令

助记符	功能	梯形图图示	操作元件
OLD	电路块并		无
ALD	电路块串		无

2）使用说明

（1）OLD、ALD 无操作软元件。

（2）几个串联支路并联连接时，其支路的起点以 LD、LDN 开始，支路终点用 OLD 指令。

（3）如需将多个支路并联，从第二条支路开始，在每一支路后面加 OLD 指令。若用这种方式编程则对并联支路的个数没有限制。

（4）并联电路块与前面电路串联连接时，使用 ALD 指令。分支的起始点用 LD、LDN 指令，并联电路结束后，使用 ALD 指令与前面电路串联。

（5）如果有多个并联电路块串联，顺次以 ALD 指令与前面支路连接，对支路数量没有限制。

（6）使用 OLD、ALD 指令编程时，也可以采取 OLD、ALD 指令连续使用的方法；但只能连续使用不超过 8 次，建议不使用此法。

3）程序举例

程序应用如图 1 -32 和图 1 -33 所示。

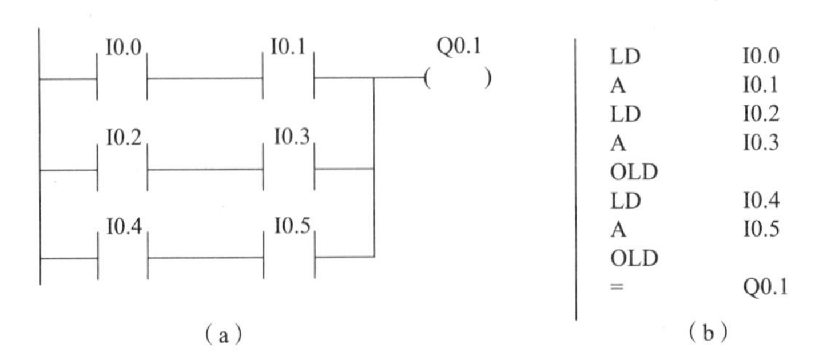

图 1 -32　OLD 指令应用

（a）梯形图；（b）指令表

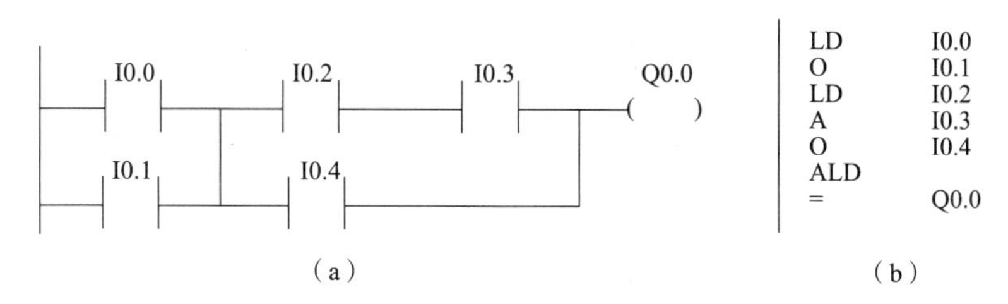

图 1－33　ALD 指令应用

(a) 梯形图；(b) 指令表

5. 取非操作指令

1) 指令格式及梯形图表示方法

指令格式及梯形图表示方法见表 1－10 所示。

表 1－10　取非操作指令

助记符	功　　能	梯形图图示	操作元件
NOT	把源操作数的状态取反作为目标操作数输出	—|NOT|—	无

2) 使用说明

它只能和其他操作联合使用，其本身没有操作数。

6. 置位与复位操作指令

1) 指令格式及梯形图表示方法

指令格式及梯形图表示方法见表 1－11 所示。

表 1－11　置位与复位指令表

指令名称	STL	梯形图图示	功　　能
置位指令	S bit，N	bit —(S) N	从 bit 开始的 *N* 个元件置 1 并保持
复位指令	R bit，N	bit —(R) N	从 bit 开始的 *N* 个元件清零并保持

2) 使用说明

(1) 对位元件来说一旦被置位，就保持在通电状态，除非对它复位；而一旦被复位就保持在断电状态，除非再对它置位。

(2) 如果对计数器和定时器复位，则计数器和定时器的当前值被清零。

(3) *N* 的范围为 1 ~ 255，*N* 可为 VB、IB、QB、MB、SMB、SB、LB、AC、常数、* AD、* AC 和 * LD。一般情况下使用常数。

(4) S/R 指令的操作数为 I、Q、M、SM、T、C、V、S 和 L。

注意： 对于同一元件可多次使用 S/R 指令操作，顺序不限。但若各 S/R 指令操作条件均成立，则只有最后一次 S/R 操作有效。

3）程序举例

程序如图 1－34 所示。

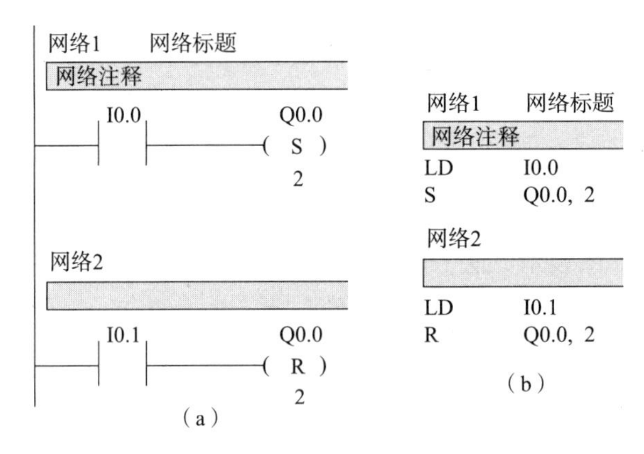

图 1－34 S/R 指令应用

（a）梯形图；（b）指令表

7. 脉冲生成指令

1）指令格式及梯形图表示方法

指令格式及梯形图表示方法见表 1－12 所示。

表 1－12 脉冲生成指令表

助记符	功能	梯形图图示	操作元件
EU	上升沿脉冲输出	─┤P├──( )	无
ED	下降沿脉冲输出	─┤N├──( )	无

2）使用说明

（1）EU 指令。在 EU 指令前的逻辑运算结果有一个上升沿时（由 OFF→ON）产生一个宽度为一个扫描周期的脉冲，驱动后面的输出线圈。

（2）ED 指令。在 ED 指令前的逻辑运算结果有一个下降沿时（由 ON→OFF）产生一个宽度为一个扫描周期的脉冲，驱动后面的输出线圈。

这两个脉冲可以用来启动一个运算过程、启动一个控制程序、记忆一个瞬时过程、结束一个控制过程等。

注意： 对开机时就为接通状态的输入条件，EU 指令不执行。

3）程序举例

程序如图 1－35 所示。

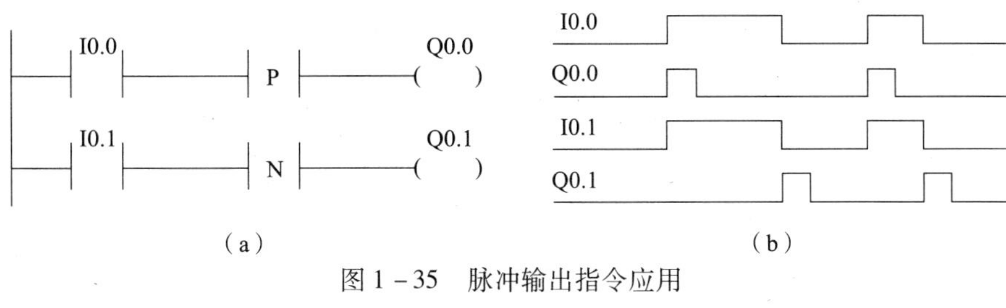

图 1－35　脉冲输出指令应用

(a) 梯形图；(b) 时序图

任务实施

根据图 1－24 画出的 PLC 控制接线图及程序如图 1－36 所示。当超声波开关检测到门前有车辆时 I0.0 动合触点闭合，升门信号 Q0.0 被置位，升门动作开始，当升门到位时门顶限

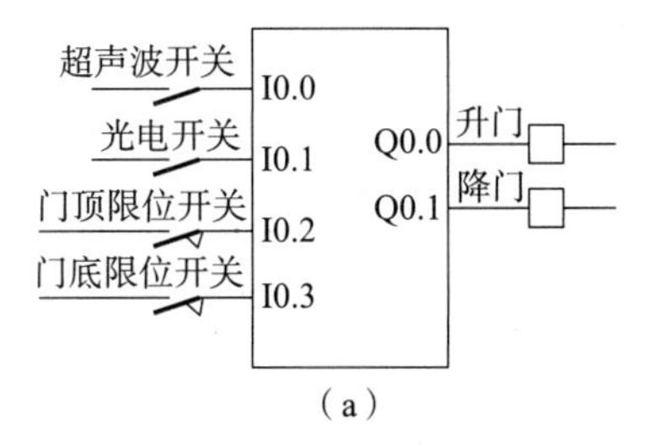

(a)

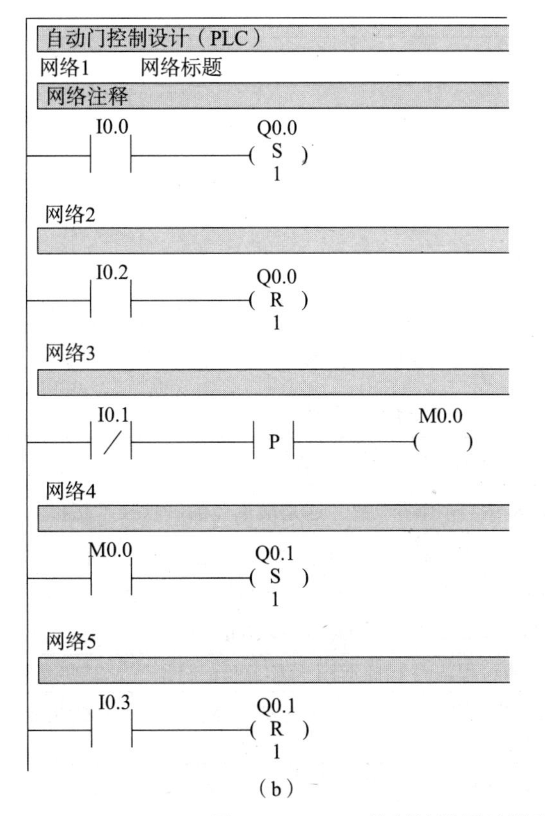

(b)

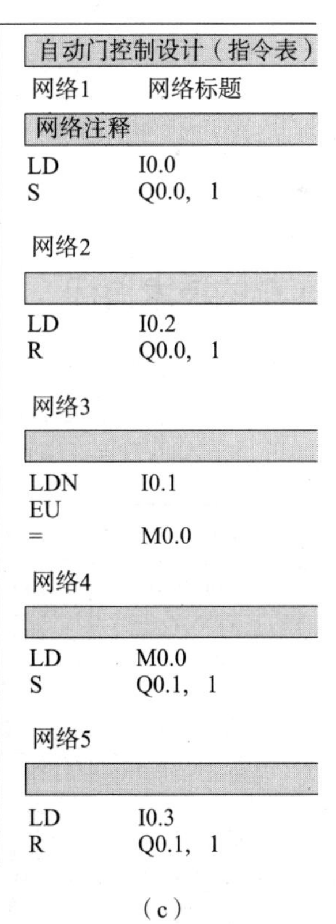
自动门控制设计（指令表）

网络1　网络标题

网络注释

```
LD    I0.0
S     Q0.0, 1
```

网络2

```
LD    I0.2
R     Q0.0, 1
```

网络3

```
LDN   I0.1
EU
=     M0.0
```

网络4

```
LD    M0.0
S     Q0.1, 1
```

网络5

```
LD    I0.3
R     Q0.1, 1
```

(c)

图 1－36　PLC 控制接线图及梯形图、指令表

(a) 控制接线图；(b) 梯形图；(c) 指令表

位开关动作，I0.2 动合触点闭合，升门信号 Q0.0 被复位，升门动作完成；当车辆进入到大门遮断光电开关的光束时，光电开关 I0.1 动作，其动断触点断开，车辆继续行进驶入大门后，接收器重新接收到光束，其动断触点 I0.1 恢复原始状态闭合，此时这一由断到通的信号驱动 PLS 指令使 M0.0 产生一脉冲信号，M0.0 动合触点闭合，降门信号 Q0.1 被置位，降门动作开始，当降门到位时门底限位开关动作，I0.3 动合触点闭合，降门信号 Q0.1 被复位，降门动作完成。

任务评价

为全面记录和考核任务完成的情况，表 1－13 给出了任务评分标准。

表 1－13 “自动门控制”任务评分表

实施步骤	考核内容	分值	成绩
接线	拟定接线图，完成各设备之间的连接	10	
编程	编程并录入梯形图程序，编译、下载	10	
调试及故障排除	调试：PLC 处于 RUN 状态时，闭合开关 SA； 故障排除：逐一检查输入和输出回路。 说明：（1）能准确完成软硬件联调，显示正确结果； （2）若结果错误，能找出故障点并加以解决	20	
成果演示		10	
总评成绩		50	

拓展提高

一、PLC 的技术指标

PLC 的技术指标包括硬件指标和软件指标，如表 1－14 所示。通过对 PLC 技术指标体系的了解，可根据具体控制工程的要求，在众多 PLC 中选取合适的 PLC。

表 1－14 PLC 的技术指标

硬件指标	工作环境	一般都能在下列环境条件下工作：温度为 0～55 ℃，湿度小于 85%
	I/O 点数	PLC 外部输入/输出端子数。这是最重要的一项技术指标
	内部寄存器	PLC 内部有许多寄存器用以存放变量状态、中间结果、数据等。寄存器的配置情况常常是衡量 PLC 硬件功能的一个指标
	内存容量	一般以 PLC 所能存放用户程序多少衡量
软件指标	编程语言	PLC 常用的编程语言有梯形图语言、助记符语言及某些高级语言
	指令条数	这是衡量 PLC 软件功能强弱的主要指标。PLC 具有的指令种类越多，其软件功能越强
	扫描速度	一般以执行 1 000 步指令所需时间来衡量，单位为毫秒/千步
	特种功能	自诊断功能、通信联网功能、监控功能、特殊功能模块、远程 I/O 能力

二、PLC、继电器控制系统、微机控制系统的比较

PLC、继电器控制系统、微机控制系统三者性能、特点的比较，如表 1－15 所示。

表 1－15　PLC、继电器控制系统和微机控制系统性能比较表

项目	PLC	继电器控制系统	微机控制系统
功能	通过执行程序实现各种控制	通过许多硬件继电器实现顺序控制	通过执行程序实现各种复杂控制，功能最强
修改控制内容	修改程序较简单、容易	改变硬件接线逻辑，工作量大	修改程序，技术难度较大
可靠性	平均无故障工作时间长	受机械触点寿命限制	一般比 PLC 差
工作方式	顺序扫描	顺序控制	中断控制
连接方式	直接与生产设备连接	直接与生产设备连接	要设计专门的接口
环境适应性	适应一般工业生产现场环境	环境差，会影响可靠性和寿命	环境要求高
抗干扰性	较好	能抗一般电磁干扰	需专门设计抗干扰措施
可维护性	较好	维修费时	技术难度较高
系统开发	设计容易、安装简单、调试周期短	工作量大、调试周期长	设计复杂、调试技术难度较大
响应速度	较快（10^{-3} s 数量级）	一般（10^{-2} s 数量级）	很快（10^{-6} s 数量级）

三、梯形图编程的基本原则

（1）梯形图中的继电器不是物理的，是 PLC 存储器中的位（1＝ON；0＝OFF）；各编程元件的触点可以反复使用，数量不限。继电器线圈输出只能是一次（同一个程序中，同一编号的线圈使用两次或两次以上容易引起误动作）。

（2）梯形图中每一行都是从左母线开始，触点在左，线圈在右，触点不能放在线圈右边，如图 1－37 所示。

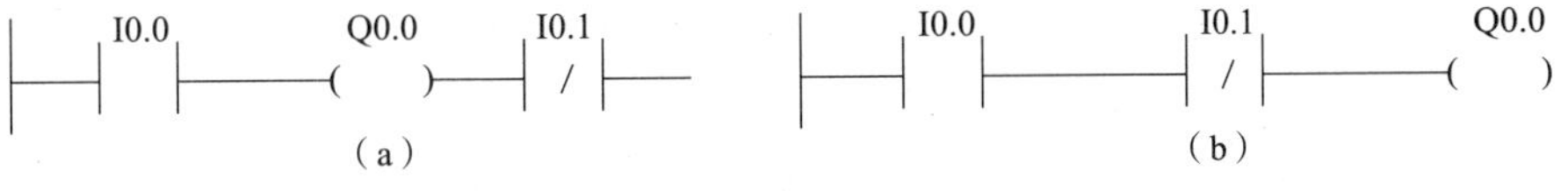

I0.0　Q0.0　I0.1
（a）

I0.0　I0.1　Q0.0
（b）

图 1－37　梯形图画法 1

（a）错误；（b）正确

（3）线圈和指令盒一般不能直接与左母线相连，如图 1－38 所示。

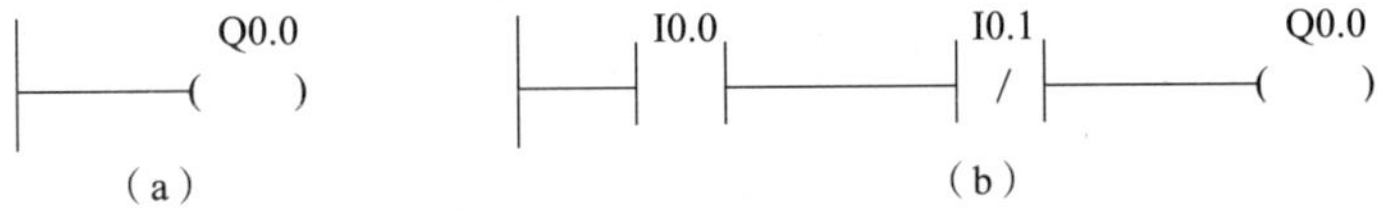

Q0.0
（a）

I0.0　I0.1　Q0.0
（b）

图 1－38　梯形图画法 2

（a）错误；（b）正确

（4）梯形图中若有多个线圈输出，这些线圈可并联输出，但不能串联输出，如图 1－39 所示。

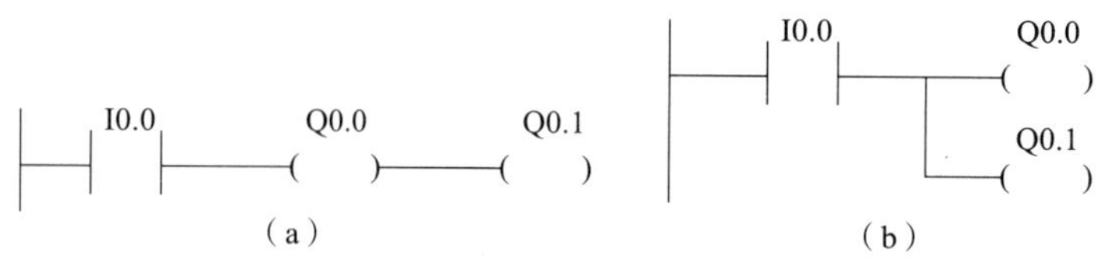

图 1－39　梯形图画法 3

（a）错误；（b）正确

（5）梯形图中触点连接不能出现桥式连接，如图 1－40 所示。

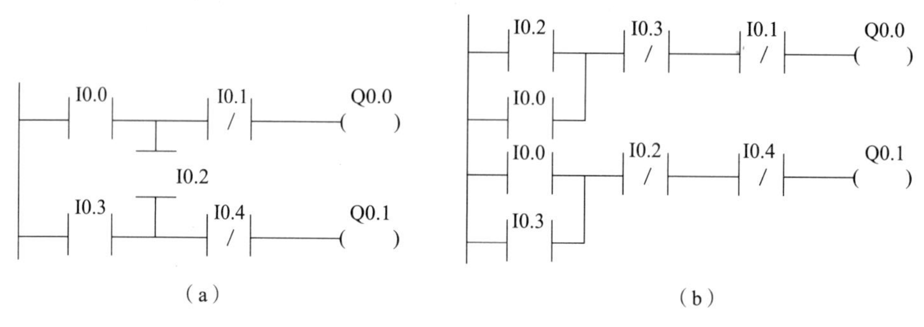

图 1－40　梯形图画法 4

（a）错误；（b）正确

（6）适当安排编程顺序，以减少程序步数。

①串联多的电路应尽量放在上部，如图 1－41 所示。

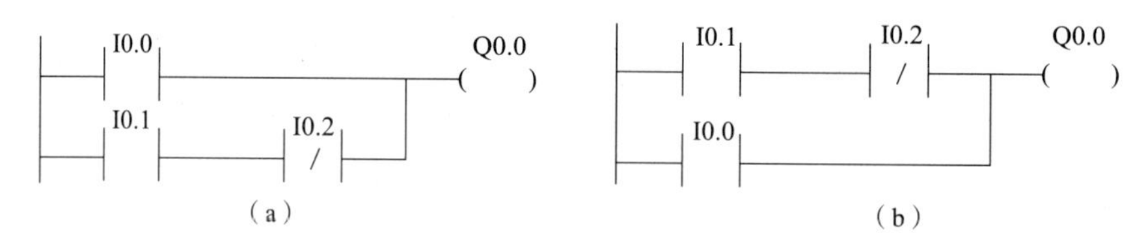

图 1－41　梯形图画法 5

（a）正常；（b）推荐

②并联多的电路应靠近左母线，如图 1－42 所示。

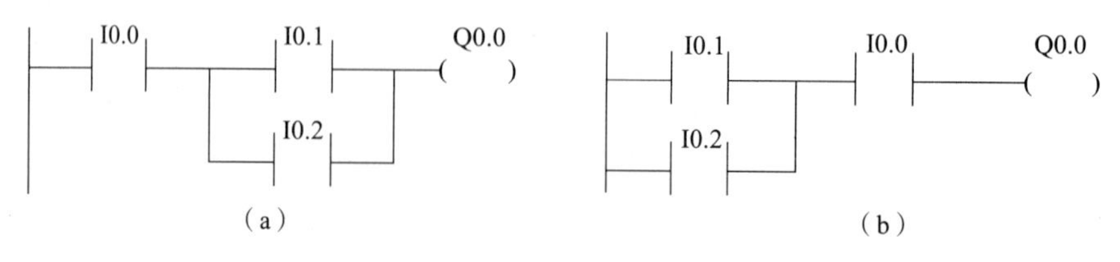

图 1－42　梯形图画法 6

（a）正常；（b）推荐

（7）为了简化程序，在程序设计时对于需要多次使用的若干逻辑运算的组合，应尽量使用通用辅助继电器，这样可以使程序逻辑清晰，还给修改程序带来方便，如图1－43所示。

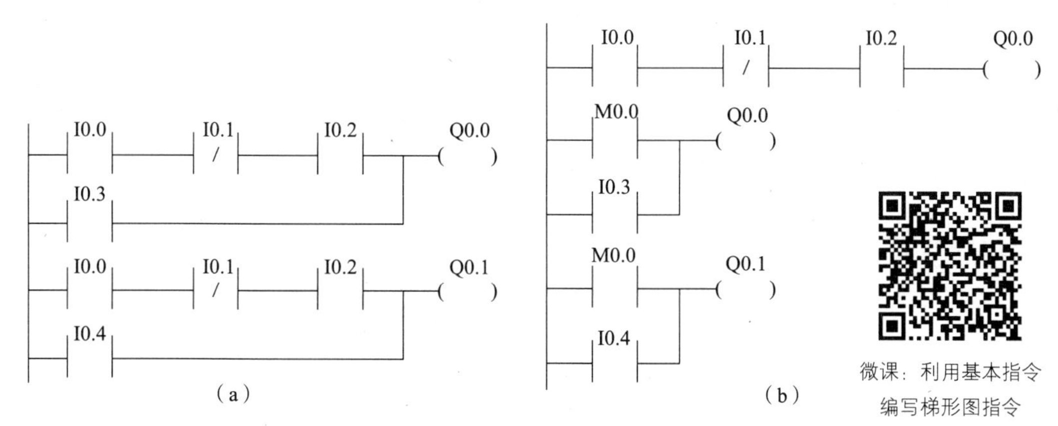

图1－43　梯形图画法7

（a）正常；（b）推荐

练习与思考

1. PLC与继电器控制系统、微机控制系统相比较有哪些优点？
2. 根据图1－44所示的时序图编写程序。

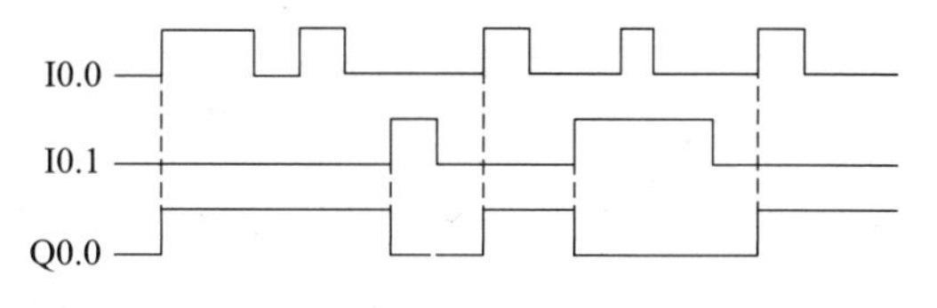

图1－44　时序图

项目二 交流电动机基本控制系统

随着科技的发展，智能控制已经涉及生活中的各个领域，在自动控制的生产器械和电气设备中都离不开电动机的驱动，显然，对电动机运行控制技能的学习和掌握显得格外重要。本项目主要完成交流电动机的基本控制，包括电动机连续运行控制、正反转运行控制和Y－△降压启动控制，所涉及内容均需要在 PLC 综合实验室中完成，结合 PLC 的实际情况分配 I/O 接口，根据电气控制原理图及接线图完成硬件上的接线，通过编程终端完成梯形图的编写，最后通过调试实现项目的要求。

任务一 电动机连续运行控制

任务目标

（1）掌握 S7－200 的基本位操作指令。

（2）掌握启－保－停电路的程序设计。

（3）会进行正确的电动机连续运行控制电路的接线。

（4）熟练使用 PLC 并实现电动机连续运行功能。

微课：三相交流电动机连续运行

任务分析

电动机拖动系统广泛应用于自动控制领域，通过控制电动机运行这种方式可控制整个电动机拖动系统，而在机床这类电气设备中，通常需要电动机能够持续工作，因此，需要用 PLC 来实现对电动机的连续运行控制功能。

图 2－1 所示为电动机连续控制原理图，按下启动按钮 SB1，电动机开始运转，当松开启动按钮后，在接触器线圈 KM1 自锁的作用下，保持电动机持续通电，电动机能够正常连

续转动；按下停止按钮，电动机停止工作。电路中采用熔断器 FU 作短路保护，热继电器 FR 作电动机过载保护。

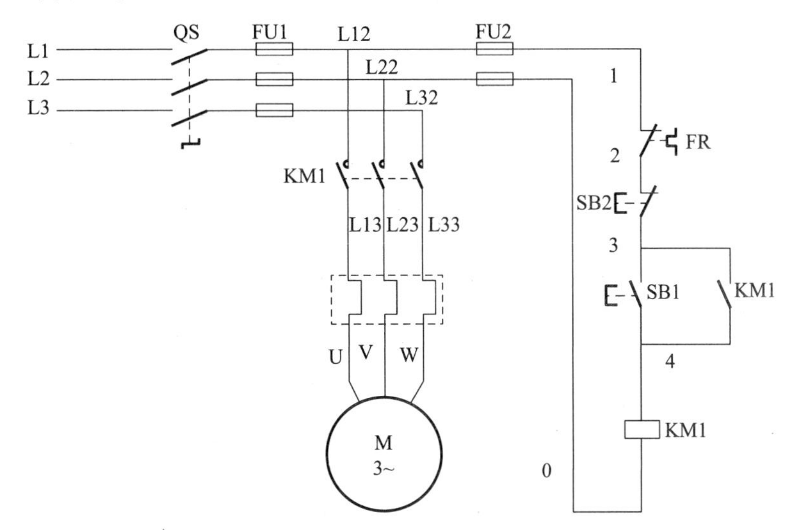

图 2－1　三相交流电动机的启、停控制电路

知识准备

PLC 的基本位逻辑指令

在 S7－200 系列 PLC 中，位操作指令是以“位”为操作数地址的指令，是 PLC 中最常用、最基本的指令。在 PLC 梯形图程序中，触点和线圈是构成梯形图及指令表的基本要素，触点指令代表 CPU 对存储器的读操作，是线圈的工作条件，分为常开触点和常闭触点，线圈输出表示 PLC 对存储器的写操作，是触点的运行结果；在指令表程序中，各个触点、线圈间有与、或、非、输出等位逻辑关系，基本位操作指令的位可以存在于 PLC 内部各个存储器区中，包括 I、Q、M、SM、T、C、V、S、L 等存储器区。位操作指令能够实现基本的位逻辑运算和控制。

（一）触点指令

常开触点与位存储器的状态一致，常闭触点与位存储器的状态相反。用户程序中同一触点可以无限次使用。触点指令包括装载（取）指令、触点串联指令（逻辑与指令）、触点并联指令（逻辑或指令）等，指令格式见表 2－1。

表 2－1　触点指令格式

指令名称	梯形图（LAD）	指令表（STL）		功　能	
		操作码	操作数	梯形图含义	指令表含义
装载指令	bit	LD	bit	将 bit 对应的常开触点与左母线相连	将 bit 的状态装入栈顶
	bit /	LDN	bit	将 bit 对应的常闭触点与左母线相连	将 bit 的状态取反装入栈顶

续表

指令名称	梯形图（LAD）	指令表（STL）		功　　能	
		操作码	操作数	梯形图含义	指令表含义
触点串联指令	bit —| |—	A	bit	将 bit 对应的常开触点与前一触点串联	将 bit 状态与栈顶相“与”后存入栈顶
	bit —|/|—	AN	bit	将 bit 对应的常闭触点与前一触点串联	将 bit 状态取反与栈顶相“与”后存入栈顶
触点并联指令	bit └| |┘	O	bit	将 bit 对应的常开触点与上一触点并联	将 bit 状态与栈顶相“或”后存入栈顶
	bit └|/|┘	ON	bit	将 bit 对应的常闭触点与上一触点并联	将 bit 状态取反与栈顶相“或”后存入栈顶

1. 逻辑装载指令

（1）LD（Load）取指令。常开触点逻辑运算的开始，对应梯形图则为在左侧母线或线路分支点处初始装载一个常开触点。

（2）LDN（Load-Not）取反指令。常闭触点逻辑运算的开始（即对操作数的状态取反），对应梯形图则为在左侧母线或线路分支点处初始装载一个常闭触点。

2. 触点串联指令

（1）A（And）与指令。在梯形图中表示串联连接单个常开触点，并可以连续使用。

（2）AN（And-Not）与非指令。在梯形图中表示串联连接单个常闭触点，并可以连续使用。

3. 触点并联指令

（1）O（Or）或指令。在梯形图中表示并联连接单个常开触点，并可以连续使用。

（2）ON（Or-Not）或非指令。在梯形图中表示并联连接单个常闭触点，并可以连续使用。

（二）线圈输出指令

线圈输出表示 PLC 对存储器的写操作，若线圈左侧逻辑运算结果为“1”，表示 PLC 将线圈对应存储器的状态置“1”，即线圈“通电”，线圈存储器对应的常开触点闭合、常闭触点断开；若线圈左侧运算结果为“0”，则表示 PLC 将线圈对应存储器的状态清零，即线圈“失电”，线圈存储器对应的触点不动作。在同一程序中，同一位地址的继电器线圈一般只能使用一次。线圈输出指令格式及功能见表 2－2。

表 2－2　线圈输出指令格式

指令名称	梯形图（LAD）	指令表（STL）		功　　能	
		操作码	操作数	梯形图含义	指令表含义
输出线圈指令	bit ——(　)	=	bit	当逻辑行接通即有能流流进线圈时，线圈 bit 对应存储器状态置“1”	将逻辑运算结果复制到 bit 指定的存储器中

【例 2－1】逻辑“与”指令编程。

用两个开关控制一台电动机的启动。当两个开关全部闭合时电动机启动，当两个开关其中之一断开时电动机停止。两个开关分别接 PLC 的输入继电器 I0.0、I0.1，电动机接触器线圈接 PLC 的输出继电器 Q0.0，对应的梯形图如图 2－2 所示。

【例 2－2】逻辑“或”指令编程。

用两个开关控制一盏灯，当两个开关其中一个闭合时，就可以使灯点亮；当两个开关全部断开时才可以使灯熄灭。两个开关分别接 PLC 的输入继电器 I0.0、I0.1，灯接 PLC 的输出继电器 Q0.0，对应的梯形图如图 2－3 所示。

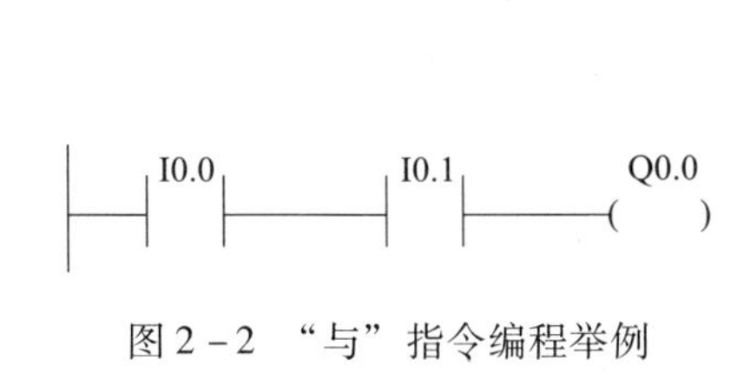

图 2－2　“与”指令编程举例

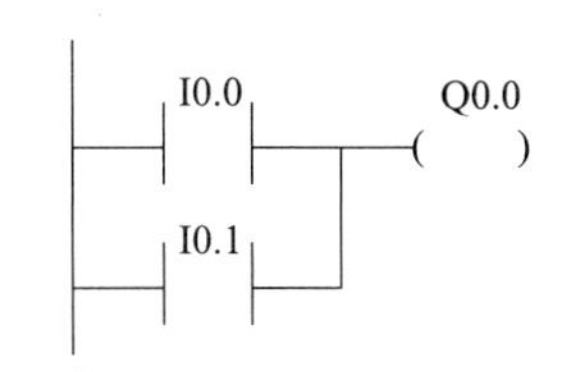

图 2－3　逻辑“或”指令编程举例

（三）电路块的连接指令

1. 与块指令

（1）指令格式及功能如表 2－3 所示。

表 2－3　与块指令格式及功能

指令名称	梯形图（LAD）	指令表（STL）		功　能
		操作码	操作数	指令含义
与块指令	无	ALD	无	用于串联连接多个并联电路组成的电路块

（2）指令使用说明。

并联电路块与前面电路串联连接时，需要使用 ALD 指令。并联分支的起点使用 LD/LDN 指令，并联电路块以 ALD 指令作为块的结尾，该并联块与前面电路串联。与块指令的使用如图 2－4 所示。

此外，可以顺次使用 ALD 指令串联多个并联电路块，电路块的数量和 ALD 数量没有限制。多个电路块的使用如图 2－5 所示。

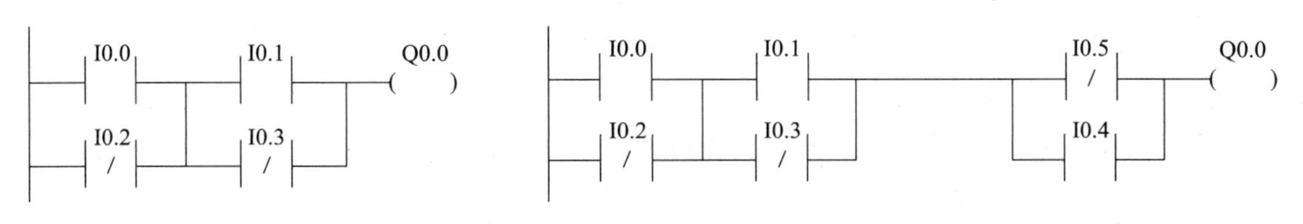

图 2－4　ALD 指令的使用举例

图 2－5　多个并联电路块串联

2. 或块指令

（1）指令格式及功能如表 2－4 所示。

表 2-4　或块指令格式及功能

指令名称	梯形图（LAD）	指令表（STL）		功　能
		操作码	操作数	指令含义
或块指令	无	OLD	无	用于并联连接多个串联电路组成的电路块

（2）指令使用说明。

串联电路块与上面电路并联连接时，需要使用 OLD 指令。串联分支的起点使用 LD/LDN 指令，并联电路块使用 OLD 指令作为块的结尾，该串联块与前面电路并联。或块指令的使用如图 2-6 所示。同样，可以顺次使用 OLD 指令并联多个串联电路块，电路块的数量和 OLD 数量没有限制。

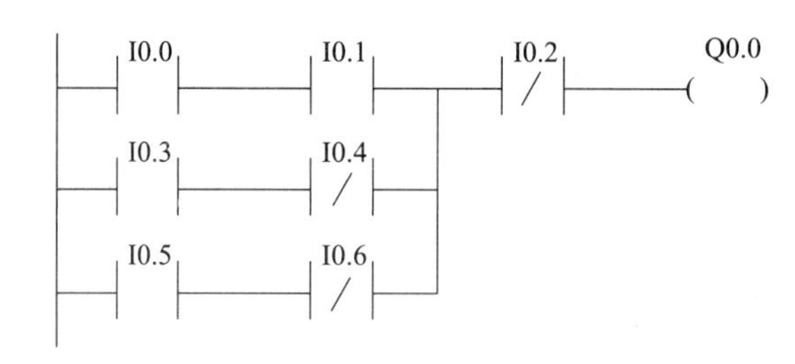

图 2-6　OLD 指令使用举例

任务实施

1. 列出 I/O 分配表

通过任务分析要求可知，PLC 需要 3 个输入点，一个输出点，其 I/O 分配表见表 2-5。

表 2-5　PLC 的 I/O 分配表

输　入		输　出	
设备名称及编号	PLC 端子编号	设备名称及代号	PLC 端子编号
启动按钮 SB1	I0.0	控制电动机 KM1	Q0.0
停止按钮 SB2	I0.1		
热继电器 FR	I0.2		

2. 完成 PLC 的 I/O 硬件接线

（1）按图 2-1 所示进行电动机主控制电路连接。

（2）按图 2-7 所示进行 PLC 硬件外部接线。

3. 设计 PLC 控制程序

电动机连续控制梯形图程序如图 2-8 所示。

完成接线后认真检查确认接线是否正确；检查结束后在教师的帮助下通电，通电后把程序下载到 PLC 中运行测试；在测试过程中，认真观察程序运行状态和分析程序运行的结果；程序符合控制要求后再接通主电路试车，进行系统调试。

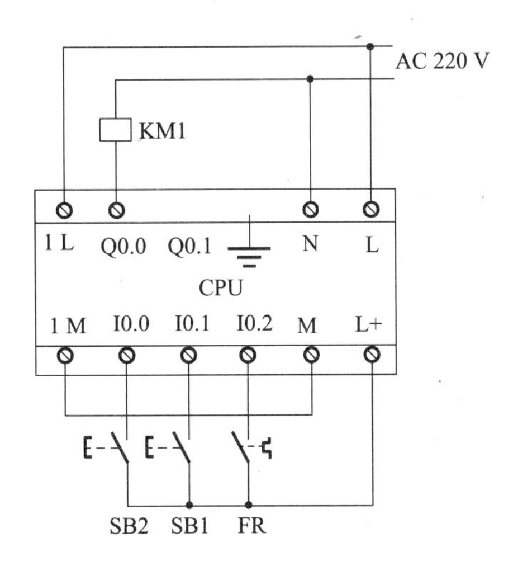

图 2 –7　PLC 硬件外部接线图

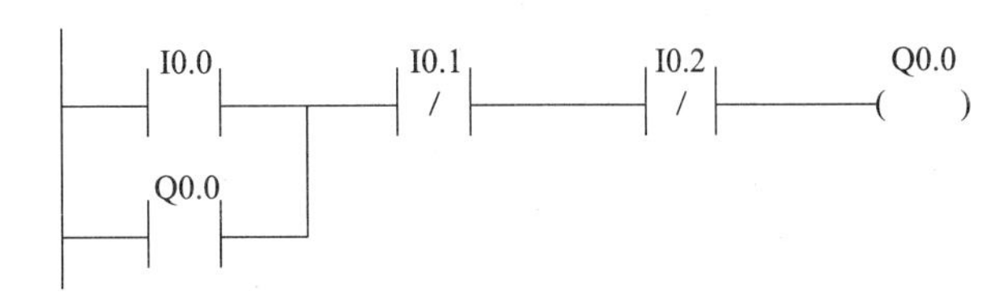

图 2 –8　电动机连续运转控制梯形图程序

4. 任务总结

(1) 设置 PLC 程序，首先应通过分析建立 I/O 分配表。

(2) 注意 FR 采用常开触点的连接。

(3) 比较梯形图程序结构与电气控制线路之间的相似性。

任务评价

为全面记录和考核任务完成的情况，表 2 –6 给出了任务评分标准。

表 2 –6 “电动机连续运行控制”任务评分表

实施步骤	考核内容	评价标准	分值	成绩
电气连接	正确安全地连接电气设备	(1) 参照 I/O 地址表连接输入/输出设备； (2) 正确连接 PLC 电源	15	
I/O 地址分配	能够准确进行 I/O 地址分配	(1) 输入地址分配正确； (2) 输出地址分配正确	20	
绘制梯形图	能正确绘制梯形图	(1) 基本指令使用正确、熟练； (2) 梯形图绘制正确、规范	30	
程序下载与调试	(1) 能正确地将所编程序下载到计算机； (2) 按照被控设备的动作要求进行调试	(1) 程序下载熟练； (2) 动作调试完整； (3) 调试方法正确	15	
安全文明生产	保证人身和设备安全	按照操作规程安全文明生产	20	
总评成绩			100	

拓展提高

顺序控制线路设计

生产实践中常要求各种运动部件之间能够按顺序工作。例如，车床主轴转动时要求油泵先给齿轮箱提供润滑油，即要求保证润滑泵电动机启动后，主拖动电动机才允许启动，也就是控制对象对控制线路提出了按顺序工作的联锁要求。如图 2－9 所示，M1 为油泵电动机，M2 为主拖动电动机，在图 2－9 中将控制油泵电动机的接触器 KM1 的常开辅助触点串入控制主拖动电动机的接触器 KM2 的线圈电路中，可以实现按顺序工作的联锁要求。

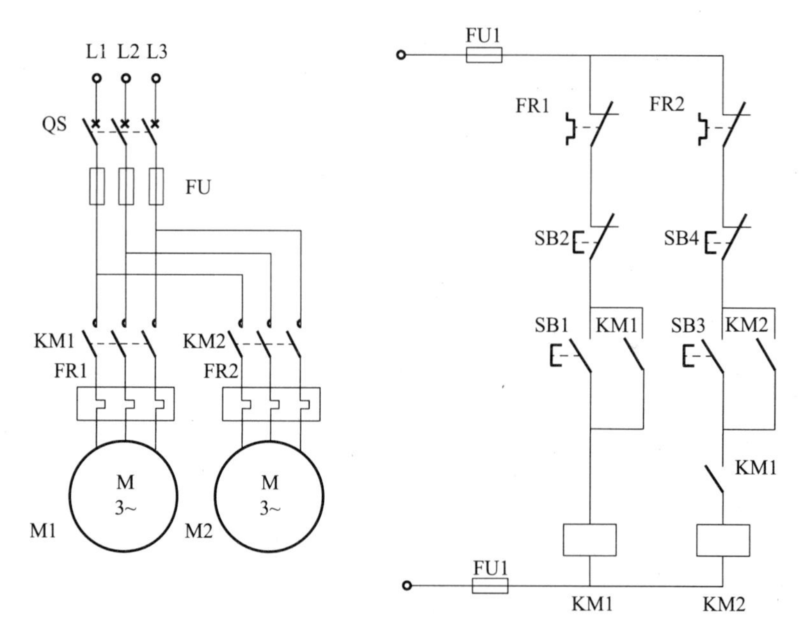

图 2－9　顺序控制线路

1. 列出 I/O 分配表

通过任务分析要求可知，此时 PLC 需要 6 个输入点、2 个输出点，其 I/O 分配表见表 2－7。

表 2－7　I/O 分配表

输　　入		输　　出	
设备名称及编号	PLC 端子编号	设备名称及代号	PLC 端子编号
M1 启动按钮 SB1	I0. 0	M1 电动机　KM1	Q0. 0
M1 停止按钮 SB2	I0. 1	M2 电动机　KM2	Q0. 1
M2 启动按钮 SB3	I0. 2		
M2 停止按钮 SB4	I0. 3		
M1 热继电器 FR1	I0. 4		
M2 热继电器 FR2	I0. 5		

2. 完成 PLC 的 I/O 硬件接线

（1）按图 2－9 所示进行电动机主电路连接。

（2）按图 2－10 所示进行 PLC 硬件外部接线。

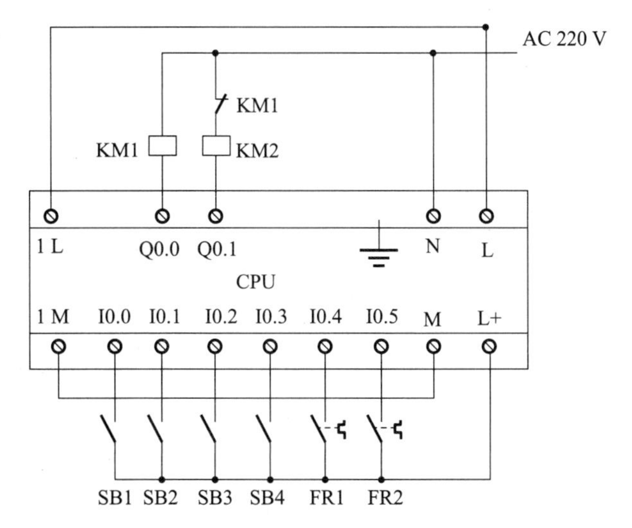

图 2－10　电动机连续运行控制的 I/O 硬件接线图

3. 设计 PLC 控制程序

电动机顺序控制线路梯形图程序如图 2－11 所示。

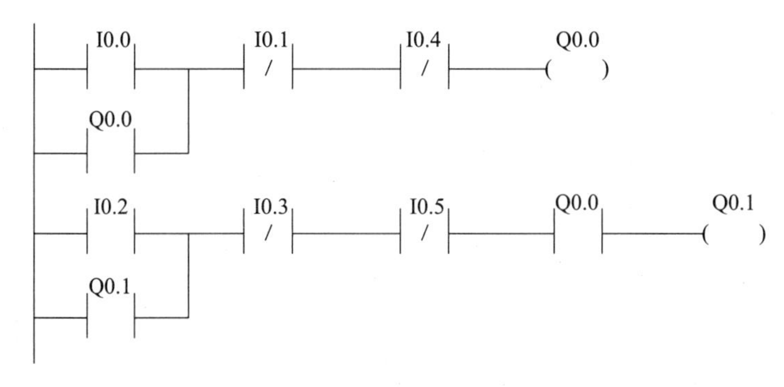

图 2－11　电动机顺序控制线路梯形图

任务二　电动机正反转运行控制

任务目标

（1）掌握 S7－200 中 S/R/SR/RS 指令。

（2）会正确地进行电动机正反转控制电路的接线。

（3）会使用 PLC 实现电动机正反转控制。

任务分析

在实际应用中，往往要求生产机械改变运动方向，如工作台前进、后退；电梯或吊车的上升、下降，以及众多设备的左右运动等，这就要求作为拖动设备的电动机能实现正、反转可逆运转。由三相交流电动机的工作原理可知，如果对调接入电动机的三相电源中任意两相，就能实现电动机的反向运行。

三相异步电动机的正反转可以通过继电器控制实现，电动机正、反转控制电路如图 2－12 所示，分别接通主回路中的 KM1 和 KM2 主触点，就实现了三相电源的两相对调。正向启动过程中，按下启动按钮 SB2，KM1 得电，KM1 主触点在自锁的作用下持续闭合，电动机连续正向运转，同时在互锁的作用下 KM2 无法得电。停止过程中，按下停止按钮 SB1，KM1 断电，KM1 主触点断开，电动机停转。反向启动过程中，按下启动按钮 SB3，KM2 主触点在自锁作用下持续闭合，电动机反向运转，KM1 在互锁的作用下无法得电。停止过程同上。这样便实现了电动机正转－停止－反转－停止的控制功能。

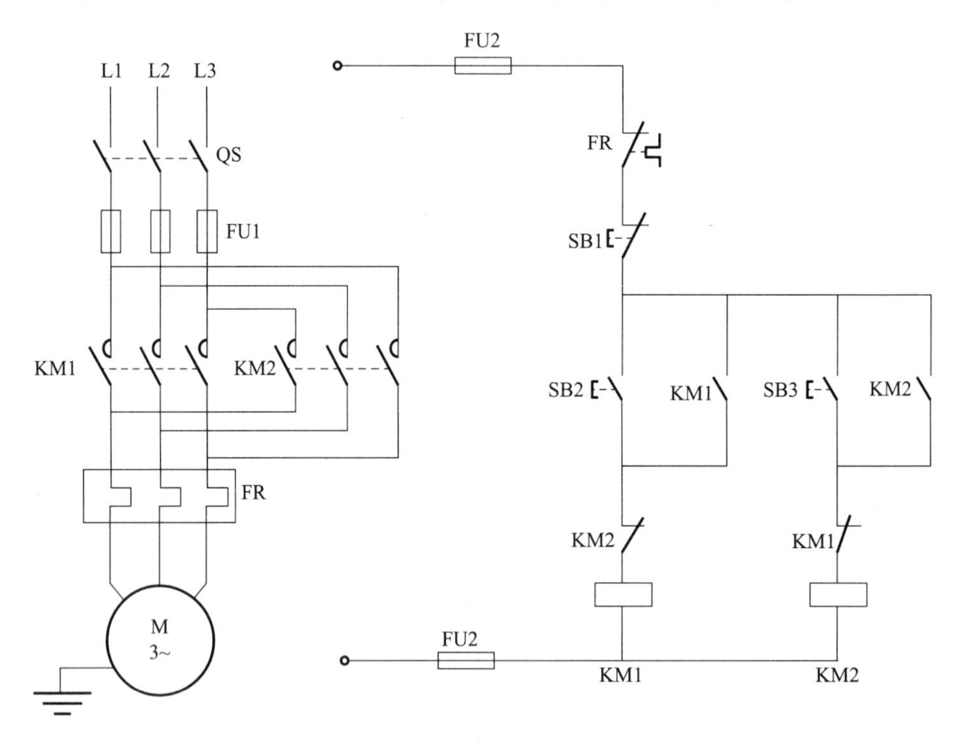

图 2－12　电动机正反转控制电路

知识准备

微课：三相电动机正反转

一、置位、复位指令

执行置位指令 S（Set）与复位指令 R（Reset）时，从指定位地址开始的 *N* 个点的映像寄存器都被置位或复位，并保持该状态。指令格式及功能见表 2－8。

表 2-8　置位、复位指令格式及功能

指令名称	梯形图（LAD）	指令表（STL）		功　　能
		操作码	操作数	
置位指令	bit (S) N	S	bit，N	从指定 bit 开始的连续 *N* 个位置“1”并保持
复位指令	bit (R) N	R	bit，N	从指定 bit 开始的连续 *N* 个位置“0”并保持

指令使用说明如下。

（1）S/R 指令通常成对使用，也可以单独使用或与指令盒配合使用。对同一元件（同一寄存器的位）可以多次使用 S/R 指令。

（2）S/R 指令可以互换次序使用，由于 PLC 为扫描的工作方式，写在后面的指令具有优先权，在图 2-13 中，若 I0.0 和 I0.1 同时为“1”，则 Q0.0 和 Q0.1 肯定处于复位状态而为“0”。

（3）S/R 的操作数可以为 I、Q、M、SM、T、C、V、S、L 等内部寄存器。

（4）*N* 通常为常数，取值范围为 1～255，也可以是 VB、IB、QB、MB、SMB、SB、LB 等存储器区中的变量，一般情况下使用常数。

Network 1
置位
I0.0　Q0.0 (S) 2
Network 2
复位
I0.1　Q0.1 (R) 2

图 2-13　置位、复位梯形图编程举例

【**例 2-3**】置位、复位指令编程举例如图 2-13 所示。

二、RS 触发器指令

SR（Set Dominant Bistable）：置位优先触发器指令。当置位信号（S1）和复位信号（R）都为真时，输出为真。

RS（Reset Dominant Bistable）：复位优先触发器指令。当置位信号（S）和复位信号（R1）都为真时，输出为假。RS 触发器指令的 LAD 形式如图 2-14 所示。图 2-14（a）所示为 SR 指令，图 2-14（b）所示为 RS 指令。bit 参数用于指定被置位或者被复位的 BOOL 型参数。RS 触发器指令没有 STL 形式，但可通过编程软件把 LAD 形式转换成 STL 形式，不过很难读懂。所以建议，如果使用 RS 触发器指令最好使用 LAD 形式。RS 触发器指令真值表如表 2-9 所示。

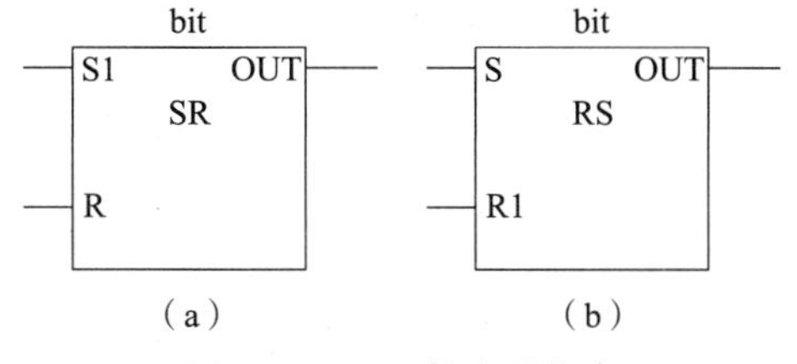

图 2-14　RS 触发器指令
（a）SR 指令；（b）RS 指令

表 2－9　RS 触发器指令真值表

指令	S1	R	输出（bit）
置位有限触发器指令（SR）	0	0	保持前一状态
	0	1	0
	1	0	1
	1	1	1
指令	S	R1	输出（bit）
复位有限触发器指令（RS）	0	0	保持前一状态
	0	1	0
	1	0	1
	1	1	0

RS 触发器指令的输入/输出操作数为 I、Q、V、M、SM、S、T、C。bit 的操作数为 I、Q、V、M 和 S。这些操作数的数据类型均为 BOOL 型。

RS 触发器指令的使用举例如图 2－15 所示。图 2－15（b）所示为在给定的输入信号波形下产生的输出波形。

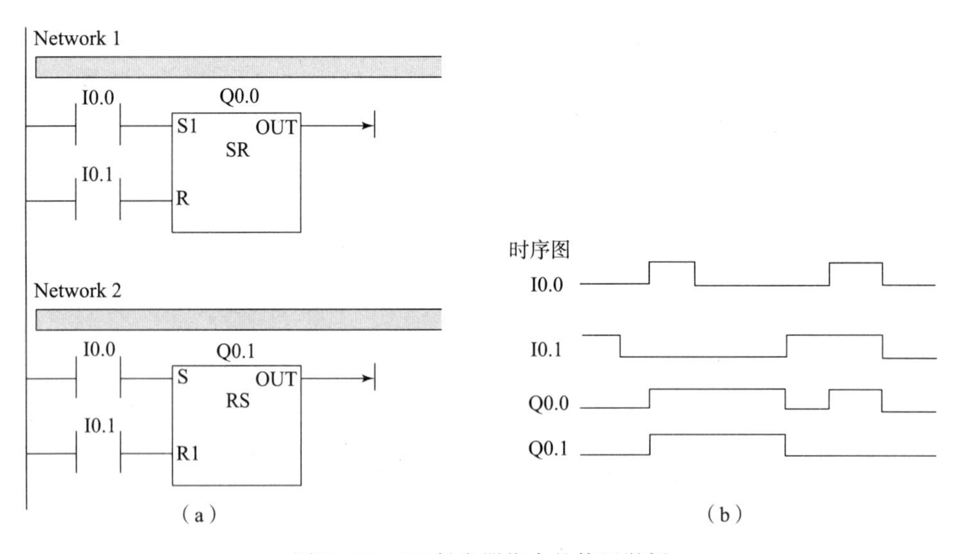

图 2－15　RS 触发器指令的使用举例

（a）梯形图；（b）时序图

任务实施

1. 列出 I/O 分配表

根据电动机正反转运行控制要求，确定 PLC 需要 4 个输入点，两个输出点，I/O 分配表如表 2－10 所示。

表 2－10　电动机正反转运行控制 I/O 分配表

输入量		输出量	
设备名称及代号	输入点编号	设备名称及代号	PLC 端子编号
停止按钮　SB1 常闭触点	I0. 0	正转控制接触器 KM1	Q0. 1
正转启动按钮　SB2 常开触点	I0. 1	反转控制接触器 KM2	Q0. 2
反转启动按钮　SB3 常开触点	I0. 2		
热继电器　FR 常开触点	I0. 3		

2. 完成 PLC 的 I/O 硬件接线

电动机正反转运行控制 PLC 外部硬件接线如图 2－16 所示。

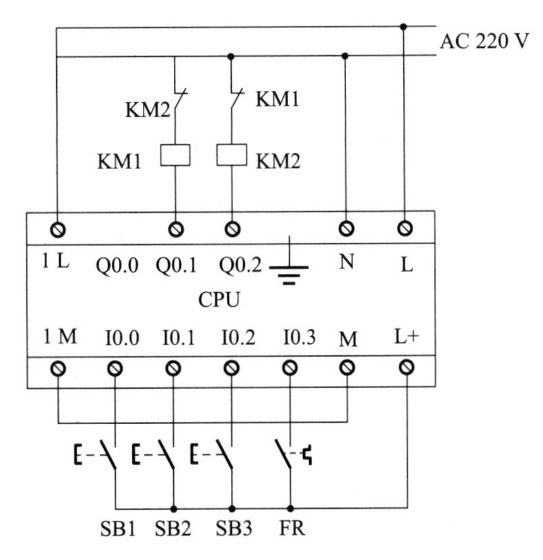

图 2－16　电动机正反转运行控制的 I/O 硬件接线图

3. 设计 PLC 控制程序

电动机正反转控制梯形图如图 2－17 所示。

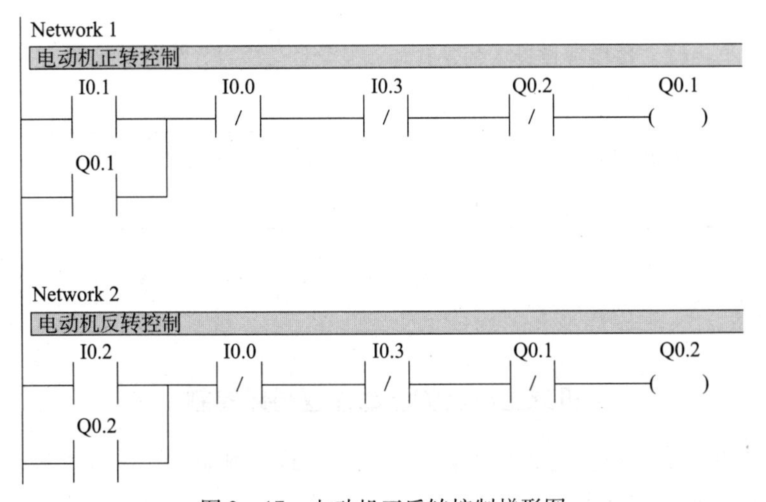

图 2－17　电动机正反转控制梯形图

4. 系统调试

（1）完成接线并检验，确认接线正确。

（2）输入并运行程序，监控程序运行状态，分析程序运行结果。

（3）程序符合控制要求后再接通主电路试车，进行系统调试，直到最大限度地满足系统的控制要求为止。

5. 任务总结

本任务是实现三相异步电动机的正反转控制，在学习过程中一定要清楚如何实现正反转，即任意调换连接电动机电源的两相；在硬件部分连接完毕后一定要认真检查，避免出现问题。另外，值得注意的是电动机的正、反转不能同时进行；否则容易损坏电动机。因此，在设计过程中自锁和互锁就显得尤为重要。

任务评价

为全面记录和考核任务完成的情况，表 2－11 给出了任务评分标准。

表 2－11 “电动机正反转运行控制”任务评分表

实施步骤	考核内容	评价标准	分值	成绩
电气连接	正确、安全地连接电气设备	（1）参照 I/O 地址表连接输入/输出设备； （2）正确连接 PLC 电源	15	
I/O 地址分配	能够准确进行 I/O 地址分配	（1）输入地址分配正确； （2）输出地址分配正确	20	
绘制梯形图	能正确绘制梯形图	（1）基本指令使用正确、熟练； （2）梯形图绘制正确、规范	30	
程序下载与调试	（1）能正确地将所编程序下载到计算机； （2）按照被控设备的动作要求进行调试	（1）程序下载熟练； （2）动作调试完整； （3）调试方法正确	15	
安全文明生产	保证人身和设备安全	按照操作规程安全文明生产	20	
总评成绩			100	

拓展提高

机床工作台的自动往返循环控制

工农业生产中有很多机械设备都是需要往复运动的。例如，机床的工作台、高炉的加料设备等要求工作台在一定距离内能自动往返运动，其原理是通过行程开关来检测往返运动的相对位置，进而控制电动机的正反转来实现的。

若要求生产机械在两个行程位置内来回往返运动，则可将两个自动复位行程开关 SQ1、SQ2 置于两个行程位置，并在行程的两个极限位置安放限位开关 SQ3、SQ4，如图 2－18 所示，组成控制电路。

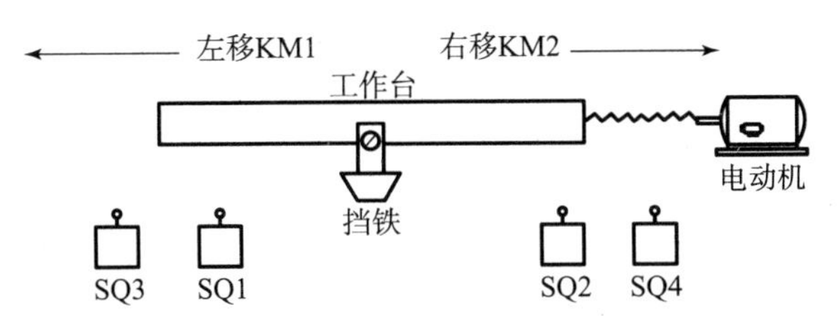

图 2－18　自动往返循环控制电路

图 2－19 所示为其原理图，若要工作台向右移动时，首先合上电源开关 QS，按下正转启动按钮 SB2，正转接触器 KM1 通电吸合，电动机便带动工作台向右移动。当工作台移动到右端行程位置时，便碰撞行程开关 SQ2，其常闭触点 SQ2－1 断开，切断了正转接触器 KM1 的线圈电路，常开触点 SQ2－2 闭合，接通了反转接触器 KM2 的线圈电路，电动机便反转带动工作台向左移动。当工作台离开右端行程位置后，SQ2 自动复位，为下次工作做好准备。工作台移至左端极限位置后的换接过程与刚才分析的类似。当左、右往返行程控制开关 SQ1 或 SO2 失灵时，工作台超过原定的行程移动范围，碰撞左端 SQ3 或右端 SQ4 时，接触器断电释放，实现了限位保护功能。

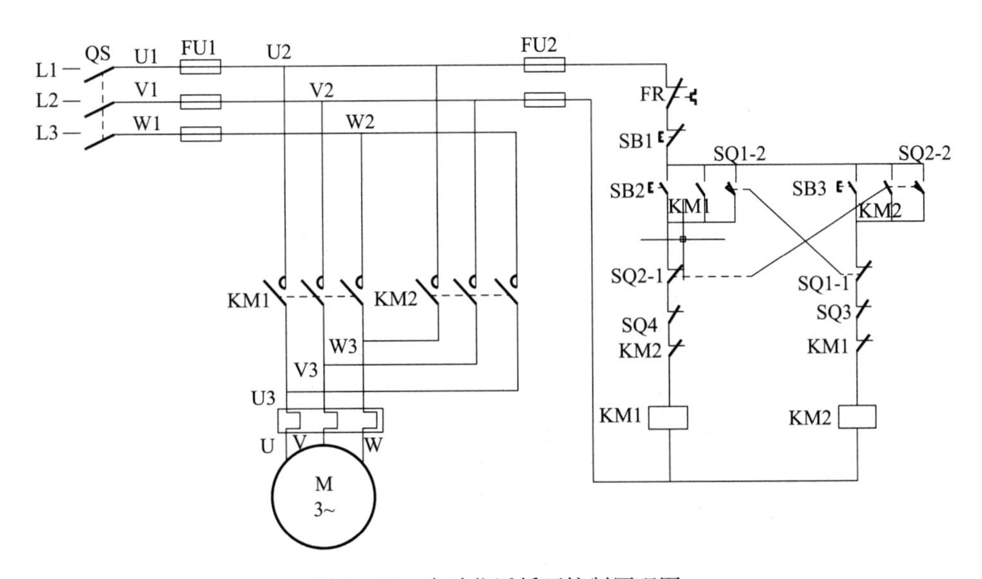

图 2－19　自动往返循环控制原理图

1. 列出 I/O 分配表

根据自动往复运动控制要求，确定 PLC 需要 8 个输入点、2 个输出点，I/O 分配表如表 2－12 所示。

表 2-12 自动往返运动控制 I/O 分配表

输入量		输出量	
设备名称及代号	输入点编号	设备名称及代号	PLC 端子编号
停止按钮 SB1 常闭触点	I0. 0	正转控制接触器 KM1	Q0. 1
正转启动按钮 SB2 常开触点	I0. 1	反转控制接触器 KM2	Q0. 2
反转启动按钮 SB3 常开触点	I0. 2		
热继电器 FR 常开触点	I0. 3		
左行程开关 SQ1	I0. 4		
右行程开关 SQ2	I0. 5		
左限位开关 SQ3	I0. 6		
右限位开关 SQ4	I0. 7		

2. 完成 PLC 的 I/O 硬件接线

自动往返运动控制 PLC 外部硬件接线图如图 2-20 所示。

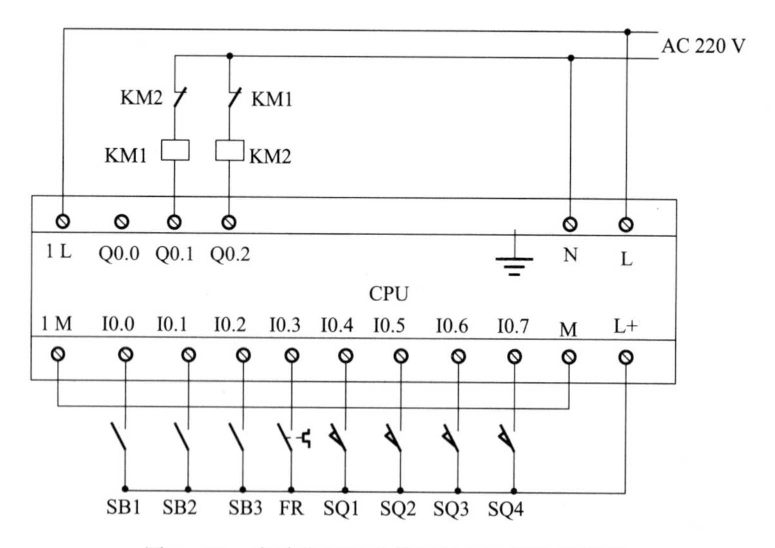

图 2-20 自动往返运动控制的 I/O 硬件接线图

3. 设计 PLC 控制程序

自动往返循环控制梯形图如图 2-21 所示。

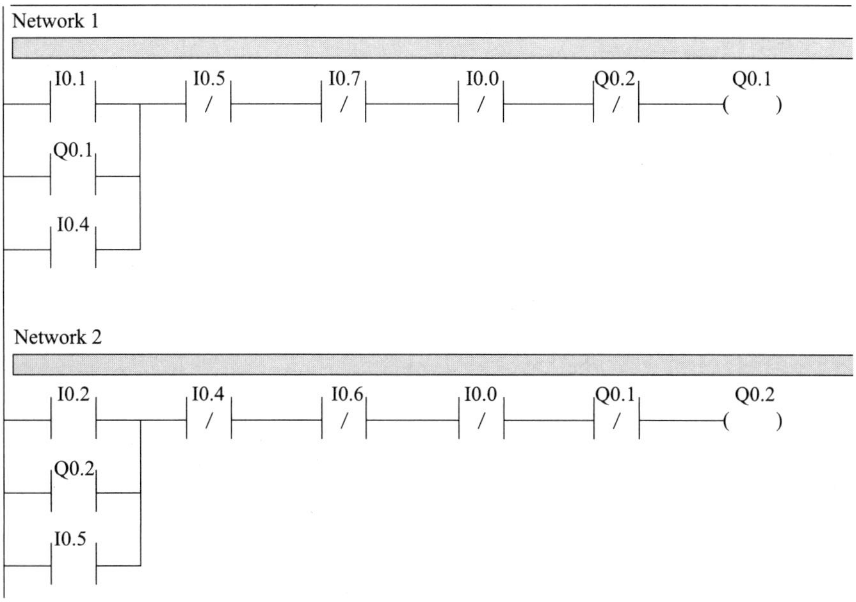

图 2－21　自动往返循环控制梯形图

任务三　电动机Y－△启动控制

电动机一般有全压直接启动和降压间接启动两种启动方式，对于容量较大的电动机，启动电流通常为额定电流的 5～7 倍，如果采用直接启动，对电动机和电网的影响非常大，因此，有时为了减小和限制启动时对机械设备的冲击，即使允许直接启动的电动机，也采用降压启动的方式。降压启动的方式有多种，如定子串电阻、Y（星形）－△（三角形）连接、延边三角形、自耦调压器等降压启动方式。本书主要讲述Y－△连接降压启动方式。

Y－△降压启动是指电动机启动时，先把定子绕组接成星形，以降低启动电压，限制启动电流，待电动机转速上升到接近额定转速时，再把定子绕组的连接方式改成三角形，使电动机进入全压正常运行状态。采用此法所要求的电动机必须是定子绕组正常连接方式为三角形连接的三相异步电动机，该方法经济简单，应用广泛，一般功率在 4 kW 以上的电动机均采用此方法。

任务分析

对于三相异步电动机Y－△降压启动，首先要了解定子绕组连接方式的转换，这里采用时间继电器来控制转换过程，如图 2－22 所示。该电路使用了 3 个接触器和一个时间继电器，可分为主回路和控制回路两部分。当主回路中的 KM1 和 KM3 主触点闭合时，电动机定子绕组为星形连接；主回路中 KM1 和 KM2 主触点闭合时为三角形连接，整个转换过程由时间继电器自动切换。由图可知，KM2 和 KM3 两接触器不能同时通电，在设计时应考虑采用互锁机构。

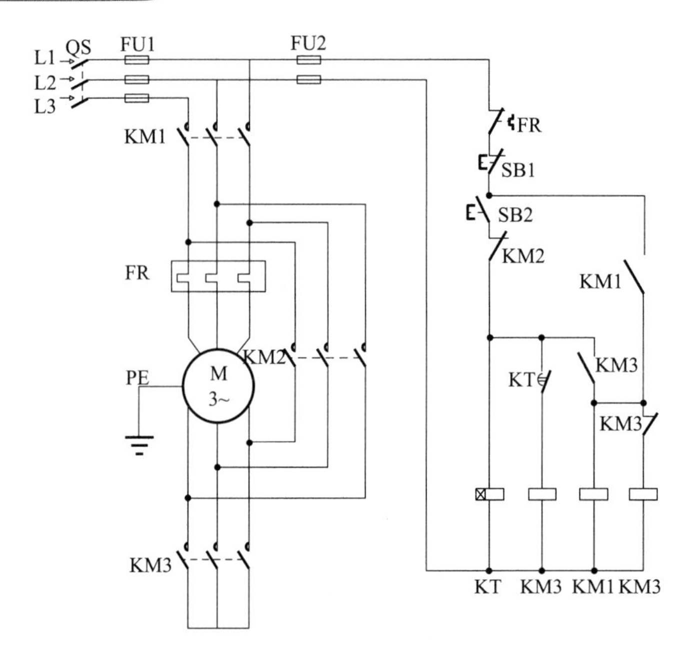

图 2－22　三相异步电动机Y－△降压启动原理图

知识准备

一、电动机星形连接和三角形连接

三相异步电动机定子绕组通常有两种连接方法，即星形连接和三角形连接。三角形连接就是三相绕组依次首尾相连构成一个闭合回路，如图 2－23（a）所示，在首尾连接点上引

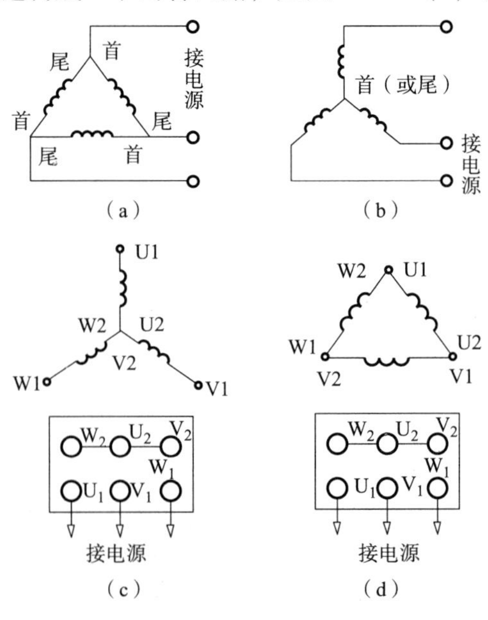

图 2－23　星形连接和三角形连接

（a）、（d）△接法；（b）、（c）Y接法

出 3 根线，分别连接三相电源；星形连接就是把三相绕组的 3 个首端或 3 个尾端连接在一起，形成一个星点，另外的 3 个尾端或者 3 个首端接电源，如图 2－23（b）所示。在实际电动机上，按照规定，6 条引出线的首尾分别为 U1、V1、W1、U2、V2、W2，两种连接方式如图 2－23（c）、（d）所示。

二、定时器指令介绍

在采用 PLC 控制电动机时，有启动按钮和停止按钮等作为输入量，接触器等可以作为输出量，但时间继电器不能作为输入量和输出量，而是利用 PLC 内部的定时器来实现。S7－200 系列 PLC 定时器有 3 种类型，分别是通电延时定时器（TON）、断电延时定时器（TOF）和保持型通电延时定时器（TONR）。S7－200 系列 PLC 定时器有 256 个，编号为 T0～T255，定时时间＝预设值×时基。

定时器的时基（又称分辨率）有 1 ms、10 ms 和 100 ms 等 3 种，取决于定时器编号，见表 2－13。

表 2－13　定时器的类型及时基

工作方式	时基（分辨率）/ms	最大定时范围/s	定时器编号
TONR	1	32.767	T0，T64
	10	327.67	T1～T4，T65～T68
	100	3 276.7	T5～T31，T69～T95
TON/TOF	1	32.767	T32，T96
	10	327.67	T33～T36，T97～T100
	100	3 276.7	T37～T63，T101～T255

定时器的设定值和当前值取值范围为 0～3 267，定时器的设定值 PT 数据类型为 INT 型，操作数可为 VW、IW、QW、MW、SM、SMW、LW、AIW、T、C、AC、*VD、*AC、*LD 或常数，其中常数最为常用。

1. 通电延时定时器

通电延时定时器用于单一时间间隔的定时，指令格式及功能见表 2－14。

表 2－14　指令格式及功能

指令名称	梯形图	语言表		功　能
		操作码	操作数	
通电延时定时器	T××× IN　TON ????－PT　??? ms	TON	T×××，PT	当输入端 IN 为“1”时，定时器 TON 开始计时；当前值达到设定值时，定时器状态为 ON（即定时器位置“1”）。定时器触点动作，其通电延时常开触点闭合，常闭触点断开；当定时器 TON 输入端 IN 由“1”变为“0”时，定时器 TON 复位清零，所有触点复位

应用举例如下。

通电延时定时器的用法如图 2-24 所示。当输入端 I0.0 有效（接通）时，定时器 T35 开始计时，当前值从 0 开始递增，大于或等于设定值 200 时，定时器输出状态位置“1”，T35 常开触点闭合，Q0.1 有输出；当输入端 I0.0 断开时，定时器复位，当前值清零，输出状态位清零，T35 常开触点断开，Q0.1 无输出。

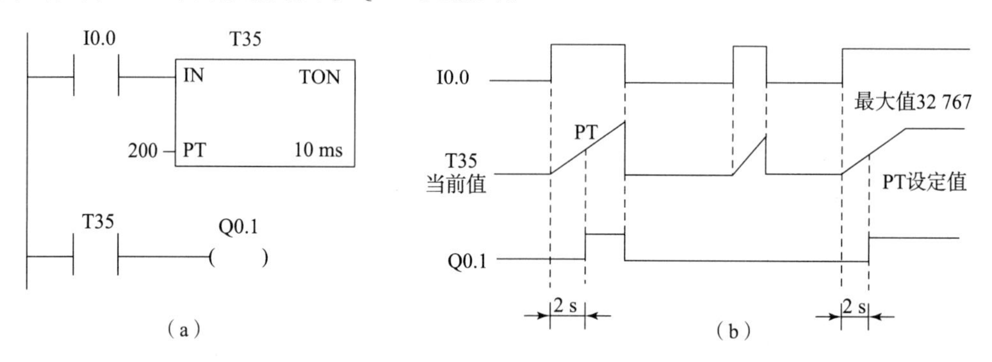

图 2-24　通电延时定时器（TON）的用法

（a）梯形图；（b）时序图

2. 断电延时定时器

断电延时定时器用于断电后的单一间隔时间计时。其指令格式及功能见表 2-15。用法如图 2-15 所示，输入端接通时，定时器状态为 ON，当前值为 0。输入端断开时，定时器开始计时，当前值从 0 递增，当当前值达到设定值时，定时器状态位复位为 0，并停止计时，当前值保持。当输入端再次接通时，这时 TOF 状态为 ON，当前值为 0。如果输入端再次断开时，TOF 可实现再次启动。

表 2-15　断电延时定时器的指令格式及功能

指令名称	梯形图	指令表		功　能
		操作码	操作数	
断电延时定时器	T××× IN TOF ???? PT ??? ms	TOF	T×××，PT	当输入端 IN 为“1”时，定时器状态 TOF 为 ON，当前值为 0；当定时器的输入端断开时，计时器开始计时；当定时器 TOF 的当前值等于定时器的预置 PT 值时，定时器状态为 OFF

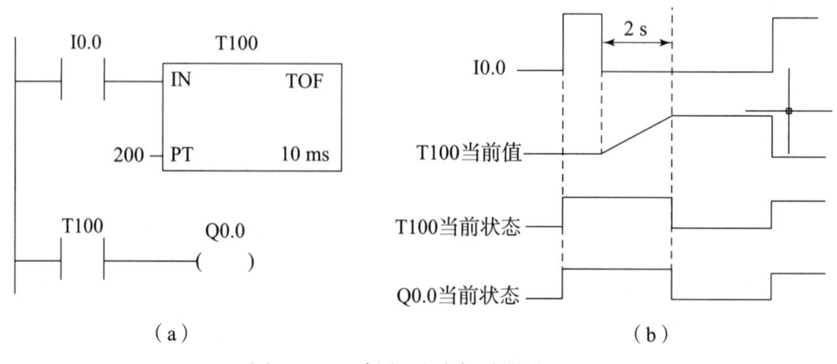

图 2-25　断电延时定时器的用法

（a）梯形图；（b）时序图

3. 保持型通电延时定时器

保持型通电延时定时器的指令格式及功能见表 2－16。

表 2－16　保持型通电延时定时器的指令格式及功能

梯形图	指令表		功　能
	操作码	操作数	
T××× IN　TONR ????－PT　??? ms	TONR	T×××, PT	当输入端 IN 为“1”时，定时器 TONR 立即开始计时，当前值等于或大于设定值时，该计时器位被置位，定时器的常开触点闭合，常闭触点断开，当计时器累计值达到设定值后，继续计时，一直计到最大值，当输入端断开时定时器的当前值保持不变

说明：保持型通电延时定时器具有记忆功能，当输入端断开时，定时器的当前值保特不变；当输入端再次接通时，定时器当前值从原保持值开始继续累计时间、继续计时，直到当前值等于设定值时，计时器动作。需要注意的是，TONR 定时器只能用复位指令 R 对其进行复位操作。保持型通电延时定时器的用法如图 2－26 所示。

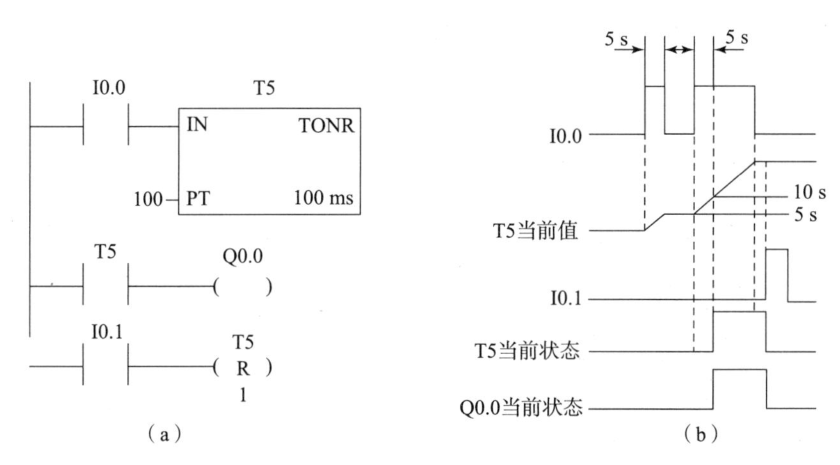

图 2－26　保持型通电延时定时器的用法

(a) 梯形图；(b) 时序图

4. 定时器小结

(1) 以上介绍的 3 种定时器具有不同的功能。通电延时定时器用于单一时间的定时，保持型通电延时定时器用于累计时间间隔的定时，断电延时定时器常用于故障事故发生后的时间延时。

(2) TOF 和 TON 共享同一组定时器编号，不能重复使用，即不能把同一个编号定时器同时用作 TOF 和 TON，如不能既有 TON 的 T32 又有 TOF 的 T23。

(3) 保持型通电延时定时器只能通过复位指令进行复位操作。

(4) 对于断电延时定时器，需要在输入端有一个负跳变（ON→OFF）的输入信号自动计时。

任务实施

1. 列出 I/O 分配表

根据电动机Y－△降压启动控制要求，确定 PLC 需要 3 个输入点、3 个输出点，I/O 分配表如表 2－17 所示。

表 2－17　电动机Y－△降压启动控制 I/O 分配表

输　　入			输　　出		
启动	SB2	I0. 1	电源接触器 1	KM1	Q0. 1
停止	SB1	I0. 2	△接法接触器 2	KM2	Q0. 2
热继电器	FR	I0. 3	Y接法接触器 3	KM3	Q0. 3

2. 完成 PLC 的 I/O 硬件接线

电动机Y－△降压启动控制 PLC 硬件接线图如图 2－27 所示。

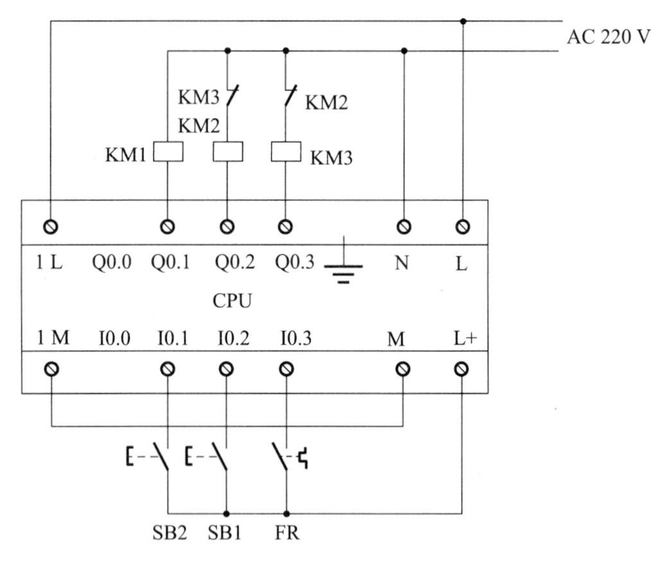

图 2－27　电动机Y－△降压启动控制的 I/O 硬件接线图

3. 设计 PLC 控制程序

电动机Y－△降压启动控制梯形图如图 2－28 所示。

4. 系统调试

（1）完成接线并检查，确认接线正确。

（2）输入并运行程序，监控程序运行状态，分析程序运行结果。

（3）程序符合控制要求后再接通主电路试车，进行系统调试，直到最大限度地满足系统的控制要求为止。

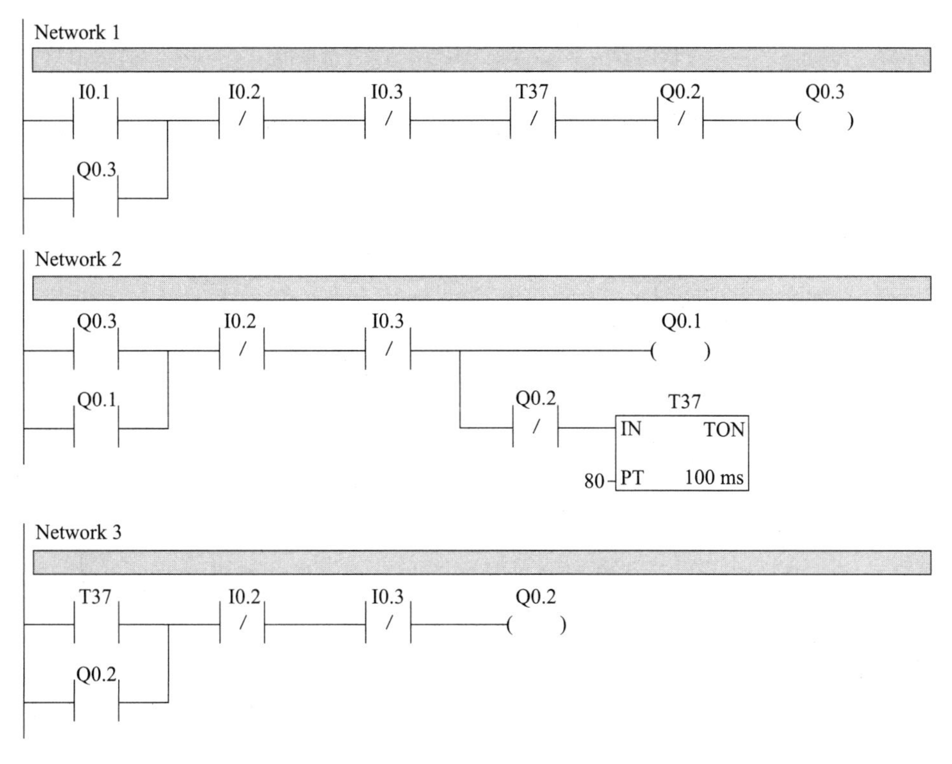

图 2－28　电动机Y－△降压启动控制梯形图

5. 任务总结

本次任务大概分为写出时序图、列出输出/输入分配表、PLC 外部硬件接线、控制程序的设计几个部分。注意：电动机Y/△不能同时进行；否则容易损坏电动机。因此，在编程过程中自锁和互锁就显得尤为重要。

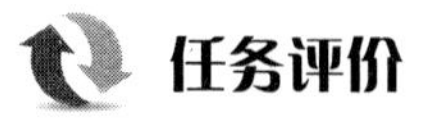

为全面记录和考核任务完成的情况，表 2－18 给出了任务评分标准。

表 2－18　“电动机Y－△启动控制”任务评分表

实施步骤	考核内容	评价标准	分值	成绩
电气连接	正确、安全地连接电气设备	（1）参照 I/O 地址表连接输入/输出设备； （2）正确连接 PLC 电源	15	
I/O 地址分配	能够准确进行 I/O 地址分配	（1）输入地址分配正确； （2）输出地址分配正确	20	
绘制梯形图	能正确绘制梯形图	（1）基本指令使用正确、熟练； （2）梯形图绘制正确、规范	30	

续表

实施步骤	考核内容	评价标准	分值	成绩
程序下载与调试	（1）能正确地将所编程序下载到计算机； （2）按照被控设备的动作要求进行调试	（1）程序下载熟练； （2）动作调试完整； （3）调试方法正确	15	
安全文明生产	保证人身和设备安全	按照操作规程安全文明生产	20	
总评成绩			100	

拓展提高

电动机转子串电阻降压启动控制

电动机采用降压启动时，通常会对启动转矩带来影响，若既想限制启动电流，又不降低启动转矩，可以采用在绕线式三相异步电动机的转子电路中串入电阻的方法，如图 2－29 所示。一般将串接在转子绕组中的启动电阻接成星形，启动前电阻全部接入电路，启动过程中，逐步将启动电阻短接，这里启动电阻的短接方式采用平衡短接法。

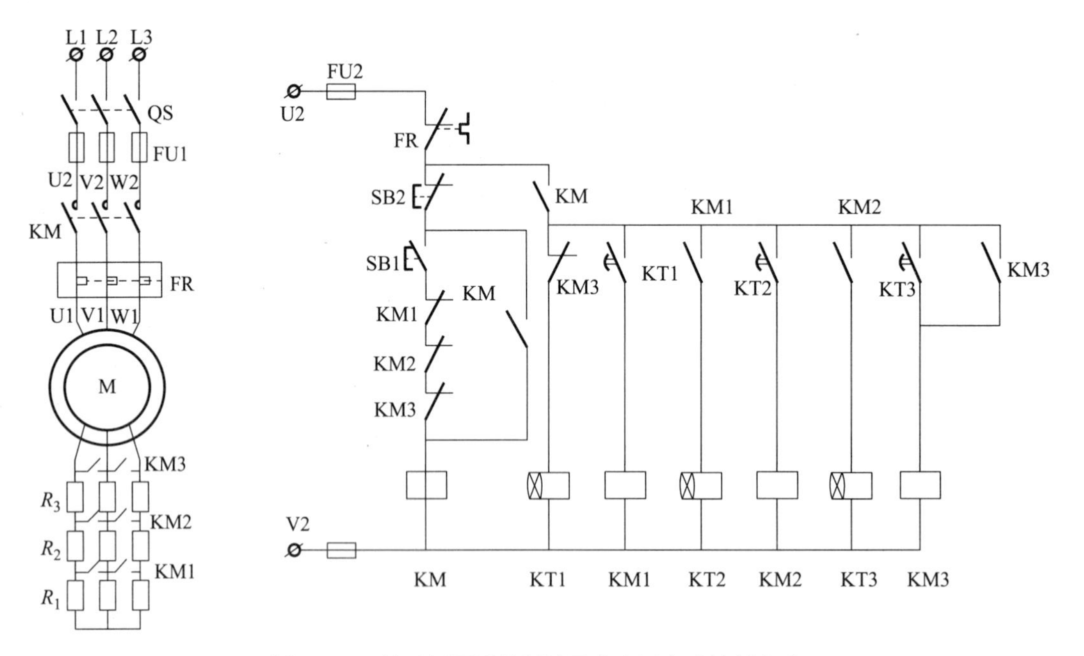

图 2－29　按时间原则控制转子串电阻启动控制电路

图 2－29 中，KM1～KM3 为短接启动电阻的接触器，KT1～KT3 为时间继电器，整个启动过程是通过 3 个时间继电器和 3 个接触器的互相配合完成的。

1. 列出 I/O 分配表

通过任务分析要求可知，此时 PLC 需要用到 3 个输入点和 4 个输出点，其 I/O 分配表见表 2－19。

表 2-19　电动机转子串电阻降压启动控制 I/O 分配表

输　入			输　出		
启动	SB1	I0.0	电源接触器	KM	Q0.0
停止	SB2	I0.1	短接 R_1 接触器 1	KM1	Q0.1
热继电器	FR	I0.2	短接 R_2 接触器 2	KM2	Q0.2
			短接 R_3 接触器 3	KM3	Q0.3

2. 完成 PLC 的 I/O 硬件接线

PLC 的硬件接线图如图 2-30 所示。

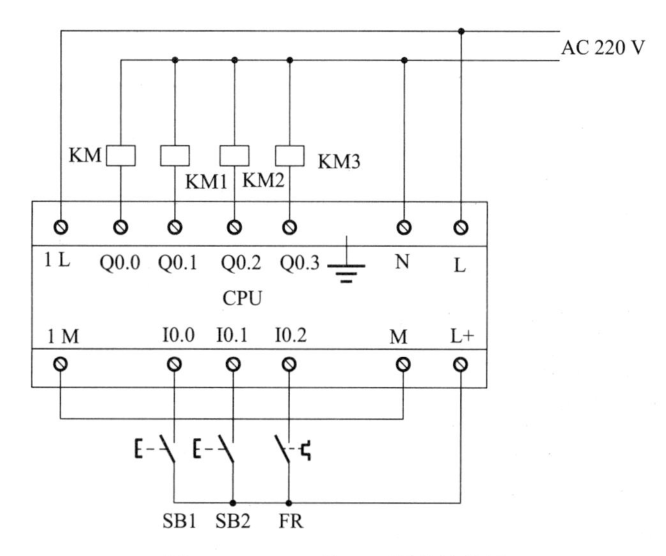

图 2-30　PLC 的 I/O 硬件接线图

3. 设计 PLC 控制程序

电动机转子串电阻降压启动控制梯形图如图 2-31 所示。

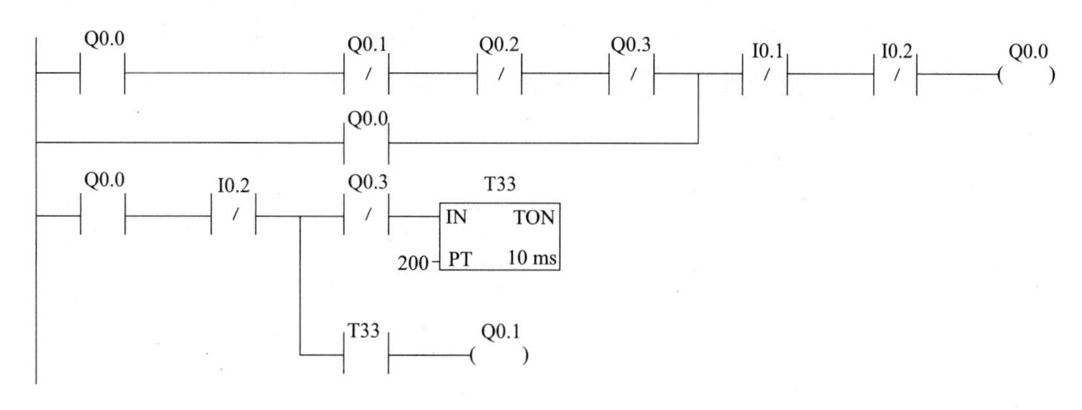

图 2-31　电动机转子串电阻降压启动控制梯形图

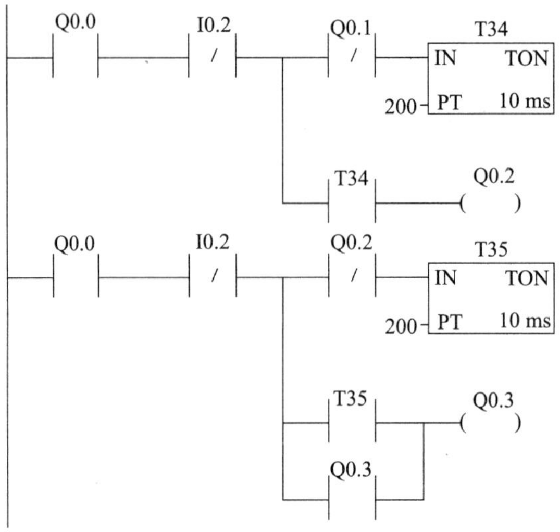

图 2-31　电动机转子串电阻降压启动控制梯形图（续）

练习与思考

1. 设计一个既能点动又能连续运行的控制线路，并写出梯形图。

2. 某机床主轴由一台三相笼型异步电动机拖动，润滑油泵由另一台三相笼型异步电动机拖动，均采用直接启动，试用 S7-200 PLC 完成以下要求。

（1）主轴必须在润滑油泵启动后才能启动。

（2）主轴为正向运行，为调试方便，要求能正反向点动。

（3）主轴停止后才允许润滑油泵停止。

（4）具有必要的电气保护。

3. 用简单设计方法设计一个对锅炉和鼓风机控制的梯形图程序，控制要求如下。

（1）开机时首先启动引风机，10 s 后自动启动鼓风机。

（2）停止时，立即关断鼓风机，经过 20 s 后自动关断引风机。

4. 现有 3 台电动机（M1、M2、M3），要求启动顺序为：先启动 M1，经过 T_1 时间后自动启动 M2，再经过 T_2 时间后启动 M3。停车要求：先停 M3，经过 T_3 时间后再停 M2，再经过 T_4 时间后停 M1，3 台电动机的接触器分别为 KM1、KM2、KM3。试用 S7-200 PLC 完成该控制要求。

项目三 交通灯控制系统

任务一　简易交通灯控制

任务目标

（1）掌握西门子 S7－200 系列定时器指令、比较指令。

（2）熟练运用定时器指令、比较指令进行交通灯控制。

（3）熟悉 PLC 的实现过程。

任务分析

十字路口交通灯控制系统的信号灯分东西、南北两组，有“红”“黄”“绿”3 种颜色。东西和南北方向的红灯、黄灯、绿灯是同时动作的，如图 3－1 所示。

控制电路要求：两个方向的灯点亮完成周期要 50 s。当系统工作时首先南北方向红灯亮 25 s，东西绿灯亮 20 s，黄灯亮 5 s，然后东西方向红灯亮 25 s，南北绿灯亮 20 s，黄灯亮 5 s，并不断循环反复，十字路口交通信号灯运行规律如表 3－1 所示。

表 3－1　十字路口交通信号灯运行规律

<table>
<tr><td rowspan="2">南北向交通信号灯</td><td>信号颜色</td><td>绿灯</td><td>黄灯</td><td colspan="2">红灯</td></tr>
<tr><td>保持时间</td><td>20 s</td><td>5 s</td><td colspan="2">25 s</td></tr>
<tr><td rowspan="2">东西向交通信号灯</td><td>信号颜色</td><td colspan="2">红灯</td><td>绿灯</td><td>黄灯</td></tr>
<tr><td>保持时间</td><td colspan="2">25 s</td><td>20 s</td><td>5 s</td></tr>
</table>

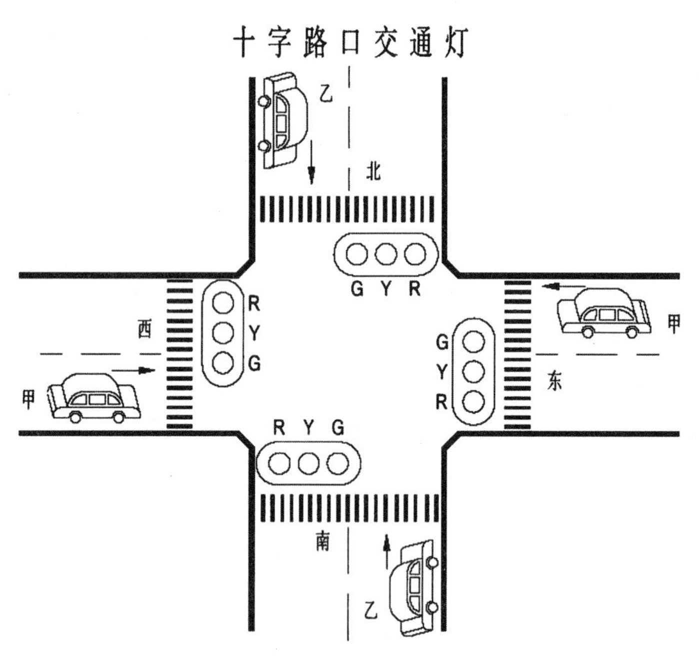

图 3－1　十字路口交通灯工作示意图

知识准备

一、定时器指令

S7－200 指令集提供 3 种不同类型的定时器：通电延时定时器（TON），用于单间隔计时；保持型通电延时定时器（TONR），用于累计一定数量的定时间隔；断电延时定时器（TOF）。

1. 定时器指令格式

定时器指令格式如表 3－2 所示。

表 3－2　定时器指令格式

指令	梯形图	语句表	说　明
通电延时定时器	T××× IN TON ????-PT ??? ms	TON　T×××，PT	IN 是输入使能端，指令盒上方为输入定时器编号（T×××），范围为 T0～T255，PT 是预设值输入端，最大预设值为 32 767。 PT 的数据类型为 INT； PT 操作数有 IW、QW、MW、SMW、T、C、VW、SW、AC、常数
断电延时定时器	T××× IN TOF ????-PT ??? ms	TOF　T×××，PT	
保持型通电延时定时器	T××× IN TONR ????-PT ??? ms	TONR　T×××，PT	

2. 定时器的时基

按照时基标准，定时器可以分为 1 ms、10 ms、100 ms 这 3 种类型，不同的时基标准，其定时精度、定时范围和定时器的刷新方式各不相同。定时器工作方式及类型如表 3 – 3 所示。

表 3 – 3　定时器工作方式及类型

工作方式	分辨率/ms	最大定时时间/s	定时器编号
TONR	1	32.767	T0，T64
	10	327.67	T1 ~ T4，T65 ~ T68
	100	3 276.7	T5 ~ T31，T69 ~ T95
TON/TOF	1	32.767	T32，T96
	10	327.67	T33 ~ T36，T97 ~ 100
	100	3 276.7	T37 ~ T63，T101 ~ T255

（1）定时精度。定时器使能输入有效后，当前值寄存器对 PLC 内部的时基脉冲进行增 1 计数，最小计数单位为时基脉冲的宽度。所以，时基代表着定时器的定时精度，又称为分辨率。

（2）定时范围。定时器使能输入有效后，当前值寄存器对时基脉冲进行增计数，但计数值等于或大于定时器预设值后，状态位置“1”。从定时器输入有效到状态位输出有效所经过的时间为定时时间。定时时间 = 时基 × 预设值。时基越大，定时时间越长；但精度越差。

（3）定时器的刷新方式。

①1 ms 定时器每隔 1 ms 刷新一次（定时器位及定时器当前值），不与扫描循环同步。换言之，在超过 1 ms 的扫描过程中，定时器位和定时器当前值将多次更新。

②10 ms 定时器在每次扫描循环开始时刷新，其方法是以当前值加上积累的 10 ms 间隔的数目（自前一次扫描开始算起），换言之，在整个扫描过程中，定时器当前值及定时器位保持不变。

③100 ms 定时器在执行定时器指令时以当前值加上积累的 100 ms 间隔的数目（自前一次扫描开始算起），只有在执行定时器指令时才对 100 ms 定时器的当前值进行更新。

因为可在 1 ms、10 ms、100 ms 内的任意时刻启动定时器，为避免计时时间丢失，一般要求预设值必须设为比最小要求定时器间隔大一个时间间隔。例如，使用 1 ms 定时器时，为了保证时间间隔至少为 56 ms，则预设时间值应设为 57 ms。

3. 定时器的工作原理

1）通电延时定时器 TON

使能输入端 IN 有效时，定时器开始计时，当前值从 0 开始递增，大于或等于预设值（PT）时，定时器输出状态位置“1”（输出触点有效），当前值的最大值为 32 767。使能输入端无效（断开）时，定时器复位（当前值清零，输出状态位置“0”）。

通电延时定时器应用程序如图 3 – 2 所示，电路用 I0.0 控制 Q0.0，I0.0 的常开触点接通后，T37 通电延时定时器开始定时，定时 1 s 后 T37 的常开触点接通，使 Q0.0 变为 ON（通电状态），I0.0 的常开触点断开后，T37 复位，Q0.0 变为 OFF（断电状态）。

2）保持型通电延时定时器 TONR

使能输入端IN有效时，定时器开始计时，当前值从0开始递增，大于或等于预设值（PT）时，定时器输出状态位置“1”（输出触点有效）；使能输入端无效（断开）时，当前值保持（记忆）；使能输入端再次有效时，定时器从原记忆值基础上递增计时，最大值为32 767。因为保持型通电延时定时器不能像通电延时定时器那样，由于使能输入端（IN）断开，定时器当前值清零，因此，保持型通电延时定时器TONR采用线圈复位指令（R）进行复位操作，当复位线圈有效时，定时器当前值清零，输出状态位置“0”。

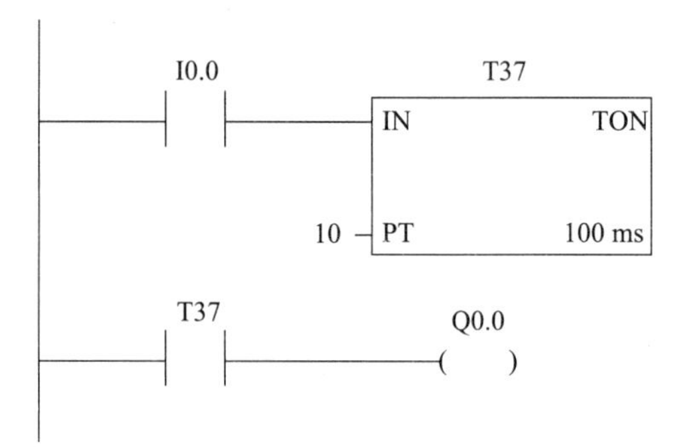

图3－2　通电延时定时器梯形图

保持型通电延时定时器应用程序如图3－3所示，I0.0的常开触点接通后，定时器T1开始计时，当I0.0断开后，其当前值保持并不复位；下次I0.0再接通时，T1当前值从原保持值开始往上加，将当前值与1 s进行比较，当前值大于等于1 s时，T1状态为“1”，驱动Q0.0有输出，以后即使I0.0再断开，也不会使T1复位，要使T1复位，必须使用复位指令。

3）断电延时定时器TOF

使能输入端IN有效时，定时器输出状态位置“1”，当前值复位（为“0”）。使能输入端无效（断开）时，定时器开始计时，当前值从0开始递增，大于或等于预设值（PT）时，定时器状态被复位（置“0”），并停止计时，当前值保持。断电延时定时器应用程序如图3－4所示。

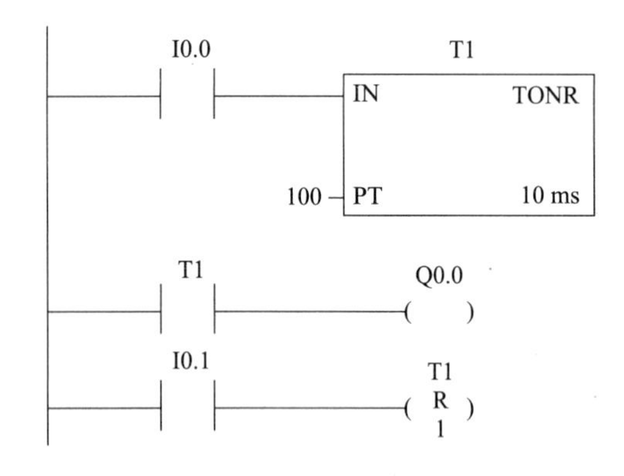

图3－3　保持型通电延时定时器梯形图

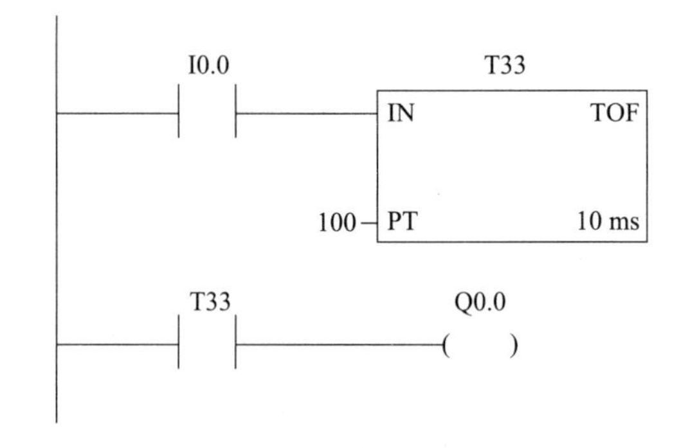

图3－4　断电延时定时器梯形图

二、比较指令

1. 指令功能

比较指令是将两个操作数（IN1、IN2）按指定的比较关系进行比较。比较指令为上下限控制以及数值条件判断提供了极大的方便。比较时应确保两个操作数的数据类型相同，数据类型可以是字节（B）、整数（I）、双字整数（D）和实数（R）。在梯形图中用带参数和运算符的触点表示比较指令，比较条件满足时，触点闭合；否则断开。梯形图程序中，比较触点可以装入，也可以串联、并联。

微课：比较指令工作原理

2. 指令格式

比较指令格式如表 3－4 所示。

表 3－4　比较指令格式

梯形图	操作数
IN1 XXY IN2 —(Q0.0)	IN1、IN2 操作数的类型包括 I、Q、M、SM、V、S、L、AC、VD、LD、常数

3. 指令使用说明

“XX”表示比较运算符：==（等于）、<=（小于等于）、>=（大于等于）、<（小于）、>（大于）、<>（不等于）。

“Y”表示操作数 IN1、IN2 的数据类型及范围，包括 B、I、DI、R、S。

【例 3－1】有一个恒温水池，要求温度在 30～60 ℃范围，当温度低于 30 ℃时，启动加热器加热，红灯亮；当温度高于 60 ℃时，停止加热，绿灯亮。

假设温度值存放在 MB0 中，I0.1 为启动输入按钮，Q0.0 为红灯输出，Q0.1 为绿灯输出。控制程序如图 3－5 所示。

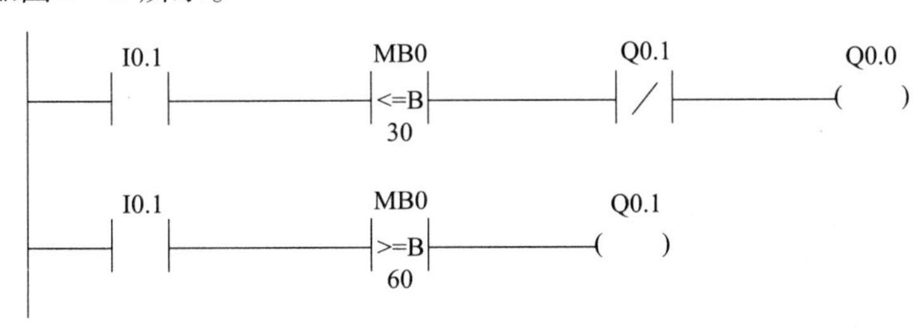

图 3－5　恒温水池控制程序梯形图

【例 3－2】变量存储器 VW10 中的数值与十进制 30 相比较，当变量存储器 VW10 中的数值等于 30 时，常开触点接通，Q0.0 有信号流流过，如图 3－6 所示。

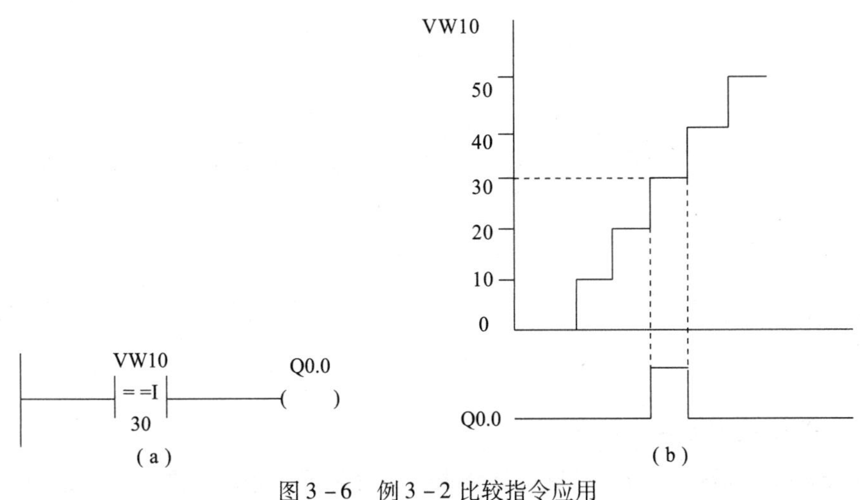

图 3－6　例 3－2 比较指令应用

（a）梯形图；（b）指令功能图

任务实施

1. 列出 I/O 分配表

根据任务分析，对输入量、输出量进行分配，启动按钮设为 I0.0，停止按钮设为 I0.1，南北红灯、南北绿灯、南北黄灯、东西红灯、东西绿灯和东西黄灯分别设为 Q0.0 ~ Q0.5，具体如表 3－5 所示。

表 3－5　PLC 的 I/O 地址分配表

输入（IN）		输出（OUT）	
功能	输入点	功能	输出点
启动按钮	I0.0	南北红灯	Q0.0
停止按钮	I0.1	南北绿灯	Q0.1
		南北黄灯	Q0.2
		东西红灯	Q0.3
		东西绿灯	Q0.4
		东西黄灯	Q0.5

2. 完成 PLC 的 I/O 硬件接线

交通灯控制系统的 I/O 硬件接线图如图 3－7 所示。

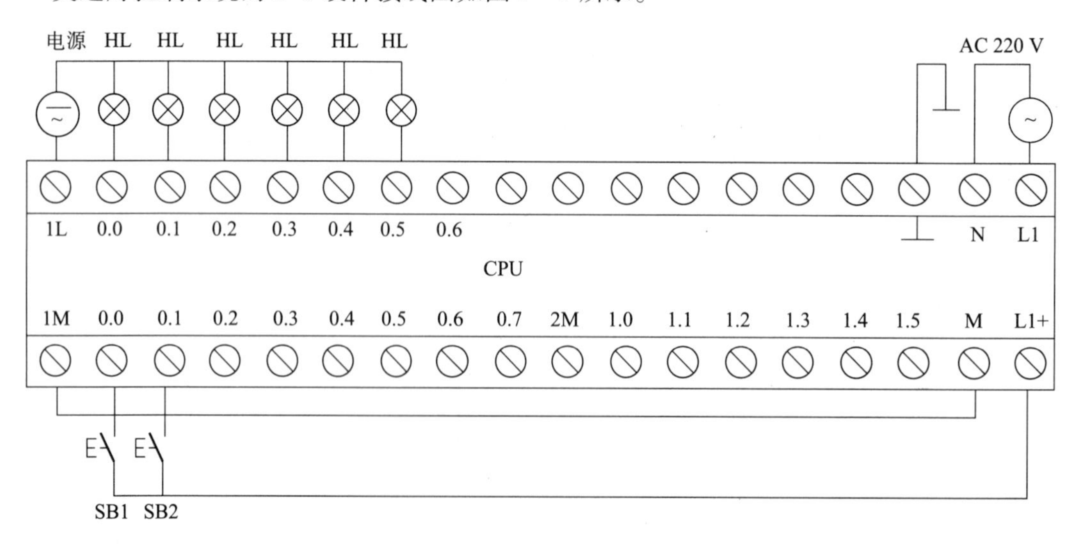

图 3－7　交通灯控制系统的 I/O 硬件接线图

3. 设计 PLC 控制程序

按照十字路口交通灯的 PLC 控制设计要求，设计梯形图程序如图 3－8 所示。

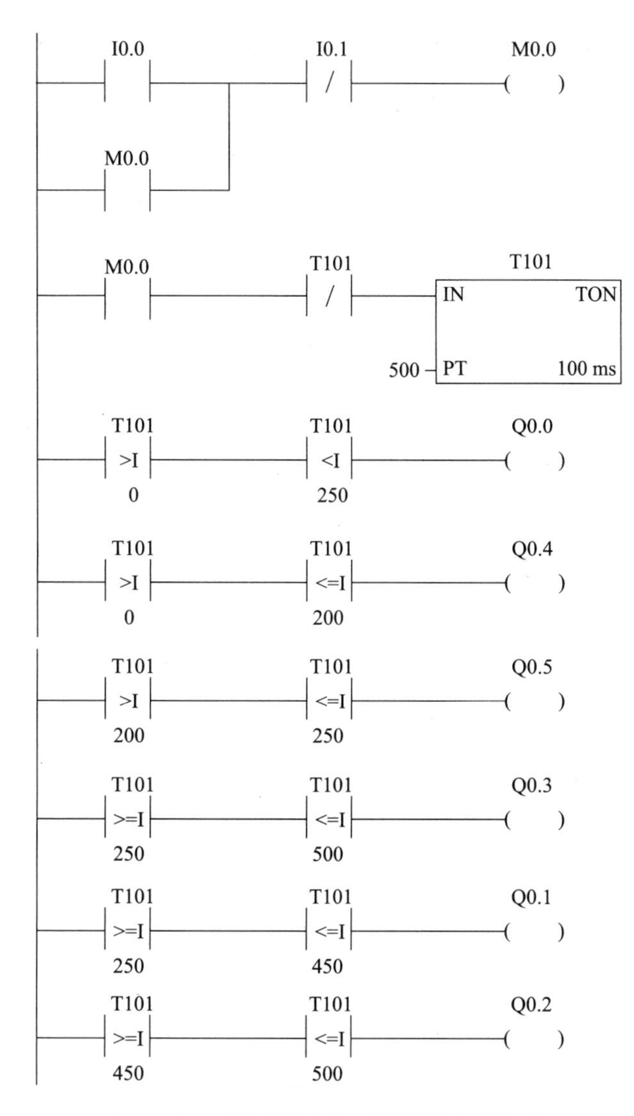

图 3－8　十字路口交通灯控制程序梯形图

微课：比较指令
简单交通灯

任务评价

为全面记录和考核任务完成的情况，表 3－6 给出了任务评分标准。

表 3－6　“简易交通灯控制”任务评分表

实施步骤	考核内容	分值	成绩
接线	拟定接线图，完成各设备之间的连接	10	
编程	编程并录入梯形图程序，编译、下载	10	
调试及故障排除	调试：PLC 处于 RUN 状态时，分别按下 I0.0 和 I0.1 观测结果。 故障排除：逐一检查输入和输出回路。	20	

续表

实施步骤	考核内容	分值	成绩
调试及故障排除	说明：（1）能准确完成软硬件联调，显示正确结果；（2）若结果错误，能找出故障点并加以解决	20	
成果演示		10	
总评成绩		50	

拓展提高

一、用定时器实现简易交通灯控制

用定时器实现十字路口交通灯控制程序梯形图如图 3－9 所示。

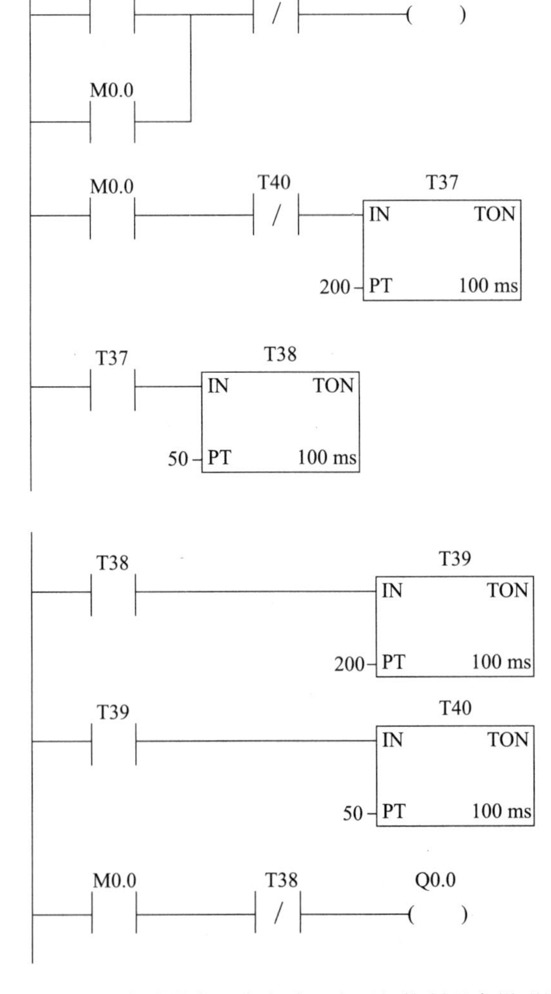

图 3－9　用定时器实现十字路口交通灯控制程序梯形图

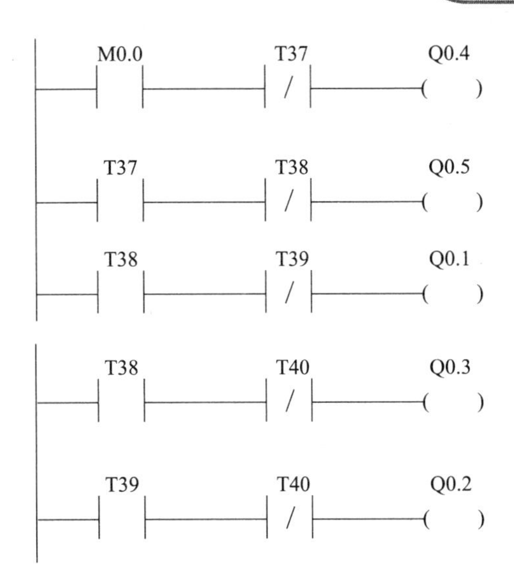

图3－9　用定时器实现十字路口交通灯控制程序梯形图（续）

二、将真值表融入十字路口交通灯的PLC控制设计

1. 真值表编排

真值表的编排是将Q0.0～Q0.5按每一个时间段灯的亮灭情况列一个真值表，其中1代表灯亮，0代表灯熄灭，真值表如表3－7所示。

表3－7　真值表

序号	时间段/s	Q0.5	Q0.4	Q0.3	Q0.2	Q0.1	Q0.0
1	0～17	0	0	1	0	1	0
2	17～17.5	0	0	1	0	0	0
3	17.5～18	0	0	1	0	1	0
4	18～18.5	0	0	1	0	0	0
5	18.5～19	0	0	1	0	1	0
6	19～19.5	0	0	1	0	0	0
7	19.5～20	0	0	1	0	1	0
8	20～25	1	0	1	1	0	0
9	25～42	0	1	0	0	0	1
10	42～42.5	0	0	0	0	0	1
11	42.5～43	0	1	0	0	0	1
12	43～43.5	0	0	0	0	0	1
13	43.5～44	0	1	0	0	0	1
14	44～44.5	0	0	0	0	0	1
15	44.5～45	0	1	0	0	0	1
16	45～50	1	0	0	0	0	1
17	50（返回）	0	0	1	0	1	0

2. 程序编写

将真值表融入十字路口交通灯控制程序的梯形图如图 3－10 所示。

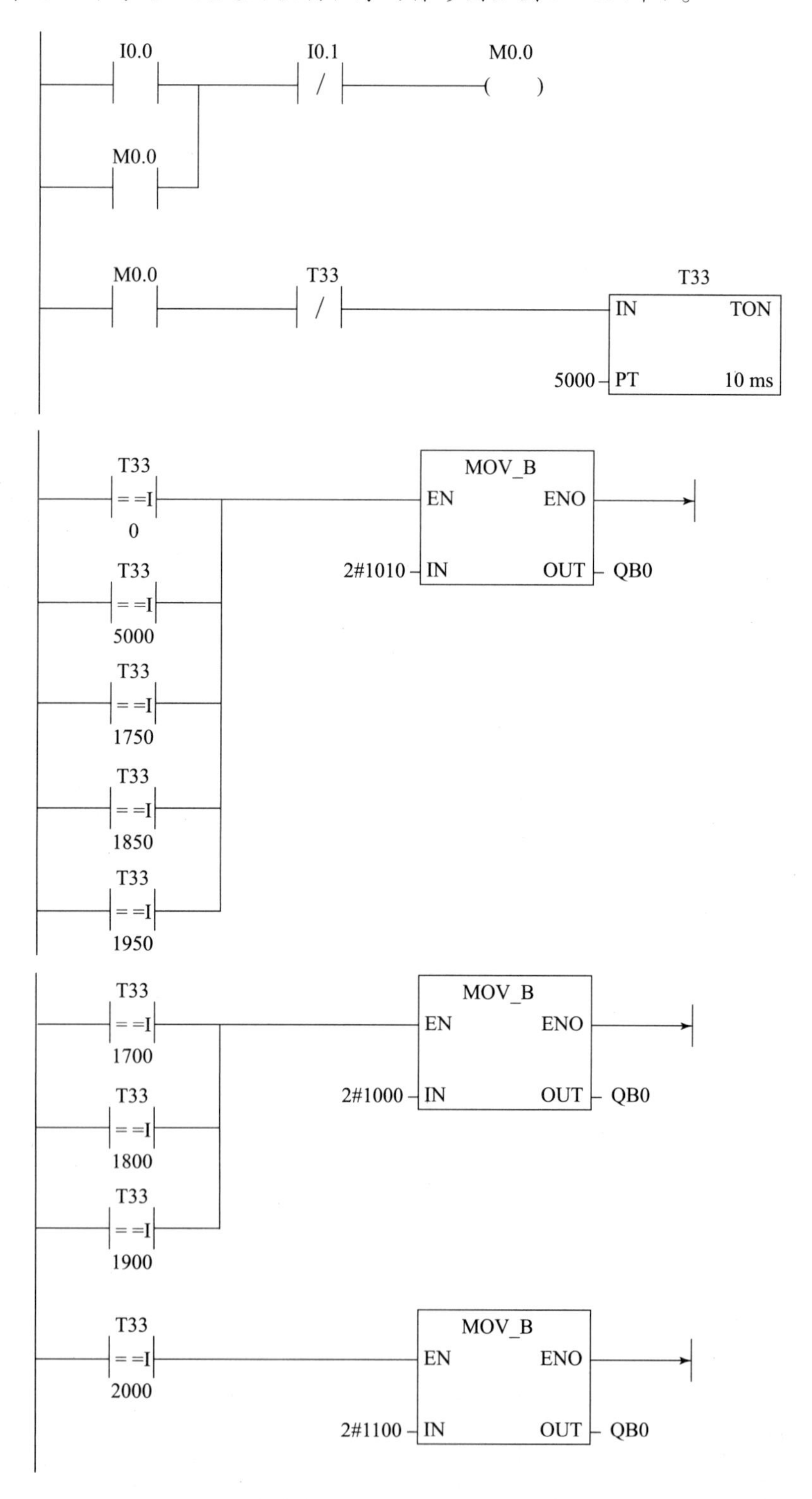

图 3－10　将真值表融入十字路口交通灯控制程序梯形图

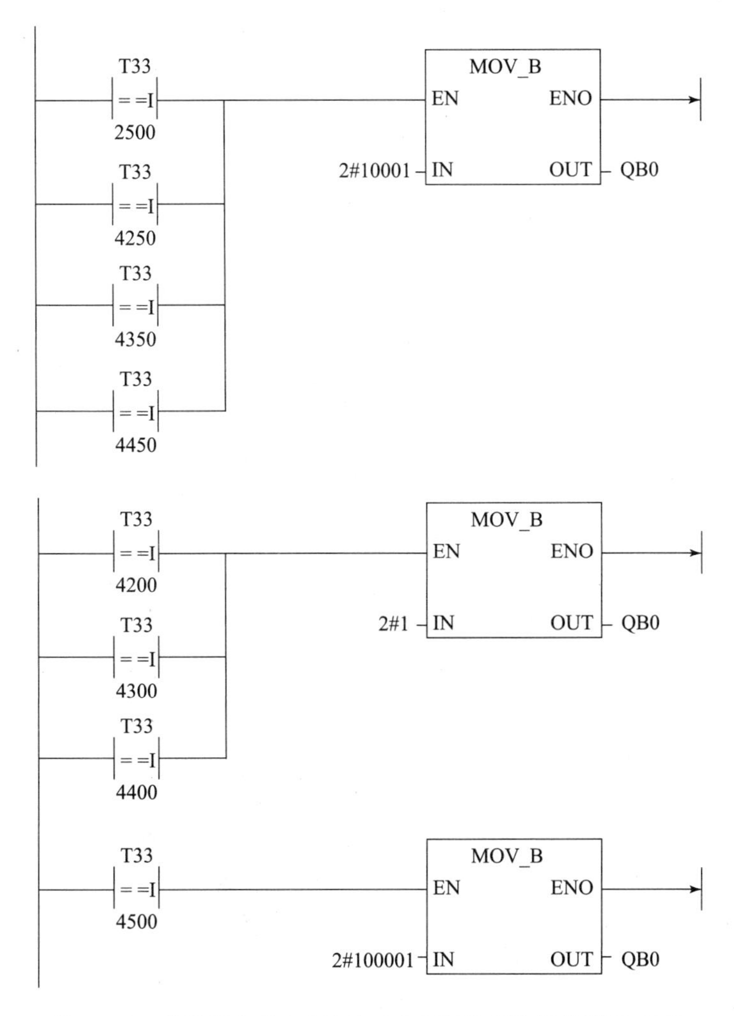

图 3－10　将真值表融入十字路口交通灯控制程序梯形图（续）

任务二　带倒计时功能的交通灯控制

任务目标

（1）掌握西门子 S7－200 系列数码管显示指令。

（2）加深对比较指令的认识及应用。

（3）熟悉 PLC 的实现过程。

任务分析

在实际交通路口的交通灯往往带有倒计时显示，本次任务就是完成带一位倒计时显示的交通灯控制系统设计。要进行倒计时显示，就是要在绿灯还有 9 s 结束时，在数码管上依次显示9~1这9个数字，每1 s刷新一次，并一直保持该状态到下一时刻即可。上一任务已经完成了交通灯的控制，因此本任务主要完成倒计时功能的实现。

知识准备

一、七段LED数码管

七段LED数码管是在一定形状的绝缘材料上，利用单只LED组合排列成“8”字形的数码管，分别引出它们的电极，点亮相应的点画来显示出0~9的数字，而此时对应的7个输入端的高、低电平叫段码。图3-11所示数码管是带小数点显示的（有些数码管是不带小数点的），颜色有红、绿、蓝、黄等几种。LED数码管广泛用于仪表、时钟、车站、家电等场合。选用时要注意产品尺寸颜色、功耗、亮度、波长等。

LED数码管根据LED的接法不同分为共阴和共阳两类，了解LED的这些特性，对编程是很重要的，因为不同类型的数码管，除了它们的硬件电路有差异外，编程方法也是不同的。图3-11是共阴极和共阳极数码管的内部电路，它们的发光原理是一样的，只是它们的电源极性不同而已。表3-8给出了共阴极数码管的段码。

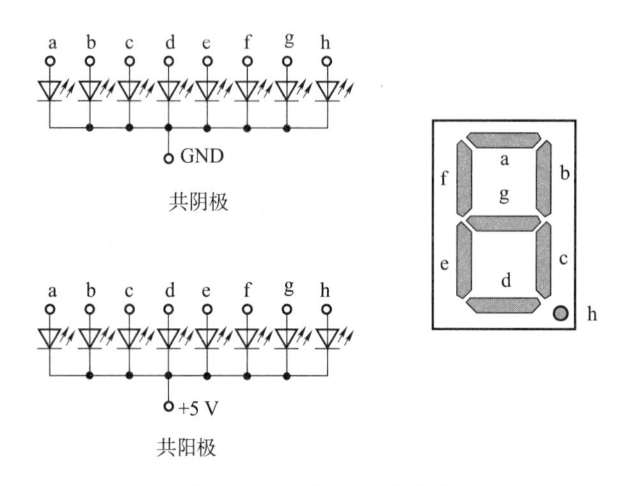

图3-11　七段LED数码管

微课：数码管工作原理

表3-8　共阴极数码管的编码表

十进制数	段显示	段　码						
		g	f	e	d	c	b	a
0	0	0	1	1	1	1	1	1
1	1	0	0	0	0	1	1	0
2	2	1	0	1	1	0	1	1
3	3	1	0	0	1	1	1	1

续表

十进制数	段显示	段　码						
		g	f	e	d	c	b	a
4	4	1	1	0	0	1	1	0
5	5	1	1	0	1	1	0	1
6	6	1	1	1	1	1	0	0
7	7	0	0	0	0	1	1	1
8	8	1	1	1	1	1	1	1
9	9	1	1	0	0	1	1	1

在本任务中采用共阴极数码管，共阴极数码管就是把所有 LED 的阴极接地，要使哪段 LED 亮就在相应的引脚接高电平。如要显示数字“0”，就是要使 a、b、c、d、e、f 引脚接高电平，即 $QB0=(0111111)_2=(126)_{10}$，就会在数码管上显示出 0，程序如图 3－12 所示。其他数字的显示与 0 的显示处理方式相同，在此不一一赘述了。

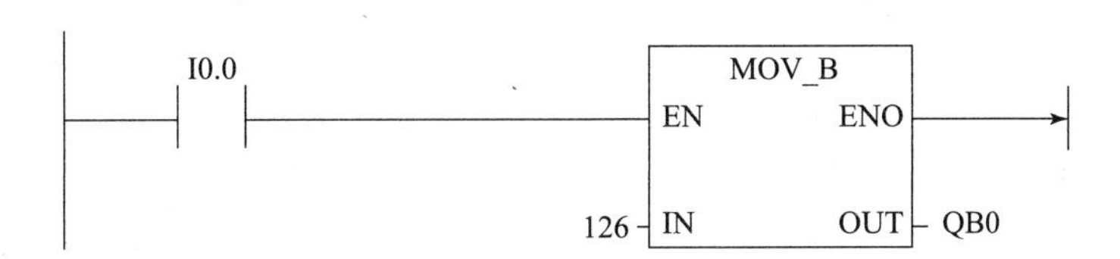

图 3－12　数码管显示 0 的梯形图

但是在系统设计时应用数码管并不是只显示一个数字，大多数情况是要循环显示某几个数字或字符，这时用上述的处理方式显然不合适，在 S7－200 指令系统中提供了七段显示译码（SEG）指令，利用此指令只要将要显示的数据输入 SEG 指令盒的输入端，在其输出端就会自动输出对应的编码，可大大降低程序的编写难度。

二、七段数字显示译码指令 SEG

在 S7－200 中有一条可以直接把要显示的数字翻译成数码管的段码指令 SEG，但要注意的是，该指令输入为字节型数据，因此如果输入的是字节型数据就可直接使用该命令，若不是字节型数据，就需要先执行数据类型转化，再进行译码。译码指令格式如表 3－9 所示。

表 3－9　七段数字显示译码指令

指令	梯形图	指令表
七段数字显示译码	EN　ENO SEG ????－IN　OUT－????	SEG　IN，OUT

【例 3-3】用 SEG 指令完成使第 1、2、4、5、7 这 5 盏灯同时点亮的程序。

1、2、4、5、7 这 5 盏灯等同于数码管的 a、b、d、e、g 这 5 个二极管，根据表 3-8 可知，当 a、b、d、e、g 为“1”时，刚好数码段显示为 2，梯形图程序如图 3-13 所示。

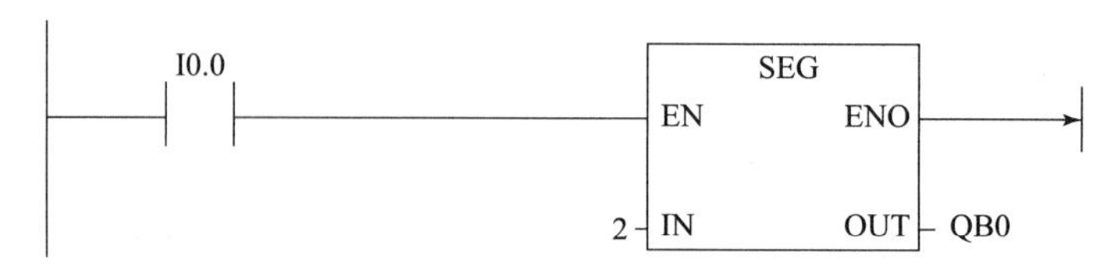

图 3-13　例 3-3 梯形图

【例 3-4】用一个按钮控制数码管的倒数计时，I0.0 按钮每按下一次，数码管将以 5 开始显示倒数计时直到 1，并循环实现倒数计时功能，按下 I0.1 按钮数码管恢复初始状态。

例 3-4 的梯形图程序如图 3-14 所示。

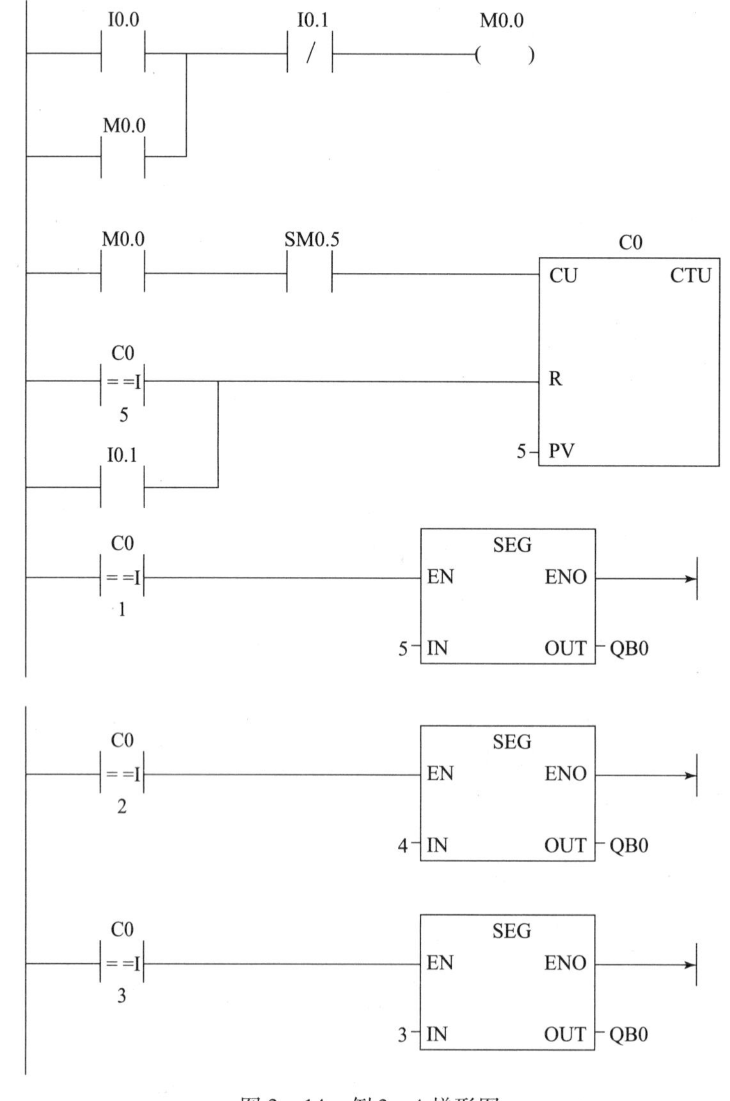

图 3-14　例 3-4 梯形图

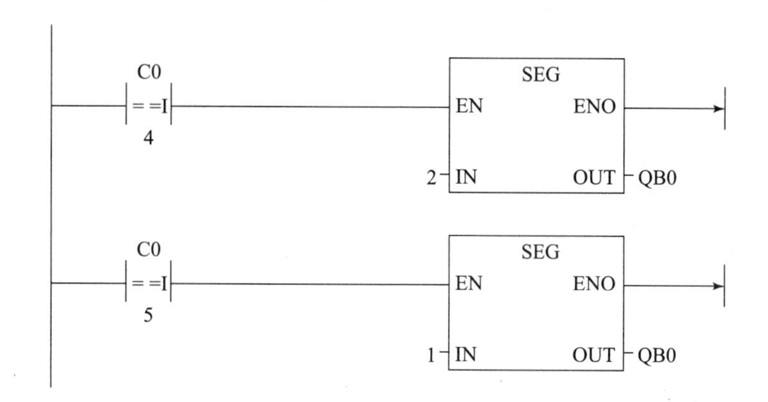

图 3－14　例 3－4 梯形图（续）

任务实施

1. 列出 I/O 分配表

双向路口红、黄、绿灯的端口同本项目任务一，数码管的输入端口对应的地址如表 3－10 所示。

表 3－10　I/O 端口地址

输入（IN）		输出（OUT）			
功能	输入点	功能	输出点	功能	输出点
启动按钮	I0. 0	南北红灯	Q0. 0	a	Q1. 0
停止按钮	I0. 1	南北绿灯	Q0. 1	b	Q1. 1
		南北黄灯	Q0. 2	c	Q1. 2
		东西红灯	Q0. 3	d	Q1. 3
		东西绿灯	Q0. 4	e	Q1. 4
		东西黄灯	Q0. 5	f	Q1. 5
				g	Q1. 6

2. 设计 PLC 控制程序

按带倒计时功能的交通灯控制设计要求，设计梯形图程序如图 3－15 所示。

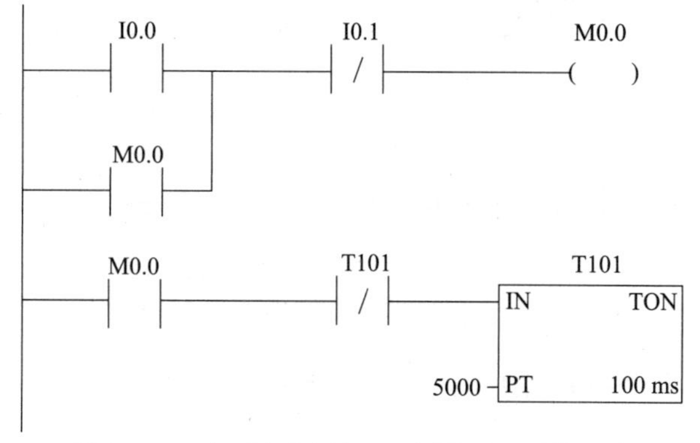

微课：引入数码管显示指令完成从5开始的倒序计时

图 3－15　东西方向绿灯 9 s 倒计时显示梯形图

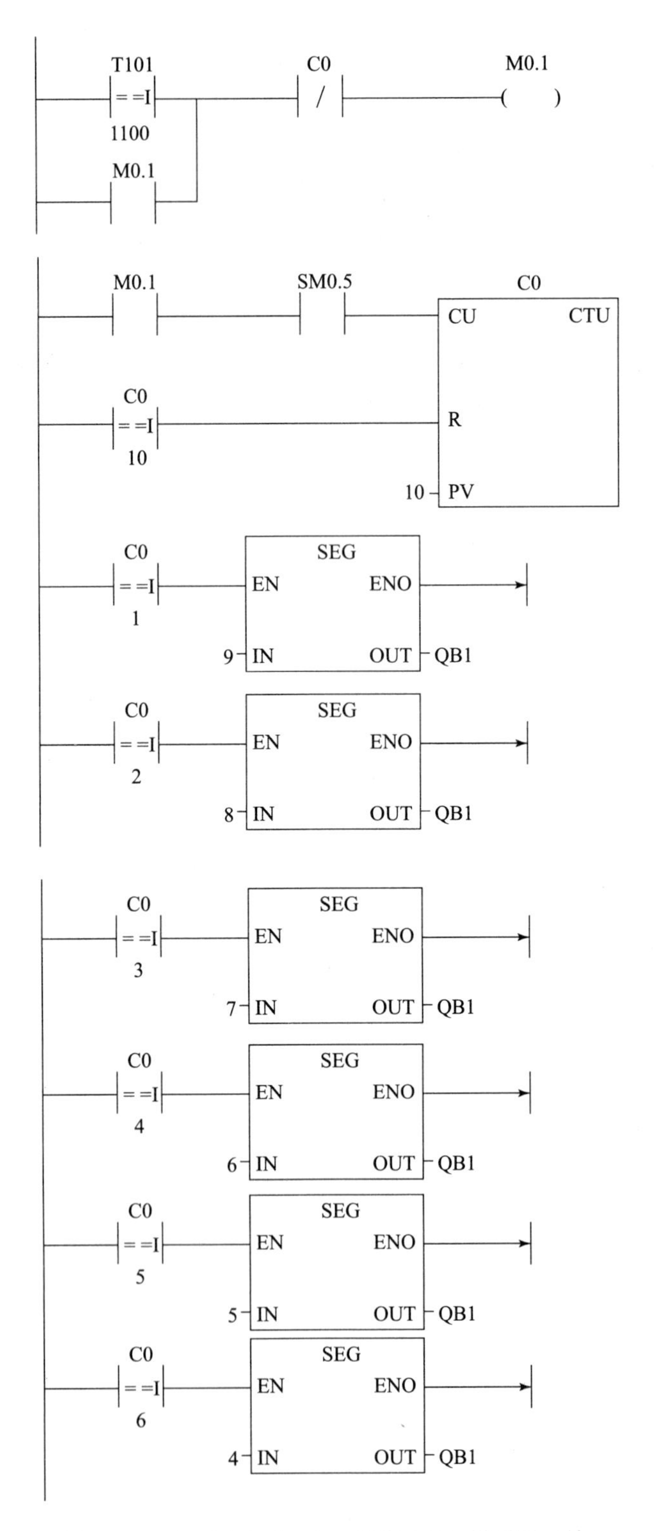

图 3-15　东西方向绿灯 9 s 倒计时显示梯形图（续）

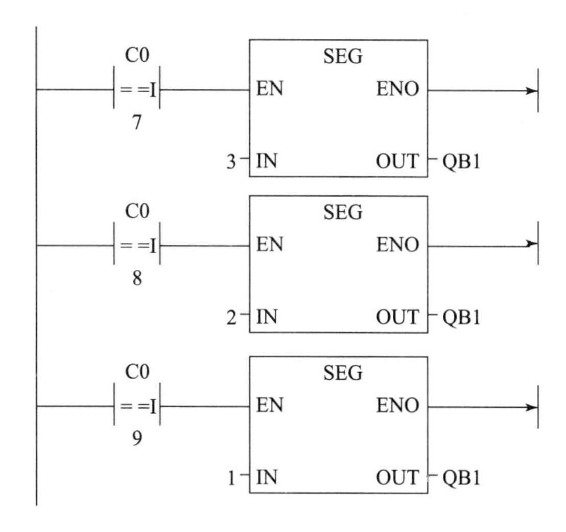

图 3－15　东西方向绿灯 9 s 倒计时显示梯形图（续）

任务评价

为全面记录和考核任务完成的情况，表 3－11 给出了任务评分标准。

表 3－11　“带倒计时功能的交通灯控制”任务评分表

实施步骤	考核内容	分值	成绩
接线	拟定接线图，完成各设备之间的连接	10	
编程	编程并录入梯形图程序，编译、下载	10	
调试及故障排除	调试：PLC 处于 RUN 状态时，闭合开关 SA。 故障排除：逐一检查输入和输出回路。 说明：（1）能准确完成软硬件联调，显示正确结果； （2）若结果错误，能找出故障点并加以解决	20	
成果演示		10	
总评成绩		50	

拓展提高

带闪烁功能的交通灯控制

（1）控制电路要求：两个方向的灯按顺序点亮完成一个周期要 50 s。当系统工作时首先南北方向红灯亮 25 s，东西绿灯亮 17 s 闪烁 3 s，黄灯亮 5 s，然后东西红灯亮 25 s，南北绿灯亮 17 s 闪烁 3 s，黄灯亮 5 s。如此不断循环反复，十字路口交通信号灯运行规律如表 3－12 所示。

表 3-12 十字路口交通信号灯运行规律

南北向交通信号灯	信号颜色	绿灯	绿灯闪	黄灯	红灯		
	保持时间	17 s	3 s	5 s	25 s		
东西向交通信号灯	信号颜色	红灯			绿灯	绿灯闪	黄灯
	保持时间	25 s			17 s	3 s	5 s

(2) 闪烁电路，也称为振荡电路，可以产生等时间间隔的通断（方波），也可以是不等时间间隔的通断（矩形波），可以根据要求完成特殊的时间控制。十字路口交通灯控制中的绿灯闪烁即为闪烁电路的典型应用。

实际的程序设计中，要实现电路闪烁功能可以采用定时器或比较指令来完成。

【例 3-5】 按下 I0.0 按钮，灯 Q0.0 以 3 s 为周期闪烁，即灯亮 1 s、灭 2 s，如图 3-16 所示。

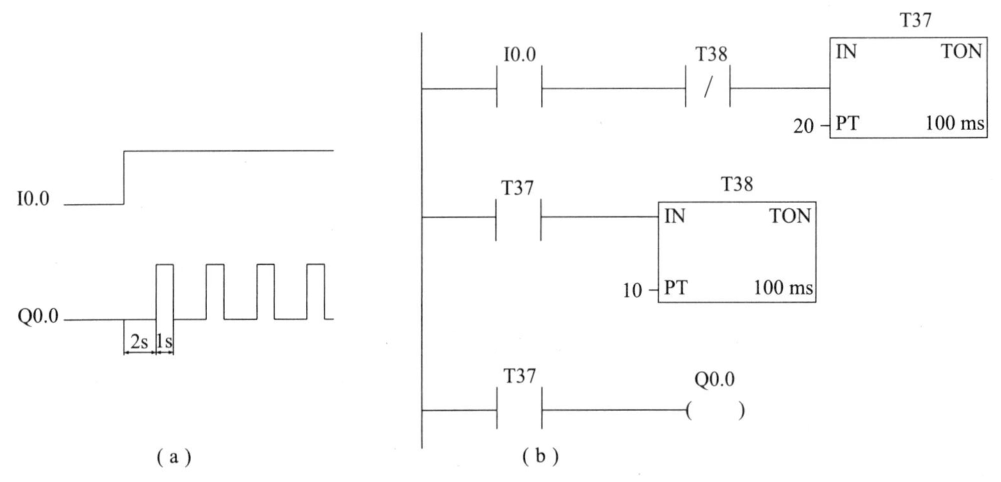

图 3-16 定时器完成的闪烁电路控制程序
(a) 时序图；(b) 梯形图

【例 3-6】 设计一个以 4 s 为周期、占空比为 50% 的闪烁电路。通过比较指令完成的闪烁电路控制程序梯形图如图 3-17 所示。

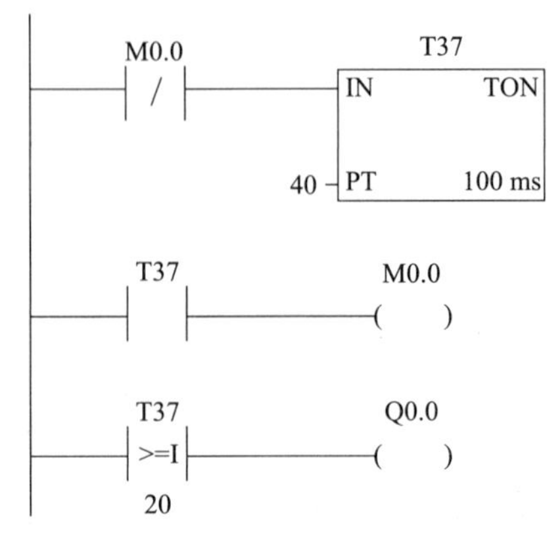

图 3-17 比较指令完成的闪烁电路控制程序

（3）带闪烁功能的十字路口交通灯控制系统的 I/O 地址、硬件连接与简易交通灯控制系统完全相同，只是在具体的程序梯形图编写上增加了闪烁电路的设计。具体程序梯形图如图 3－18 所示。

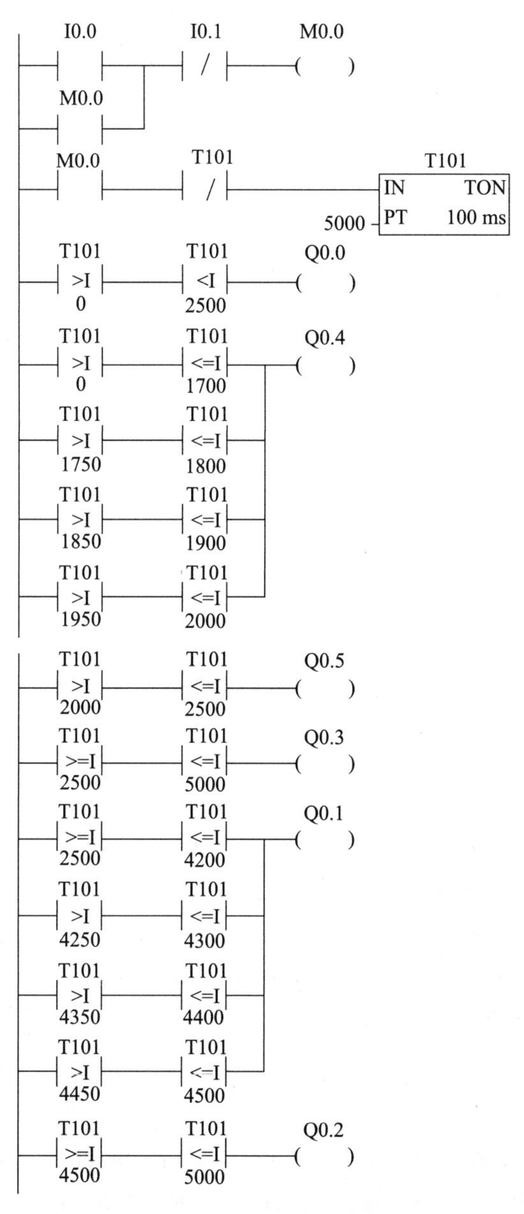

图 3－18　带闪烁功能的十字路口交通灯控制程序梯形图

任务三　带人行横道强制控制的交通灯控制

在一些乡村公路上，十字路口距离较远，车辆可以高速行驶，但为了方便行人穿越公路设置了交通路口，在这种交通路口，东西方向是机动车道，南北方向是人行横道，如图 3－19

所示。正常情况下，机动车道上有车辆行驶，如果有行人要过交通路口，先要按下按钮，一段时间后，东西方向车道上红灯亮、南北方向绿灯亮时行人可以穿过人行横道，延时一段时间后，仍恢复成南北方向的红灯亮，东西方向的绿灯亮。在这种控制要求下，前两个任务中的十字路口交通灯控制系统显然不合适，那么必须考虑新的控制系统。

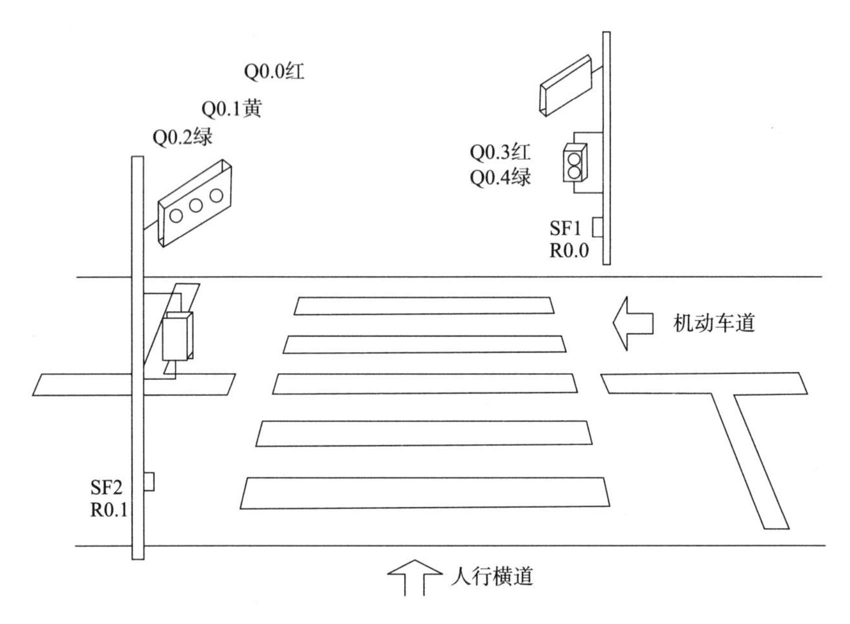

图 3－19　人行横道强制控制示意图

任务分析

从带人行横道强制控制的系统可以看出，东西车道有红、黄、绿 3 个灯，南北人行横道只有红灯和绿灯，在人行横道的控制按钮按下后，假定东西车道绿灯仍继续亮 30 s，然后变成 10 s 黄灯，最后转成红灯；同时在按下按钮后人行横道绿灯在车道红灯亮 5 s 后才亮，15 s 后人行横道绿灯开始闪烁，亮暗间隔为 0.5 s，共闪烁 5 次后才变为人行横道红灯亮，机动车道绿灯亮。至此两方向信号灯恢复为正常状态。

任务实施

这里选用的是 S7－200 系列 CPU 226 PLC，它有 24 点输入、16 点输出。因此，把 Q0.0～Q0.5 作为双向路口红、黄、绿灯的输出端，把 Q1.0～Q1.6 作为控制数码管显示的输出端，SB3 和 SB4 作为南北方向人行横道行人控制按钮，其输入点设为 I0.2 和 I0.3。当行人横穿东西干道时，I0.2 或 I0.3 触点闭合，延时 30 s 后，东西方向变为红灯，南北方向变为绿灯。待行人通过后，恢复正常状态。

1. 列出 I/O 分配表

双向路口红、黄、绿灯的端口同本项目任务一，数码管的输入端口对应的地址如表 3－13 所示。

表 3－13　I/O 端口地址

输入（IN）			输出（OUT）		
元件代号	功能	输入点	元件代号	功能	输出点
SB1	启动按钮	I0.0	HL1	东西绿灯	Q0.0
SB2	停止按钮	I0.1	HL2	东西黄灯	Q0.1
SB3	人行横道按钮	I0.2	HL3	东西红灯	Q0.2
SB4		I0.3	HL4	南北红灯	Q0.3
			HL5	南北绿灯	Q0.4

2. 完成 PLC 的 I/O 硬件接线

带人行横道强制控制的交通灯控制系统的 I/O 硬件接线图如图 3－20 所示。

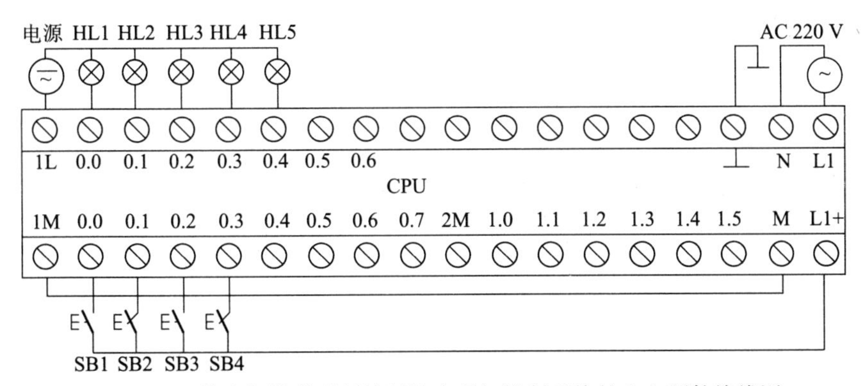

图 3－20　带人行横道强制控制的交通灯控制系统的 I/O 硬件接线图

3. 设计 PLC 控制程序

根据任务分析画出程序流程图，再根据流程图写出梯形图程序，如图 3－21 所示。

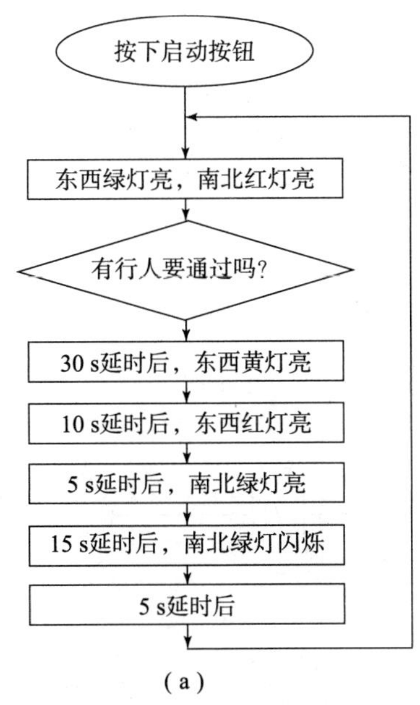

（a）

图 3－21　带人行横道强制控制的交通灯控制系统流程图及梯形图

（a）程序流程图

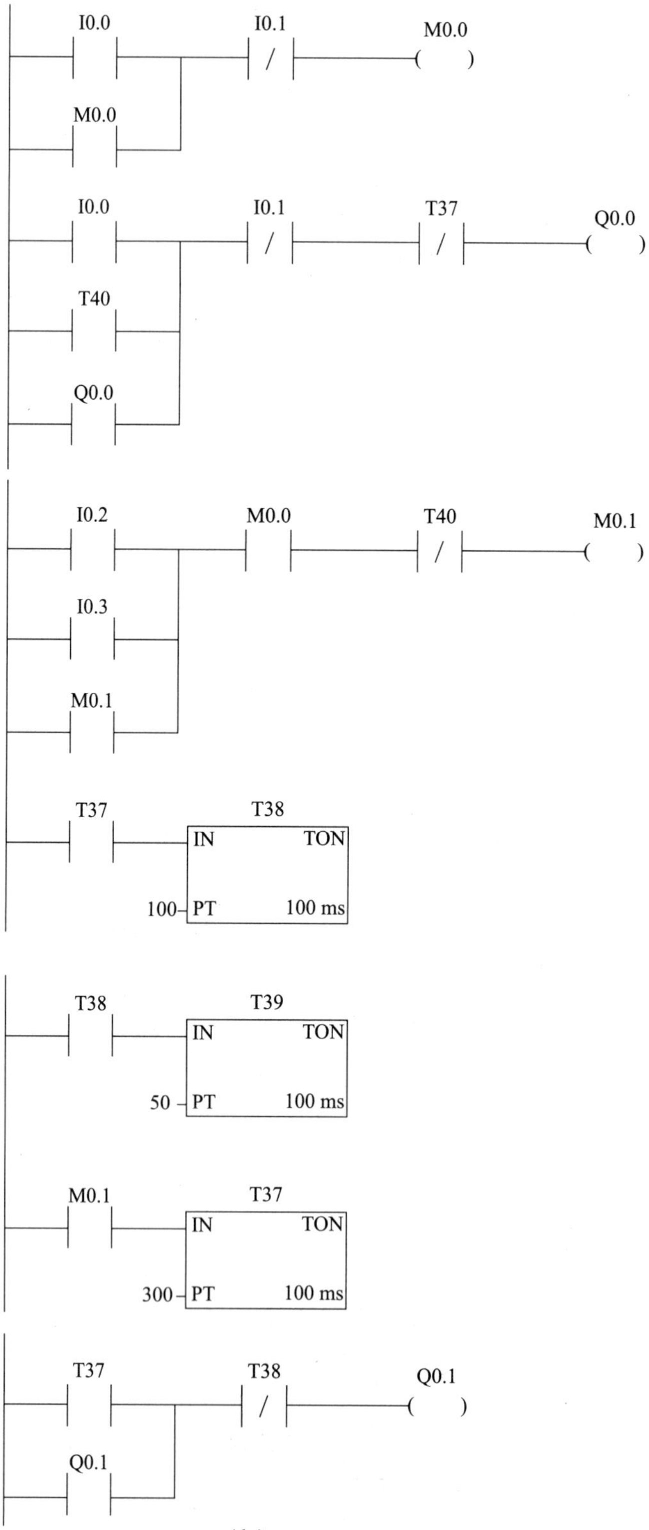

(b)

图 3－21　带人行横道强制控制的交通灯控制系统流程图及梯形图（续）

（b）梯形图

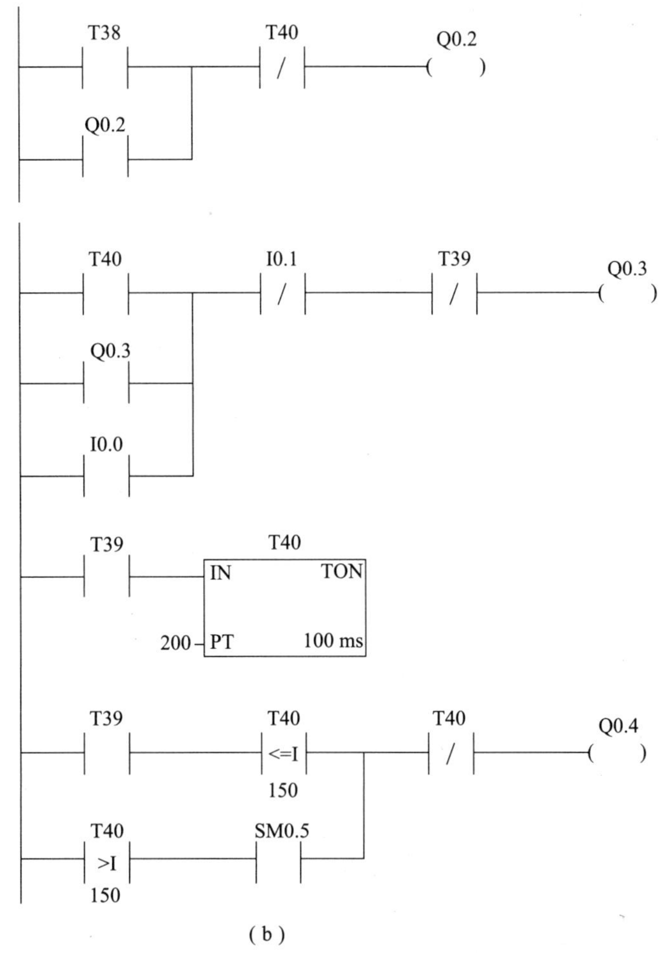

(b)

图 3－21　带人行横道强制控制的交通灯控制系统流程图及梯形图（续）
（b）梯形图

任务评价

为全面记录和考核任务完成的情况，表 3－14 给出了任务评分标准。

表 3－14　“带人行横道强制控制的交通灯控制”任务评分表

实施步骤	考核内容	分值	成绩
接线	拟定接线图，完成各设备之间的连接	10	
编程	编程并录入梯形图程序，编译、下载	10	
调试及故障排除	调试：PLC 处于 RUN 状态时，闭合开关 SA。 故障排除：逐一检查输入和输出回路。 说明：（1）能准确完成软硬件联调，显示正确结果； （2）若结果错误，能找出故障点并加以解决	20	
成果演示		10	
总评成绩		50	

练习与思考

1. 程序设计：一只灯泡 HL，按下启动按钮后 HL 亮，2 min 后 HL 自动熄灭。

2. 程序设计：3 只灯泡 HL1、HL2、HL3，按下启动按钮后，3 只灯泡全亮，10 s 后 HL1 自动熄灭；20 s 后 HL2 自动熄灭；30 s 后 HL3 自动熄灭。

3. 程序设计：有 3 台皮带传送机，分别由电动机 M1、M2、M3 驱动。要求按下按钮 SB1 后，启动顺序为 M1、M2、M3，间隔时间为 5 s（用 T37、T38、T39 的 100 ms 定时器实现）；按下停止按钮 SB2 后，停车顺序为 M3、M2、M1，时间间隔为 3 s，3 台电动机分别通过接触器 KM1、KM2、KM3 控制启停。设计 PLC 控制电路，并编写梯形图。

4. 程序设计：笼型异步电动机Y－△启动的时序图如图 3－22 所示，试设计Y－△启动的主电路、基于 PLC 的控制电路并编写梯形图。

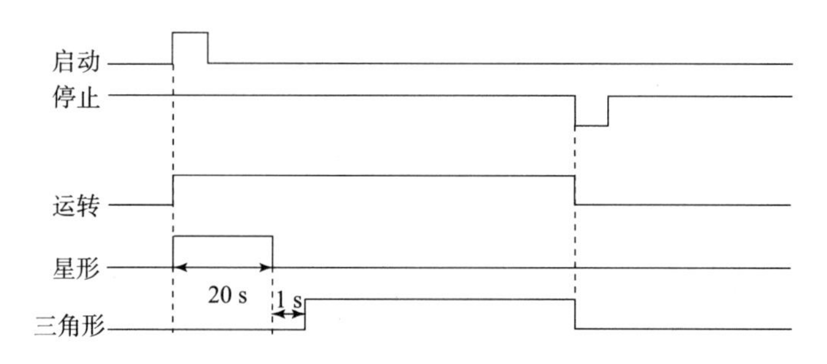

图 3－22　笼型异步电动机Y－△启动时序图

5. 利用定时器和比较指令，设计一个占空比为 1∶3 的矩形波输出电路。

6. 程序设计：温度低于 15 ℃时，亮黄灯（Q0.0），温度高于 35 ℃时亮红灯（Q0.1），其他情况亮绿灯（Q0.2）。

7. 设计满足图 3－23 所示要求的时序图的梯形图程序。

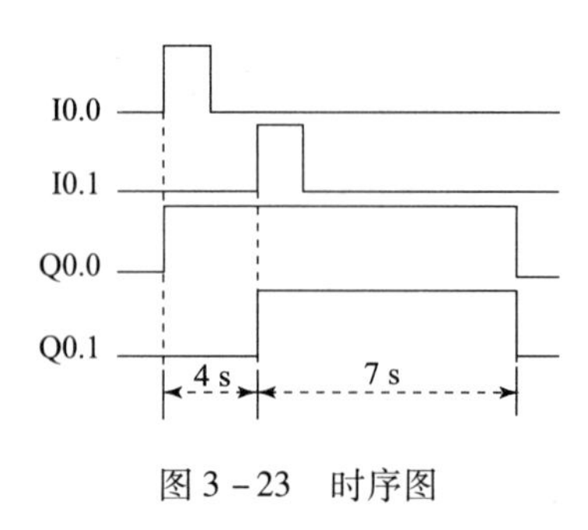

图 3－23　时序图

8. 画出图 3－24 所示梯形图程序对应的时序图。

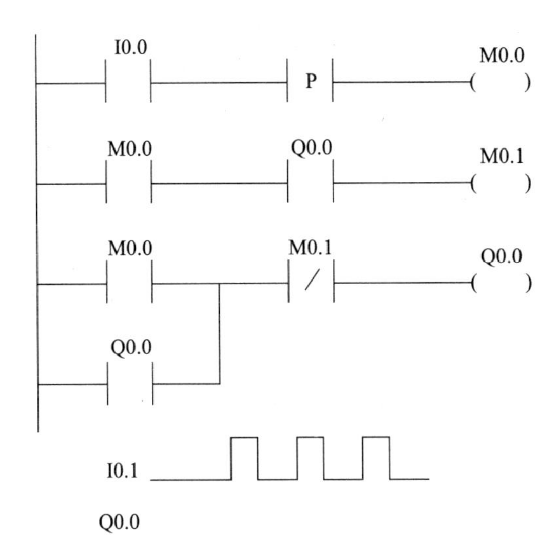

图 3－24　梯形图程序

项目四

计数器在控制系统中的应用

任务一　自动装载小车控制

任务目标

（1）掌握西门子 S7－200 系列计数器指令、边沿触发指令、电路块连接指令。

（2）熟悉梯形图的基本编程规则。

（3）熟练掌握计数器指令的应用及实现。

微课：自动装载小车控制

任务分析

小车自动装载控制过程：在运货车到位的情况下，按下传送带启动按钮，传送带开始传送工件。工件检测装置检测到有工件通过，且当工件数达到 3 个时，推料机构推动工件到运货车，传送带停止传送。推料机构由电动机带动液压泵驱动电磁阀完成，推料机构行程传送由感应接近开关控制（行程检测）。当系统启动后，5 min 内检测不到工件时，传送带停止传送，并发出报警指示。只有当运货再次到位时，按下启动按钮后，传送带和推料机构才能重新开始工作。

根据控制要求，传送带启动必须具备两个条件，一是运货车必须到位，二是要按下启动按钮。停止条件为计数器的当前值为 3，或按下停止按钮或电动机过载。

推料机构的液压泵电动机可在传送带电动机启动后启动，推料机构动作的条件为计数器的当前值为 3，其行程受行程检测开关控制，电磁阀线圈断电后推料机构自动缩回。

推料机构在执行推料动作时，传送带电动机必须已经停止，这要求两者之间要有互锁功能。

计数器的计数脉冲为工件检测信号由0变为1，推料机构的运行信号作为计数器的复位信号。计数器使用增计数器，设定值为3。

知识准备

学习本项目必须掌握S7－200 PLC的计数器等相关指令。

计数器指令

（一）相关知识——CTU、EU、ED、OLD及ALD指令

1. CTU指令

增计数器（Counter Up，CTU）指令的梯形图如图4－1（a）所示，由增计数器助记符CTU、计数脉冲输入端CU、复位信号输入端R、设定值PV和计数器编号Cn构成，编号范围为0～255，增计数器指令的语句表如图4－1（b）所示，由增计数器操作码CTU、计数器编号Cn和设定值PV构成。

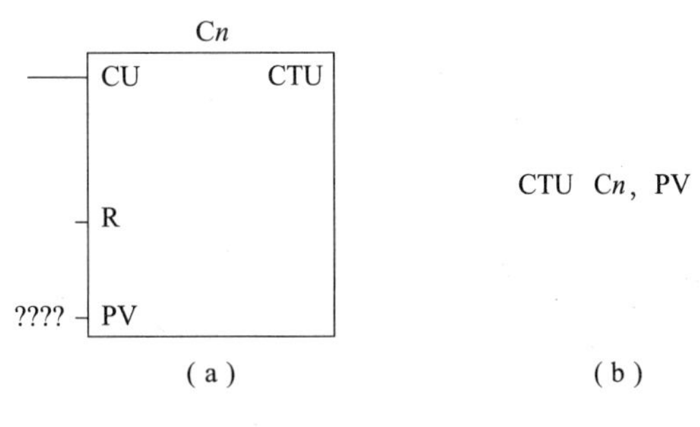

图4－1　增计数器指令
（a）梯形图；（b）语句表

增计数器的应用如图4－2所示。增计数器的复位信号I0.1接通时，计数器C0的当前值SV＝0，计数器不工作。

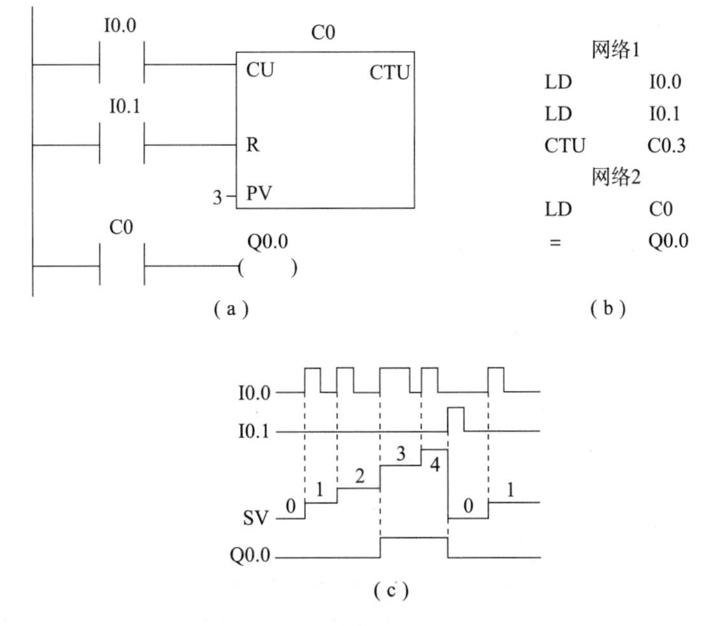

图4－2　增计数器命令的应用
（a）梯形图；（b）语句表；（c）指令功能图

当复位信号I0.1断开时，计数器C0可以工作。每当一个计数脉冲的上升沿到来时（I0.0接通一次），计数器的当前值SV＝SV＋1。

当 SV 等于设定值 PV 时，计数器的输出位变为 ON，线圈 Q0.0 中有信号流流过。若计数脉冲仍然继续，计数器的当前值仍不断累加，直到 SV = 32 767（最大）时才停止计数。

只要 SV≥PV，计数器的常开触点接通，常闭触点则断开。直到复位信号 I0.1 接通时，计数器的 SV 复位清零，计数器停止工作，其常开触点断开，线圈 Q0.0 没有信号流流过。

2. 边沿触发指令

1）EU 指令

EU（Edge Up）指令也称为上升沿检测指令或正跳变指令，其梯形图如图 4 - 3（a）所示，由常开触点加上升沿检测指令助记符 P 构成。其语句表如图 4 - 3（b）所示，由上升沿检测指令操作码 EU 构成。

图 4 - 3　上升沿检测指令

（a）梯形图；（b）语句表

上升沿检测指令的应用如图 4 - 4 所示。上升沿检测指令是指当 I0.0 的状态由断开变为接通时（即出现上升沿的过程），上升沿检测指令对应的常开触点接通一个扫描周期（T），使得线圈 Q0.1 仅得电一个扫描周期。若 I0.0 的状态一直接通或断开，则线圈 Q0.1 也不得电。

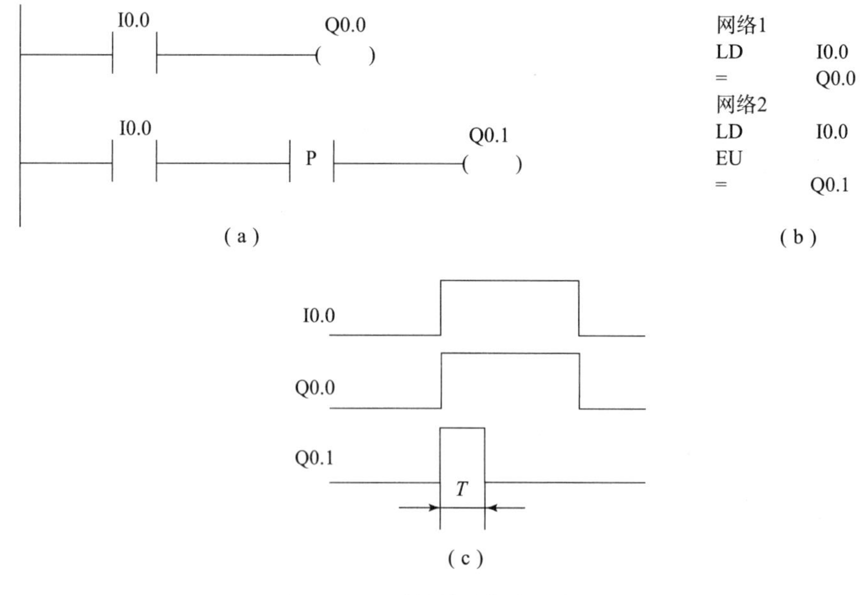

图 4 - 4　上升沿检测指令的应用

（a）梯形图；（b）语句表；（c）指令功能图

2）ED 指令

ED（Edge Down）指令也称为下降沿检测指令或负跳变指令，其梯形图如图 4 - 5（a）所示，由常开触点加下降沿检测指令助记符 N 构成。其语句表如图 4 - 5（b）所示，由下降沿检测指令操作码 ED 构成。

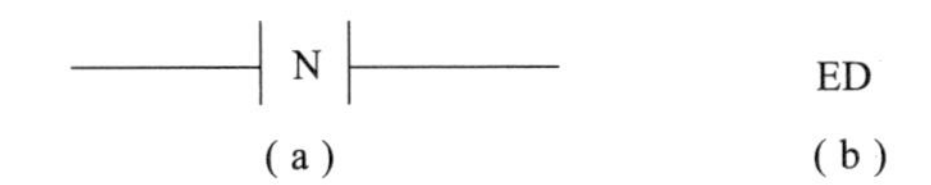

图4-5　下降沿检测指令

(a) 梯形图；(b) 语句表

下降沿检测指令的应用如图4-6所示。下降沿检测指令是指当I0.0的状态由接通变为断开时（即出现下降沿的过程），下降沿检测指令对应的常开触点接通一个扫描周期（T），使得线圈Q0.1仅得电一个扫描周期。

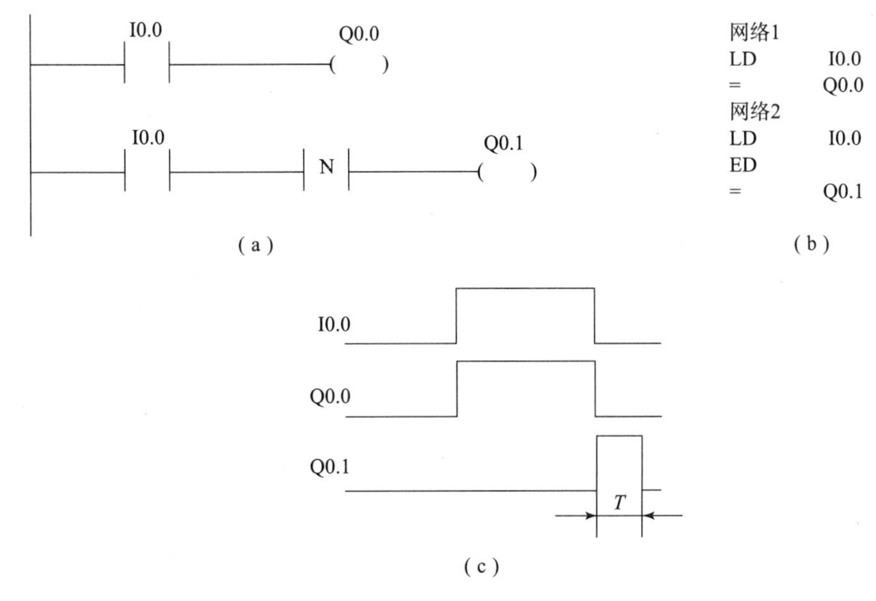

图4-6　下降沿检测指令的应用

(a) 梯形图；(b) 语句表；(c) 指令功能图

上升沿和下降沿检测指令用来检测状态的变化，可以用来启动一个控制程序、启动一个运算过程、结束一段控制等。

3）使用注意事项

（1）EU、ED指令后无操作数。

（2）上升沿和下降沿检测指令不能直接与左母线相连，必须接在常开或常闭触点之后。

（3）当条件满足时，上升沿和下降沿检测指令的常开触点只接通一个扫描周期，接受控制的元件应接在这一触点之后。

3. 电路块连接指令

触点的串联或并联指令只能用于单个触点的串联或并联，若想将多个触点并联后进行串联或将多个触点串联后进行并联，则需要用逻辑电路块的连接指令。

1）OLD指令

OLD（Or Load）指令又称为串联电路块并联指令，用助记符OLD表示。

OLD指令的功能：将多个触点串联后形成的电路块并联起来。

串联电路块并联指令应用如图4-7所示。

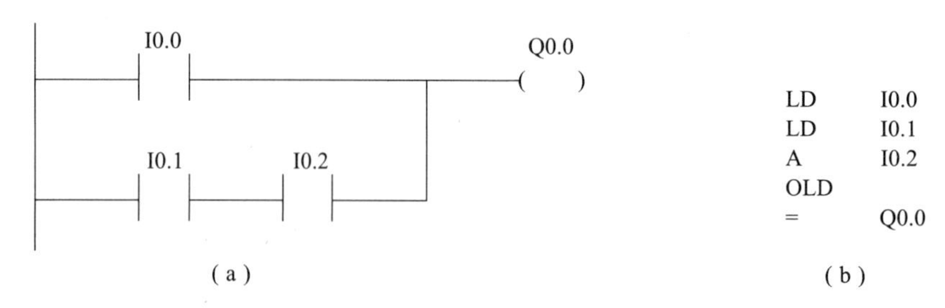

图 4-7　串联电路块并联指令的应用
(a) 梯形图；(b) 语句表

2）ALD 指令

ALD（And Load）指令又称为并联电路块串联指令，用助记符 ALD 表示。

ALD 指令的功能：将多个触点并联后形成的电路块串联起来。

并联电路块串联指令应用如图 4-8 所示。

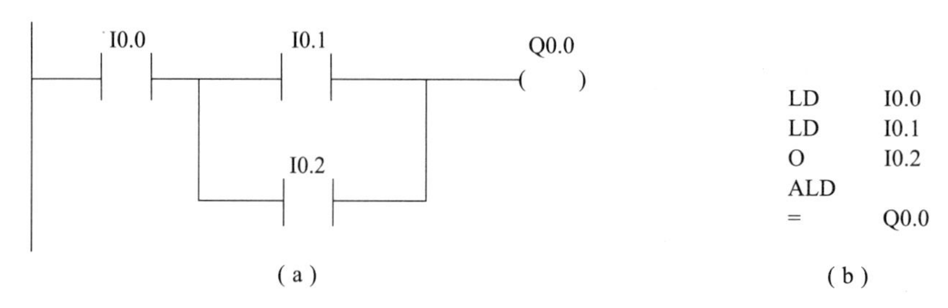

图 4-8　并联电路块串联指令的应用
(a) 梯形图；(b) 语句表

3）使用说明

OLD 指令是将堆栈中栈顶开始的前两个位内容相“或”，结果存入栈顶，堆栈中第 3～9 位的内容依次向上移动 1 位，移动后第 9 位的值不确定。

ALD 指令将堆栈中栈顶开始的前两个位内容相“与”，结果存入栈顶，堆栈中第 3～9 位的内容依次向上移动 1 位，移动后第 9 位的值不确定。

（二）相关知识——CTD、CTUD、*I、NOT、SR 及 RS 指令

1. 减计数器指令

减计数器（Counter Down，CTD）指令的梯形图如图 4-9（a）所示，由减计数器助记符 CTD、计数脉冲输入端 CD、装载输入端 LD、设定值 PV 和计数器编号 C*n* 构成，编号范围为 0～255。减计数器指令的语句表如图 4-9（b）所示，由减计数器操作码 CTD、计数器编号 C*n* 和设定值 PV 构成。

减计数器的应用如图 4-10 所示。减计数器的装载输入端信号 I0.1 接通时，计数器 C0 的设定值 PV 被装入计数器的当前值寄存器，此时 SV = PV，计数器不工作。当装载输入端信号 I0.1 断开时，计数器 C0 可以工作。每当一个计数脉冲到来时（即 I0.0 接通一次），计数器的当前值 SV = SV - 1。当 SV = 0 时，计数器的位变为 ON，线圈 Q0.0 有信号流流过。

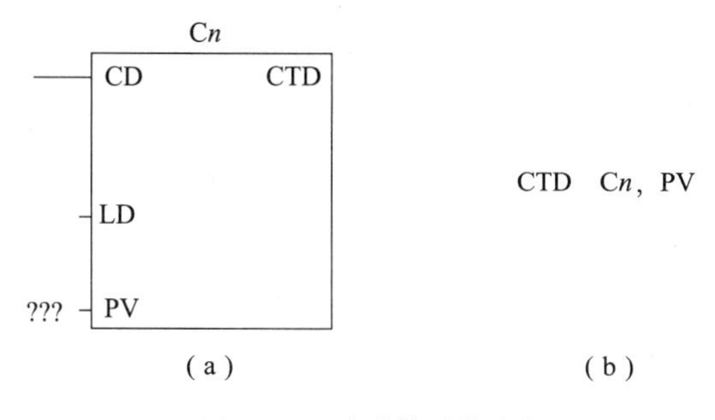

（a）　　　　（b）

图4－9　减计数器指令

（a）梯形图；（b）语句表

若计数脉冲仍然继续，计数器的当前值仍保持0。这种状态一直保持到装载输入端信号I0.1接通，再一次装入PV值之后，计数器的常开触点复位断开，线圈Q0.0没有信号流流过，计数器才能重新开始计数。只有在当前值SV＝0时，减计数器的常开触点接通，线圈Q0.0有信号流流过。

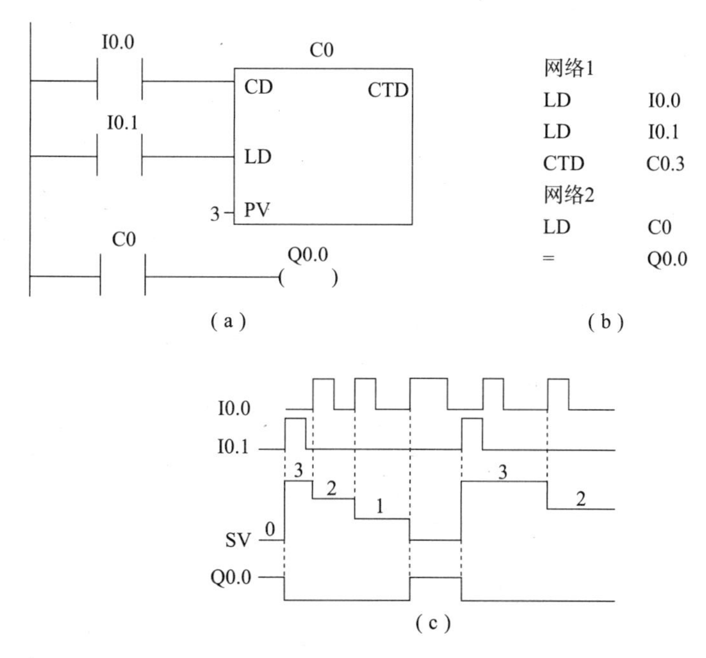

（a）　　　　（b）

（c）

图4－10　减计数器指令的应用

（a）梯形图；（b）语句表；（c）指令功能图

2. 增减计数器指令

增减计数器（Counter Up/Down，CTUD）指令的梯形图如图4－11（a）所示，由增减计数器助记符CTUD、增计数脉冲输入端CU、减计数脉冲输入端CD、复位端R、设定值PV和计数器编号Cn构成，编号范围为0～255。增减计数器指令的语句表如图4－11（b）所示，由增减计数器操作码CTUD、计数器编号Cn和设定值PV构成。

增减计数器的应用如图4－12所示。增计数器的复位信号I0.2接通时，计数器C0的当前值SV＝0，计数器不工作。当复位信号断开时，计数器C0可以工作。

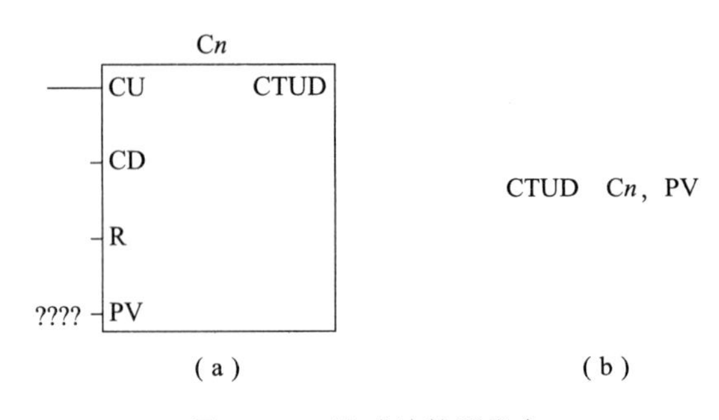

图 4－11 增减计数器指令

（a）梯形图；（b）语句表

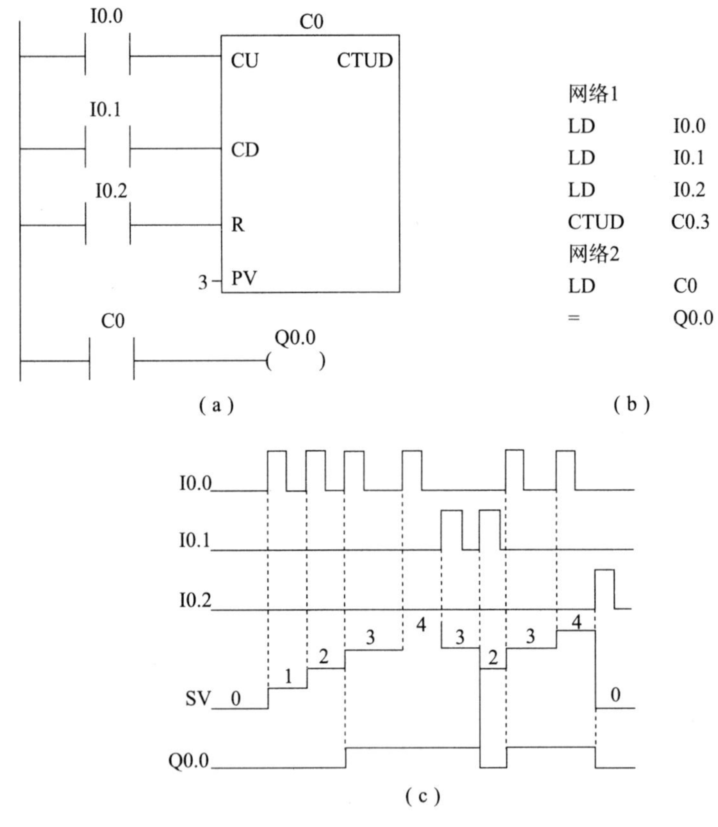

图 4－12 增减计数器指令应用

（a）梯形图；（b）语句表；（c）指令功能图

每当一个增计数脉冲到来时，计数器的当前值 SV = SV + 1。当 SV ≥ PV 时，计数器的常开触点接通，线圈 Q0.0 有信号流流过。这时若再来增计数器脉冲，计数器的当前值仍不断地累加，直到 SV = +32 767（最大值）时停止计数。

每当一个减计数脉冲到来时，计数器的当前值 SV = SV － 1。当 SV < PV 时，计数器的常开触点复位断开，线圈 Q0.0 没有信号流流过。这时若再来减计数器脉冲，计数器的当前值仍不断地递减，直到 SV = －32 767（最小值）时停止计数。

复位信号 I0.2 接通时，计数器的 SV 复位清零，计数器停止工作，其常开触点复位断开，线圈 Q0.0 没有信号流流过。

3. 其他基本逻辑指令

1）立即指令

立即指令允许对输入和输出点进行快速和直接存取。当用立即指令读取输入点的状态时，相应的输入映像寄存器中的值并未发生更新；用立即指令访问输出点时，访问的同时相应的输出寄存器的内容也被刷新。只有输入继电器 I 和输出继电器 Q 可以使用立即指令。

（1）立即触点指令。

在每个标准触点指令的后面加“I（Immediate）”即为立即触点指令。该指令执行时，将立即读取物理输出点的值，但是不刷新对应映像寄存器的值。这类指令包括 LDI、LDNI、AI、ANI、OI、ONI。下面以 LDI 指令为例进行说明。

用法：LDI　bit

例如：LDI　I0.1

（2）=I 立即输出指令。

用立即指令访问输出点时，把栈顶值立即复制到指令所指的物理输出点。同时，相应的输出映像寄存器的内容也被刷新。

用法：=I　bit

例如：=I　Q0.0（bit 只能为 Q 类型）

（3）SI 立即置位指令。

用立即置位指令访问输出点时，从指令所指出的位（bit）开始的 *N* 个（最多 128 个）物理输出点被立即置位。同时，相应的输出映像寄存器的内容也被刷新。

用法：SI　bit，N

例如：SI　Q0.0，2（bit 只能为 Q 类型）

N 可以为 VB、IB、QB、MB、SMB、LB、SB、AC、*VD、*AC、*LD 或常数。

（4）RI 立即复位指令。

用立即复位指令访问输出点时，从指令所指出的位（bit）开始的 *N* 个（最多 128 个）物理输出点被立即复位。同时，相应的输出映像寄存器的内容也被刷新。

用法：RI　bit，N

例如：RI　Q0.0，2（bit 只能为 Q 类型）

N 可以为 VB、IB、QB、MB、SMB、LB、SB、AC、*VD、*AC、*LD 或常数。

2）NOT 指令

NOT 指令为触点取反指令（输出反相），在梯形图中用来改变能流的状态。取反触点左端逻辑运算结果为“1”时（即有能流），触点断开能流；反之能流可以通过。其梯形图如图 4-13 所示。

图 4-13　触点取反指令梯形图

用法：NOT（NOT 指令无操作数）

3）SR、RS 指令

（1）SR 指令。

SR 指令也称为置位/复位触发器（SR）指令，其梯形图如图 4－14 所示，由置位/复位触发器助记符 SR、置位信号输入端 S1、复位信号输入端 R、输出端 OUT 和线圈的位地址 bit 构成。

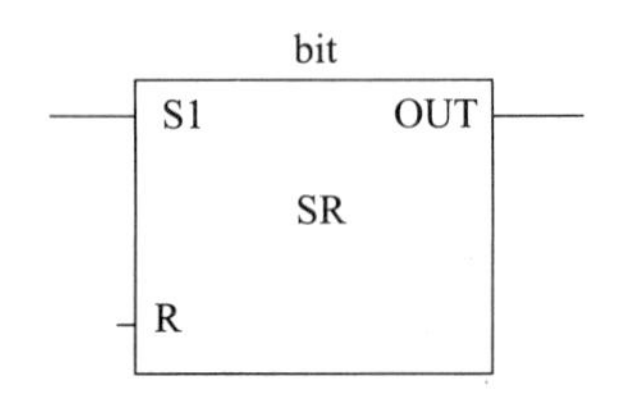

图 4－14　SR 指令梯形图

置位/复位触发器指令的应用如图 4－15 所示，当置位信号 I0.0 接通时，线圈 Q0.0 有信号流流过。当置位信号 I0.0 断开时，线圈 Q0.0 的状态继续保持不变，直到复位信号 I0.1 接通时，线圈 Q0.0 才没有信号流流过。

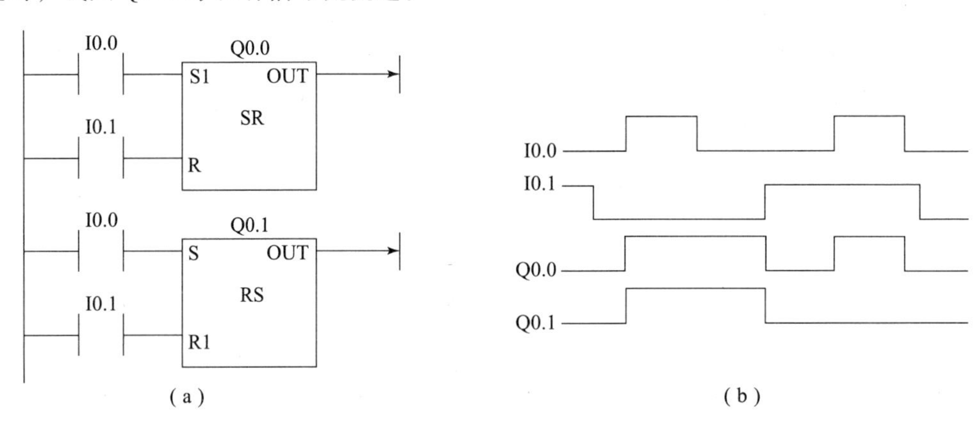

图 4－15　SR 和 RS 指令的应用

（a）梯形图；（b）指令功能图

如果置位信号 I0.0 和复位信号 I0.1 同时接通，则置位信号优先，线圈 Q0.0 有信号流流过。

（2）RS 指令。

RS 指令也称复位/置位触发器（RS）指令，其梯形图如图 4－16 所示，由复位/置位触发器助记符 RS、置位信号输入端 S、复位信号输入端 R1、输出端 OUT 和线圈的位地址 bit 构成。

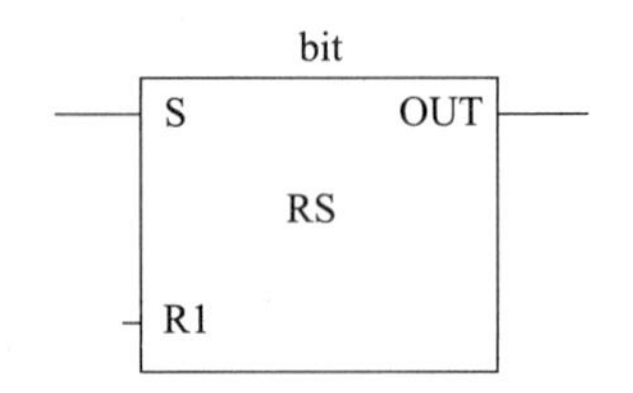

图 4－16　RS 指令梯形图

复位/置位触发器指令的应用如图 4－15 所示，当置位信号 I0.0 接通时，线圈 Q0.0 有信号流流过。当置位信号 I0.0 断开时，线圈 Q0.0 的状态继续保持不变，直到复位信号 I0.1 接通时，线圈 Q0.0 才没有信号流流过。如果置位信号 I0.0 和复位信号 I0.1 同时接通，则复位信号优先，线圈 Q0.0 无信号流流过。

计数器的指令格式如表 4－1 所示。

表 4－1　计数器的指令格式

STL	LAD	指令使用说明
CTU　Cxxx，PV	Cxxx CU　CTU R ???? PV	梯形图指示符号中：CU 为加计数器脉冲端；CD 为减计数器脉冲输入端；R 为加计数端；LD 为减计数复位端；PV 为预置值。 Cxxx 为计数器的编号，范围为 C0～C255。 PV 为预置值最大范围，即 32 767；PV 的数据类型为 INT；PV 的操作数为 VW、T、C、IW、MW、SMW、AC、AIW、K。 CTU/CTUD/CTD 指令使用要点：STL 形式 CU、CD、R、LD 的顺序不能错；CU、CD、LD 信号可为复杂逻辑关系
CTD　Cxxx，PV	Cxxx CD　CTD LD ???? PV	
CTUD　Cxxx，PV	Cxxx CU　CTUD CD R ???? PV	

任务实施

1. 列出 I/O 分配表

根据任务分析，对输入/输出量端口地址的分配如表 4－2 所示。

表 4－2　PLC 的 I/O 地址分配表

输入（IN）		输出（OUT）	
功能	输入点	功能	输出点
传送带停止按钮 SB1	I0.0	传送带接触器 KM1 线圈	Q0.0
传送带启动按钮 SB2	I0.1	液压泵接触器 KM2 线圈	Q0.1

续表

输入（IN）		输出（OUT）	
功能	输入点	功能	输出点
液压泵停止按钮 SB3	I0. 2	驱动电磁阀的 KM3 线圈	Q0. 2
液压泵启动按钮 SB4	I0. 3	传送带运行指示 HL1	Q0. 4
运货车检测开关 SQ1	I0. 4	推料机构动作指示 HL2	Q0. 5
工件检测开关 SQ2	I0. 5	报警指示 HL3	Q0. 6
行程检测开关 SQ3	I0. 6		
热继电器 FR1	I0. 7		
热继电器 FR2	I1. 0		

2. 完成 PLC 的 I/O 硬件接线

根据任务控制要求及表 4－2 所示的 I/O 分配表，自动装载小车控制 PLC 硬件接线图如图 4－17 所示。

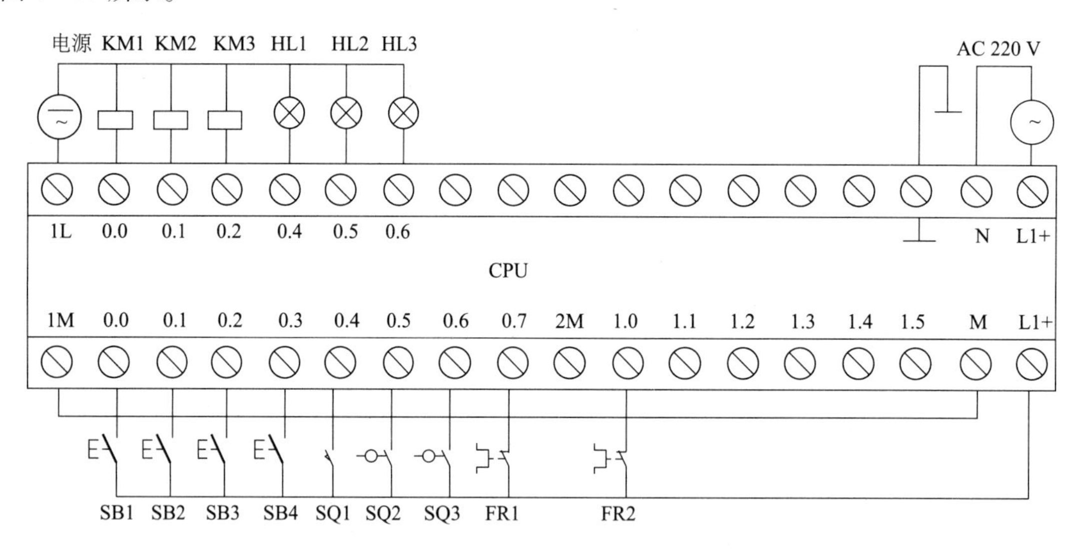

图 4－17　自动装载小车控制的 I/O 硬件接线图

传送带电动机和液压泵电动机主电路为直接启动电路。

3. 创建工程项目

创建一个工程项目，并命名为自动装载小车控制。

4. 编辑符号表

编辑符号表按照 I/O 分配表设计。

5. 编写程序

根据控制要求编写的启－保－停梯形图程序如图 4－18 所示。

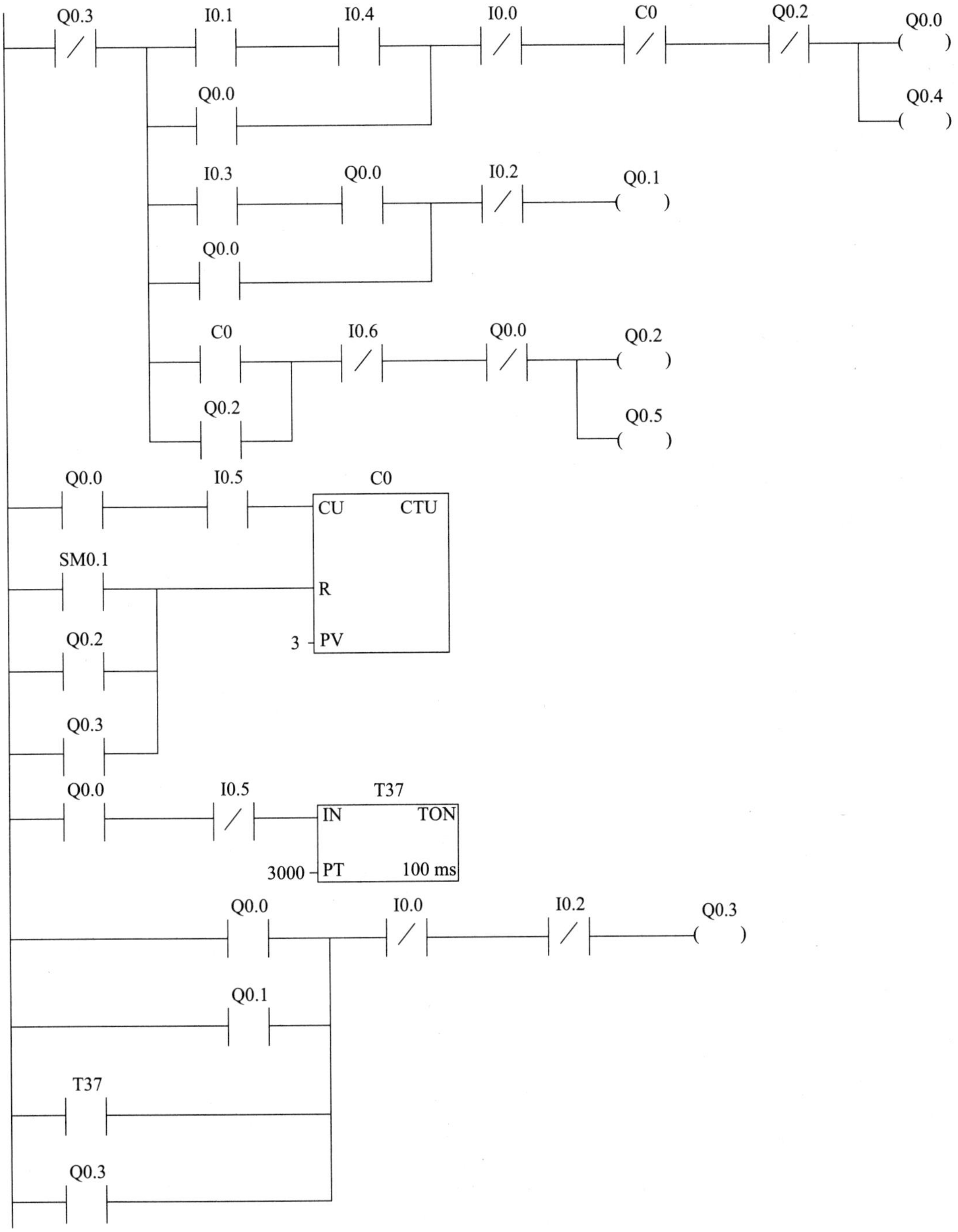

图 4－18　自动装载小车控制程序原理图

6. 运行并调试程序

（1）下载程序，按下 SB4 按钮，观察液压泵是否运行。

（2）按下 SB2 按钮，观察传送带是否运行。

（3）按下 SQ1 行程开关，再按下 SB2 和 SB4 按钮，在线监控程序的运行。

（4）人为接通工件检测信号 I0.5 三次，观察程序运行状态。

（5）分析程序运行结果是否与控制要求一致，并编写语句表。

任务评价

为全面记录和考核任务完成的情况，表4－3给出了任务评分标准。

表4－3 “自动装载小车控制”任务评分表

实施步骤	考核内容	分值	成绩
接线	拟定接线图，完成各设备之间的连接；按I/O接线图在板上进行正确安装，接线要正确、紧固、美观	10	
编程	编程并录入梯形图程序，编译、下载	10	
调试及故障排除	调试：PLC处于RUN状态时，分别按下I0.0、I0.1、I0.2和I0.3，观测结果。 故障排除：逐一检查输入和输出回路。 说明：（1）能准确完成软硬件联调，显示正确结果； （2）若结果错误，能找出故障点并加以解决	20	
成果演示		10	
总评成绩		50	

拓展提高

（1）用定时器与计数器实现长定时功能，一般PLC的一个定时器的延时时间都较短，如S7－200系列PLC中一个0.1 s定时器的定时范围为0.1～3 276.7 s，如果需要延时时间更长的定时器，可以用计数器扩展定时器的定时范围。图4－19所示为定时范围扩展的梯形图程序与波形图程序与波形。

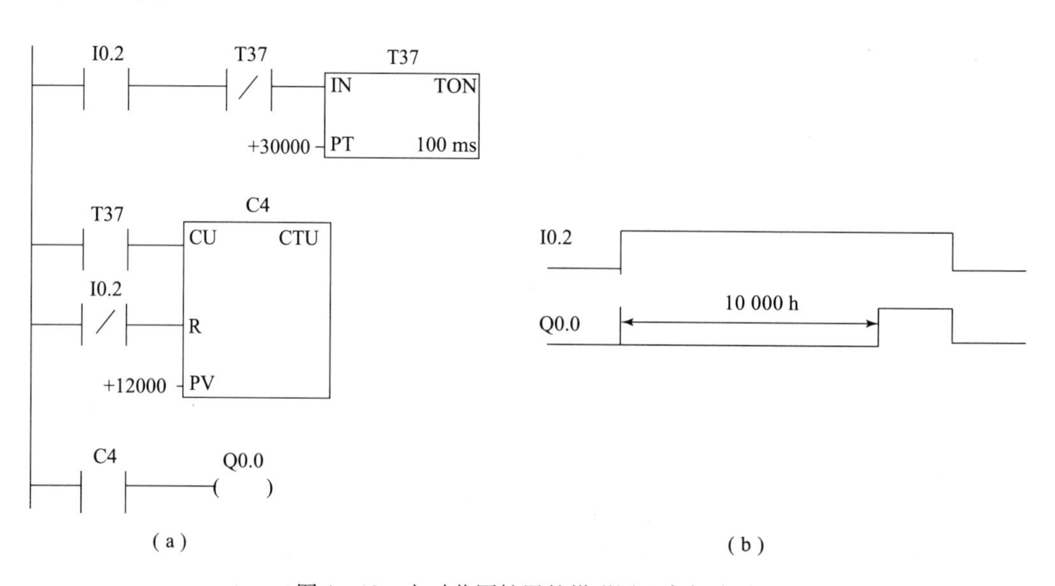

图4－19 定时范围扩展的梯形图程序与波形

（a）梯形图；（b）时序波形

(2) 用特殊继电器与计数器实现长延时功能。编写一个长时间延时控制程序，设 I0.0 闭合 5 h 后，输出端 Q0.1 接通，如图 4－20 所示。

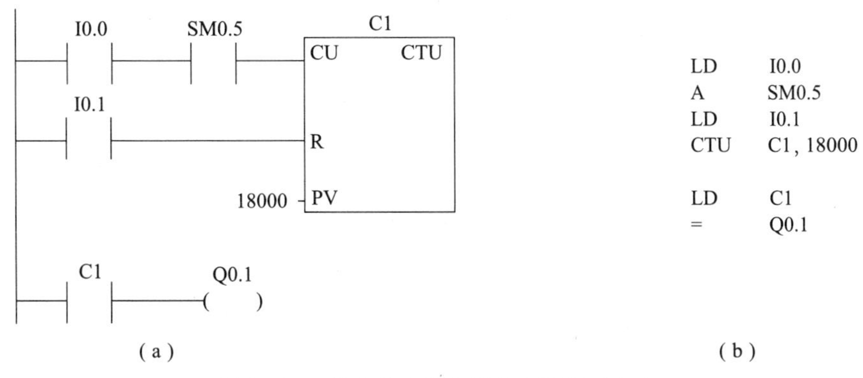

图 4－20　特殊继电器与计数器的延时程序

(a) 梯形图；(b) 语句表

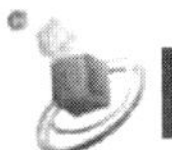

练习与思考

1. 简答题

(1) 功能指令有哪些常用的输入/输出端？各有什么作用？

(2) 简述计数器的作用和分类。

(3) 普通计数器的工作过程是怎样的？

2. 列举工程实践应用案例

控制要求：按下启动按钮，KM1 通电，电动机正转；经过延时 5 s，KM1 断电，同时 KM2 得电，电动机反转；再经过 6 s 延时，KM2 断电，KM1 通电。这样反复 8 次后电动机停下。请同学们试着编写梯形图。

任务二　自动轧钢机的控制

任务目标

微课：自动轧钢机的控制

(1) 掌握计数器指令的使用及应用。

(2) 用状态图监视计数器的计数过程。

(3) 用 PLC 构成轧钢机控制系统。

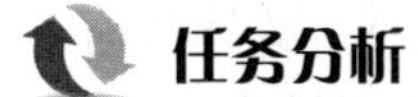

任务分析

某一轧钢机的模拟控制如图 4－21 所示。图中 S1 为检测传送带上有无钢板传感器，S2 为检测传送带上钢板是否到位传感器；M1、M2 为传送带电动机；M3F 和 M3R 为传送电动机 M3 正转和反转指示灯；Y1 为驱动锻压机工作的电磁阀。

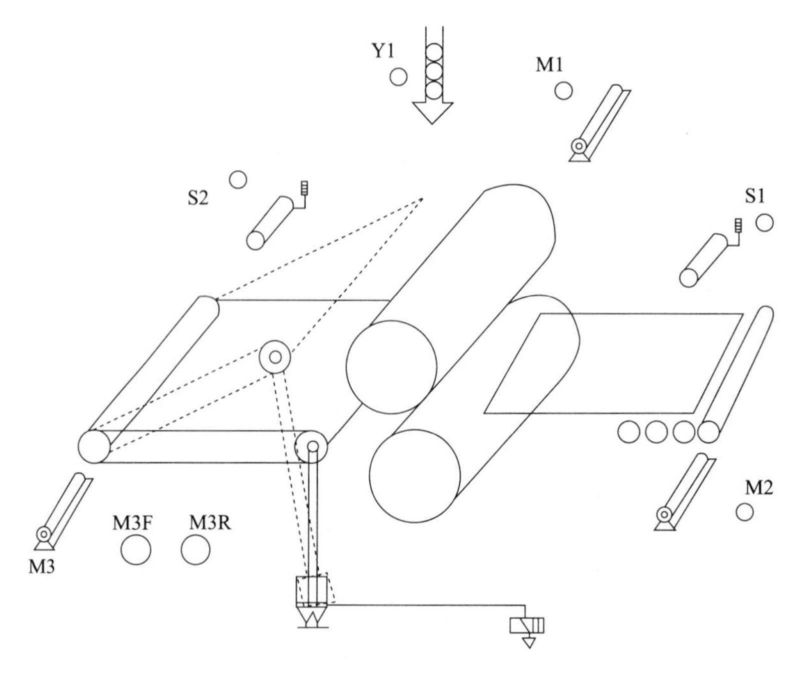

图 4-21　轧钢机的模拟控制示意图

按下启动按钮，电动机 M1、M2 运行，待加工钢板存储区中的钢板自动往传送带上运送。若 S1 表示检测到物件，电动机 M3 正转，即 M3F 亮。当传送带上的钢板已过 S1 检测信号且 S2 检测到钢板到位时，电动机 M3 反转，即 M3R 亮，同时电磁阀 Y1 动作。

锻压机向钢板冲压一次，S2 信号消失。当 S1 再检测到有信号时，电动机 M3 正转，重复 3 次循环，停机一段时间（3 s），取出成品后继续运行，不需要按启动按钮。按下停止按钮时，必须按启动按钮后方可运行。注意：若 S1 没动作，则 S2 不会动作。

根据控制要求可知，该设计有两个检测信号，S1 专用于检测待加工物件是否已在传送带上，S2 用于检测待加工物件是否到达加工点。S1 有效时，M1、M2 工作，M3 正转。S2 有效时，M3 反转，Y1 动作。轧钢机重复 3 次，停机 3 s，将已加工好的钢板放入加工后钢板存储区，因此需要计数器和定时器，并且计数达到预设值后还要将其复位。

知识准备

使用计数器指令的注意事项如下。

（1）增计数器指令用语句表表示时，要注意计数输入（第一个 LD）、复位信号输入（第二个 LD）和增计数器指令的先后顺序不能颠倒。

（2）减计数器指令用语句表表示时，要注意计数输入（第一个 LD）、装载信号输入（第二个 LD）和减计数器指令的先后顺序不能颠倒。

（3）增减计数器指令用语句表表示时，要注意增计数输入（第一个 LD）、减计数输入（第二个 LD）、复位信号输入（第三个 LD）和增减计数器指令的先后顺序不能颠倒。

（4）在同一个程序中，虽然 3 种计数器的编号范围都为 0 ~ 255，但不能使用两个相同的计数器编号；否则会导致程序执行时出错，无法实现控制目的。

（5）计数器的输入端为上升沿有效。

任务实施

1. 列出 I/O 分配表

根据任务分析，对输入/输出量端口地址的分配如表 4－4 所示。

表 4－4　自动轧钢机控制系统 I/O 分配表

输入（IN）		输出（OUT）	
功能	输入点	功能	输出点
启动按钮 SB1	I0.0	控制 M1 电动机	Q0.0
停止按钮 SB2	I0.3	控制 M2 电动机	Q0.1
S1 检测信号	I0.1	M3 正转指示	Q0.2
S2 检测信号	I0.2	M3 反转指示	Q0.3
		Y1 锻压控制	Q0.4

2. 完成 PLC 的 I/O 硬件接线

根据项目控制要求及表 4－4 所示的 I/O 分配表，自动轧钢机控制系统 PLC 硬件原理如图 4－22 所示。

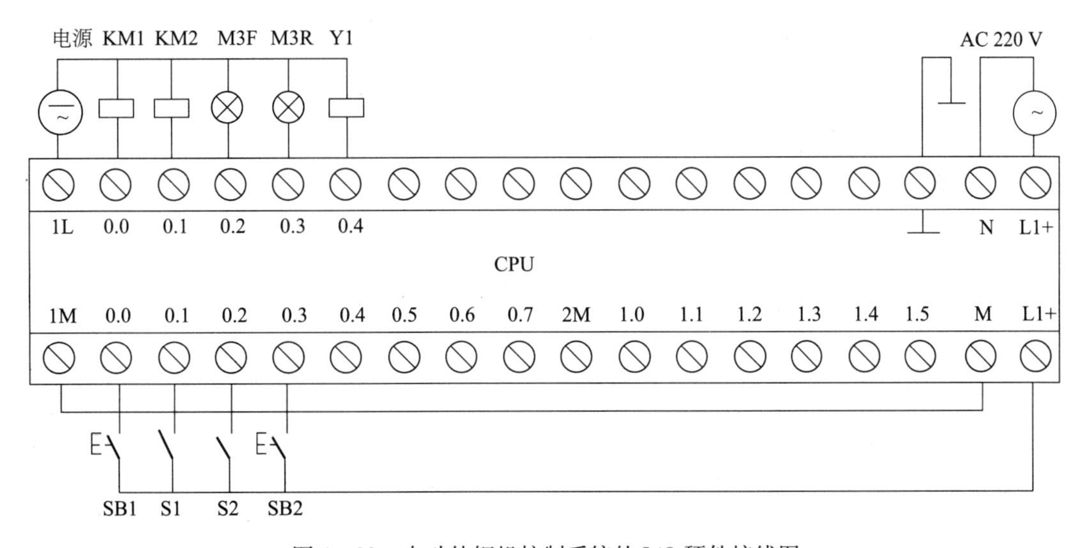

图 4－22　自动轧钢机控制系统的 I/O 硬件接线图

3. 创建工程项目

创建一个工程项目，并命名为自动轧钢机控制系统。

4. 编辑符号表

编辑符号表按照 I/O 分配表设计。

5. 编写程序

根据控制要求编写梯形图程序如图 4－23 所示。

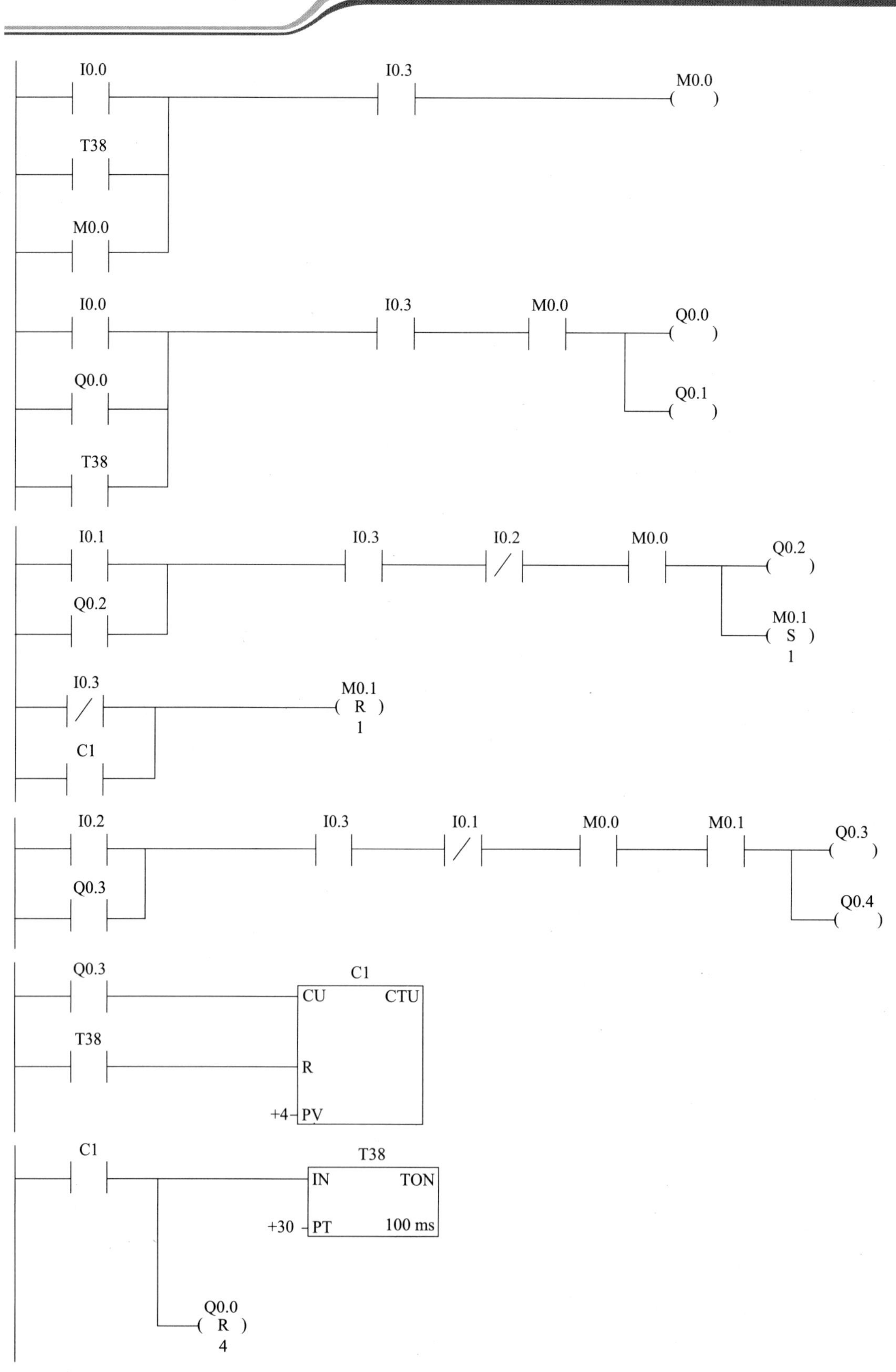

图 4－23　自动轧钢机控制系统程序梯形图

6. 操作方法

（1）按图4－22所示的接线图连接PLC控制电路，并连接好电源，检查电路的正确性，确保无误。

（2）对图4－23所示的梯形图进行程序调试，检查是否实现了轧钢机的控制要求。

（3）输入不同计数器相应的梯形图，观察不同类型计数器的当前值以及触点状态的变化。

7. 注意事项

（1）使用计数器时要注意当前值以及触点状态的变化。

（2）计数器的复位。

任务评价

为全面记录和考核任务完成的情况，表4－5给出了任务评分标准。

表4－5 “自动轧钢机的控制”任务评分表

实施步骤	考核内容	分值	成绩
接线	拟定接线图，完成各设备之间的连接；按I/O接线图在板上进行正确安装，接线要正确、紧固、美观	10	
编程	编程并录入梯形图程序，编译、下载	10	
调试及故障排除	调试：PLC处于RUN状态时，分别按下I0.0和I0.3，观测结果。 故障排除：逐一检查输入和输出回路。 说明：（1）能准确完成软硬件联调，显示正确结果； （2）若结果错误，能找出故障点并加以解决	20	
成果演示		10	
总评成绩		50	

拓展提高

PLC的普通计数器的计数过程与扫描工作方式有关，CPU通过每一扫描周期读取一次被测信号的方法来捕捉被测信号的上升沿，被测信号的频率较高时会丢失计数脉冲，这是因为普通计数器的工作频率低，一般仅有几十赫兹。高速计数器可以对普通计数器无能为力的事件进行计数，其计数频率取决于CPU的类型，CPU 22X系列最高计数频率为30 kHz，用于捕捉比CPU扫描速度更快的事件，并产生中断，执行中断程序，完成预定的操作。高速计数器在现代自动化的精确定位控制领域具有重要的应用价值。

1. S7－200系列PLC的高速计数器

不同型号的PLC主机，其高速计数器的数量不同。使用时，每个高速计数器都有地址编号（HSCn）。HSC表示该编程元件是高速计数器，n为地址编号。每个高速计数器包含两方面信息，即计数器位和计数器当前值。高速计数器的当前值为双字长的符号整数，且只能读值。S7－200系列PLC中，CPU 22X的高速计数器的数量与地址编号见表4－6。

表 4－6　CPU 22X 的高速计数器的数量与地址编号

主机	CPU 221	CPU 222	CPU 224/CPU 222 XM	CPU 226
可用 HSC 数量	4	4	6	6
HSC 地址	HSC0，HSC3～HSC5	HSC0，HSC3～HSC5	HSC0～HSC6	HSC0～HSC6

2. 中断事件类型

高速计数器的计数和动作可采用中断方式进行控制。各种型号的 CPU 采用高速计数器的中断事件大致分为 3 种方式，即当前值等于预设值中断、输入方向改变中断和外部复位中断。所有高速计数器都支持当前值等于预设值中断，但并不是所有高速计数器都支持这 3 种方式。高速计数器产生的中断事件有 14 个。中断源优先级等详情可查阅有关技术手册。

3. 高速计数器指令

高速计数器指令有两条，即 HDEF 和 HSC。其指令格式及功能描述见表 4－7。

表 4－7　高速计数器指令的格式及功能描述

梯形图	语句表	功能描述
HDEF EN　ENO ????-HSC ????-MODE	HDEF　HSC，MODE	高速计数器定义指令，当使能输入有效时，为指定的高速计数器分配一种操作模式
HSC EN　ENO ????-N	HSC　N	高速计数器指令，当使能输入有效时，根据高速计数器特殊存储器位的状态，并按照 HDEF 指令指定的操作模式，设置高速计数器并控制其工作

说明如下：

(1) 在高速计数器指令 HDEF 中，操作数 HSC 指定高速计数器编号（0～5），MODE 指定高速计数器的操作模式（0～11），每个高速计数器只能用一条 HDEF 指令。

(2) 在高速计数器指令 HSC 中，操作数 N 指定高速计数器编号（0～5）。

4. 操作模式和输入端的连接

(1) 操作模式。每种高速计数器有多种功能不同的操作模式，操作模式与中断事件密切相关。使用一个高速计数器，首先要定义它的操作模式，可以用 HDEF 指令来进行设置。

S7－200 系列 PLC 的高速计数器最多可设置 12（用常数 0～11 表示）种不同的操作模式。不同的高速计数器有不同的模式，见表 4－8。

表 4－8　高速计数器的操作模式

高速计数器	操作模式
HSC0、HSC4	0、1、3、4、6、7、9、10
HSC1、HSC2	0～11
HSC3、HSC5	0

（2）输入端的连接。使用高速计数器时，需要定义它的操作模式和正确进行输入端连接。S7－200 系列 PLC 为高速计数器定义了固定的输入端。高速计数器与输入端的对应关系见表 4－9。

表 4－9　高速计数器与输入端的对应关系

高速计数器	使用的输入端
HSC0	I0.0，I0.1，I0.2
HSC1	I0.6，I0.7，I1.0，I1.1
HSC2	I1.2，I1.3，I1.4，I1.5
HSC3	I0.1
HSC4	I0.3，I0.4，I0.5
HSC5	I0.4

使用时必须注意，高速计数器的输入端、输入/输出中断的输入端都包括在一般数字量输入端的编号范围内，同一个输入端只能有一种功能。如果程序使用了高速计数器，则只有高速计数器不用的输入端才可以用来作为输入/输出中断或一般数字量的输入端。

练习与思考

1. 画出图 4－24 所示梯形图的输出波形。

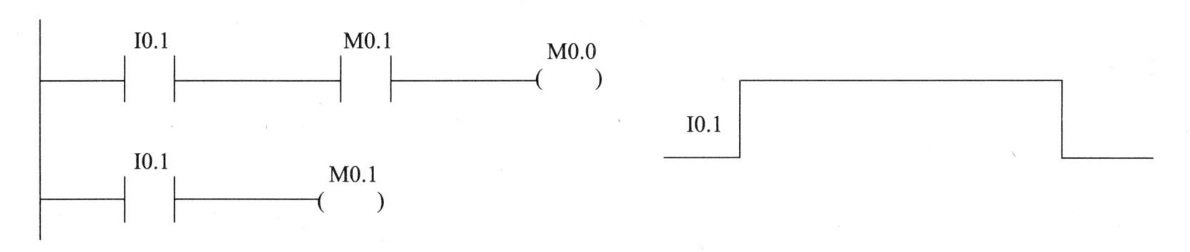

图 4－24　梯形图的输出波形

2. 有 3 台电动机，要求：启动时每隔 10 min 依次启动一台，每台运行 8 h 后自动停机。在运行中可用停止按钮将 3 台电动机同时停止。

3. 列举工程实践应用案例。

控制要求：会议大厅入口处安装光电检测装置 I0.0，进入一人发一高电平信号；会议大厅出口处安装光电检测装置 I0.1，退出一人发出一高电平信号；会议大厅只能容纳 2 000 人。当厅内达到 2 000 人时，发出报警信号 Q0.0，并自动关闭入口（电动机拖动 Q0.1）。有人退出，不足 2 000 人时，则打开大门（电动机反向拖动 Q0.2）。设 I0.2 为开门到位开关，I0.3 为关门到位开关，I0.4 为启动开关。请同学们试着设计编写梯形图。

项目五

步进顺序指令应用

对于比较小的程序，可以用前面学过的各种指令组成的梯形图的设计方法来实现任务要求，这种方法称为经验设计法。经验设计法没有一套固定的方法和步骤可以遵循，因此具有很大的试探性和随意性，对于不同的控制系统，没有一种通用的容易掌握的设计方法。在设计复杂系统梯形图时，由于包含元件很多，需要大量的中间单元来完成记忆和互锁等功能，需要考虑的因素很多，它们往往交织在一起，分析和编写都费时费力，容易遗漏一些应该考虑的问题，而且出现错误不易修改，编好的程序即使是其他专业人士也很难读懂，可读性、通用性很差。

在编写大中型程序时常常使用顺序控制设计方法，采用顺序控制设计法和步进顺序控制指令（SCR）来实现顺序控制，编写的程序脉络清晰、一目了然，可读性好，很容易被初学者接受，有经验的工程师利用顺序控制设计法也会提高设计效率，使程序调试、修改和阅读更方便。

任务一　舞台灯光控制

任务目标

（1）掌握顺序功能图的绘制。

（2）掌握步进顺序控制指令（SCR）。

（3）能够运用 SCR 指令实现顺序控制。

任务分析

舞台灯光控制要求：按下启动按钮，红灯先亮 1 s 后灭，接着绿灯亮 1 s 后灭，然后红灯亮 1 s 后灭，绿灯亮 1 s 后灭……依此循环，按下停止按钮后，系统停止工作。要求利用顺序控制指令编程实现。

知识准备

一、顺序控制设计法

（一）顺序控制设计方法

1. 顺序控制系统

如果一个控制系统可以分解成几个独立的控制动作，且这些动作必须严格按照一定的先后次序执行才能保证生产的正常运行，这样的系统称为顺序控制系统，也称为步进控制系统。

2. 顺序控制设计法

顺序控制设计法是针对顺序控制系统一种专门的设计方法。这种方法是将控制系统的工作全过程按其状态的变化划分为若干个阶段，这些阶段称为“步”，这些步在各种输入条件和内部状态、时间条件下，自动、有序地进行操作。

顺序控制设计法通常利用顺序功能流程图来进行设计，过程中各步都有自己应完成的动作。从每一步转移到下一步都是有条件的，条件满足则上一步动作结束，下一步动作开始，然后上一步的动作被清除。

顺序控制设计法是一种先进的设计方法，初学者很容易掌握。对于有经验的设计人员，也会提高设计效率，程序的编写、调试和修改都很方便，该法已成为当前 PLC 程序设计的主要方法。

（二）顺序功能图

1. 功能图的定义

功能图又称为功能流程图或状态图，它是一种描述顺序控制系统的图形方式，是专用于工业顺序控制程序设计的一种功能性语言，能直观地显示出工业控制中的基本顺序和步骤。

2. 功能图的主要元素

顺序功能流程图主要由状态（或称为步）、有向线段、转换条件和动作组成，将系统的工作过程分解成若干个顺序执行的状态，状态用矩形框表示，其中初始状态用双矩形框表示。每一状态有进入条件、程序处理、转换条件和程序结束四部分。状态步之间用有向线段连接，表示状态步转移的方向，有向线段上未标注箭头时，表示转移方向为自上而下或自左而右。转换条件是由当前状态进入下一状态的信号，它可以是 PLC 输入端的外部输入信号，如按钮、指令开关、限位开关的接通和断开；也可以是程序运行中产生的信号，如定时器、计数器触点的接通；步进条件还可以是多个信号逻辑运算的组合。图 5－1 即为一个典型的顺序功能图。

图 5－1 所示的顺序功能图的特征是转换条件的后面只有一个步，具有这种特点的顺序功能图称为单序列结构的顺序功能图，同时还有并行序列结构顺序功能图和选择序列结构顺序功能图（后面两种形式将在接下来的任务中一一讲解）。

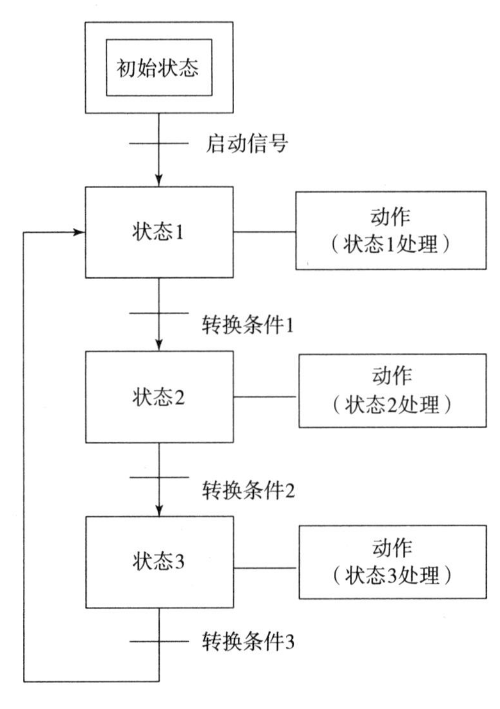

图 5－1　顺序功能图

二、步进顺序指令

微课：顺序控制类指令工作原理

1. 步进顺序指令

步进顺序指令也称为顺序控制指令或顺控指令，它可将顺序功能图转换为梯形图，S7－200 PLC 用 3 条指令描述程序的顺序控制步进状态，顺序控制指令格式见表 5－1。

表 5－1　步进顺序指令表

LAD	STL	功能
Sx.y SCR	LSCR　Sx. y	顺序步开始指令，为步开始标志，该步的状态元件的位置“1”时执行该步
Sx.y ——(SCRT)	SCRT　Sx. y	顺序步转移指令，使能有效时，关断本步，进入下一步
——(SCRE)	SCRE	顺序步结束指令，为步结束的标志

2. 使用步进顺序指令的注意事项

（1）顺控指令 SCR 只对状态元件 S 有效，顺控继电器 S 也具有一般继电器的功能，所以对它能够使用其他指令。为了保证程序的可靠运行，驱动状态元件 S 的信号应采用短脉冲。

（2）不能把同一个 S 位用于不同程序中。例如，如果在主程序中用了 S0.1，则在子程序中就不能再使用它。

（3）在状态发生转移后，所有的 SCR 段的元器件一般也要复位，当需要保持时可使用置位/复位指令。

（4）在 SCR 段中不能使用 JMP 和 LBL 指令，就是说不允许跳入或跳出 SCR 段，也不允许在 SCR 段内跳转，但可以在 SCR 段附近使用跳转和标号指令。

（5）不能在 SCR 段中使用 FOR、NEXT 和 END 指令。

3. 步进顺序指令的编程举例

【例 5-1】 按下 I0.0 按钮，灯 Q0.0 亮，按下 I0.1 按钮，灯 Q0.1 亮，按下 I0.2 按钮，灯 Q0.2 亮，按下 I0.3 按钮，循环上述状态。

采用步进顺序指令进行编程的步骤：根据任务要求画功能图，转换成梯形图实现任务要求。图 5-2 和图 5-3 所示分别为例 5-1 的顺序功能图和梯形图。

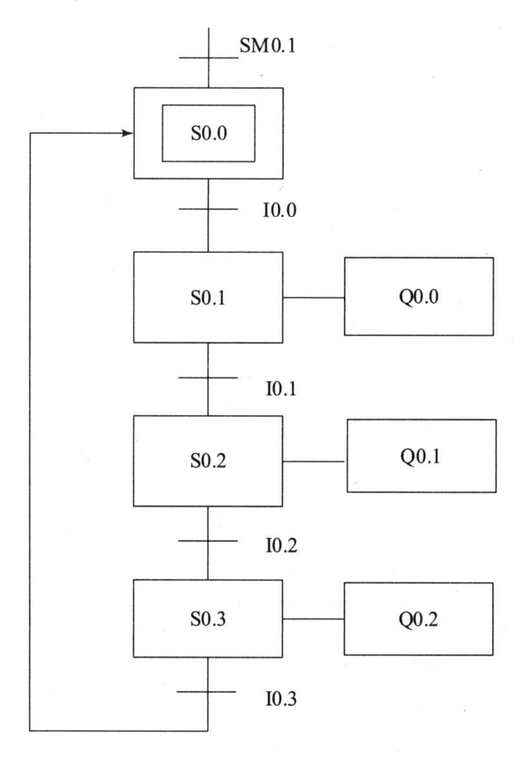

图 5-2　顺序功能图

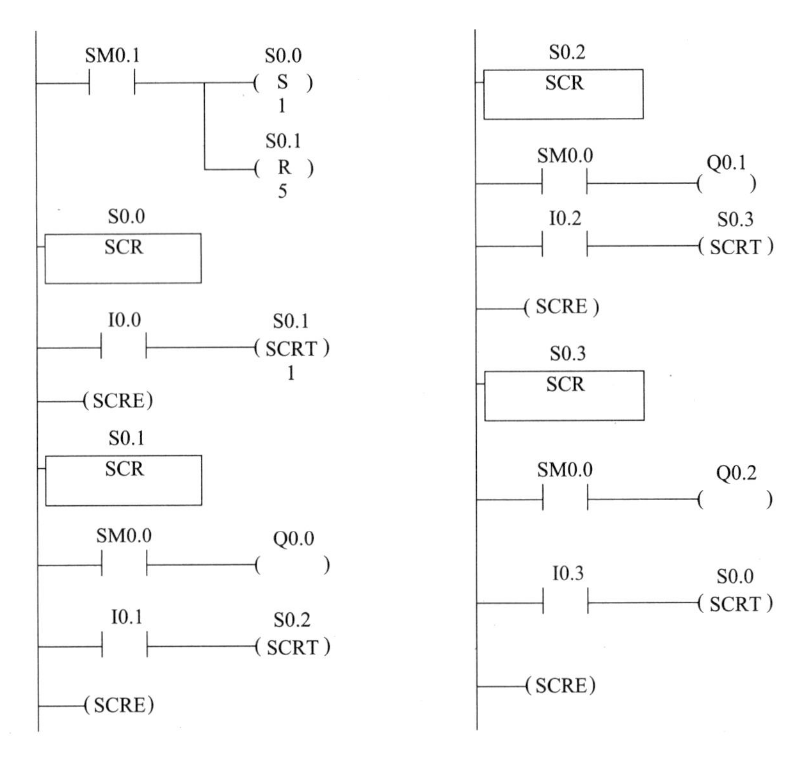

图 5－3　梯形图

任务实施

1. 列出 I/O 分配表

根据任务分析，对输入和输出进行分配，启动按钮为 I0. 0，停止按钮为 I0. 1，红灯为 Q0. 0，绿灯为 Q0. 1，具体地址分配情况如表 5－2 所示。

表 5－2　PLC 的 I/O 地址分配

输入量（IN）		输出量（OUT）	
功能	输入点	功能	输出点
启动按钮 SB1	I0. 0	红灯	Q0. 0
停止按钮 SB2	I0. 1	绿灯	Q0. 1

2. 完成 PLC 的 I/O 硬件接线

舞台灯光控制的 I/O 硬件接线图如图 5－4 所示。

3. 绘制顺序功能图

舞台灯光控制的顺序功能图如图 5－5 所示。

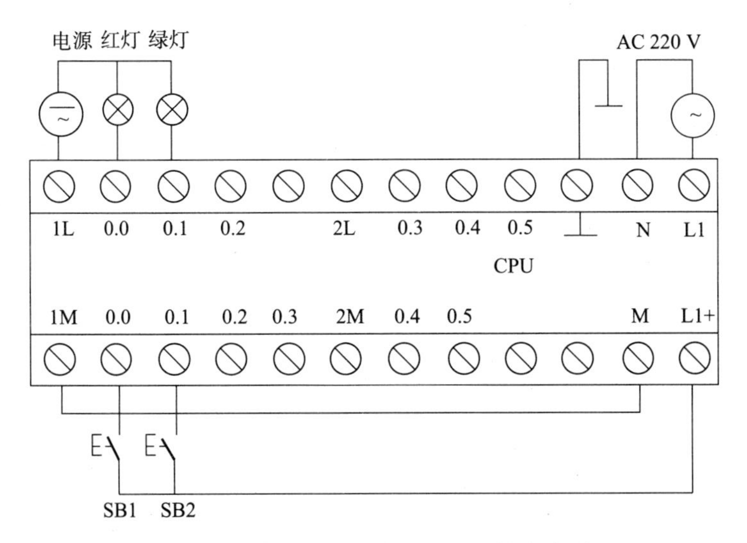

图 5－4　舞台灯光控制的 I/O 硬件接线图

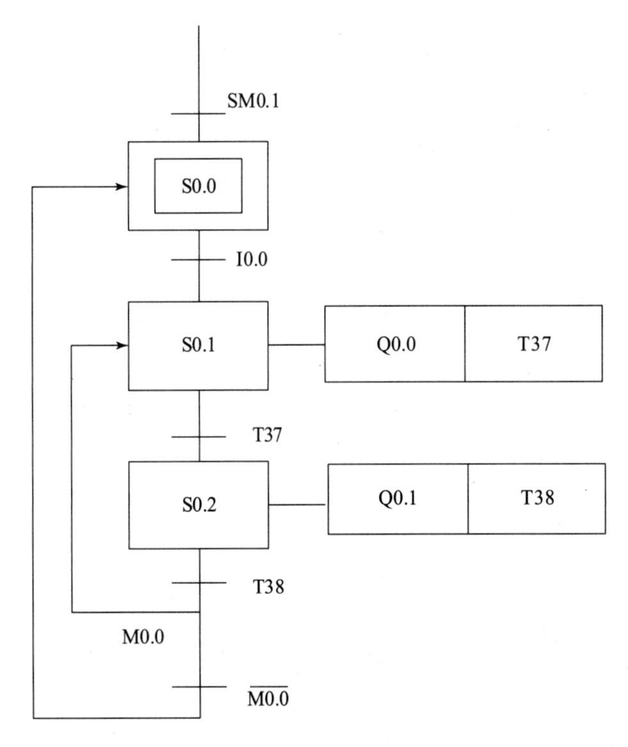

图 5－5　舞台灯光控制的顺序功能图

4. 编制控制程序

根据顺序功能图，进行顺序控制指令程序编写，如图 5－6 所示。

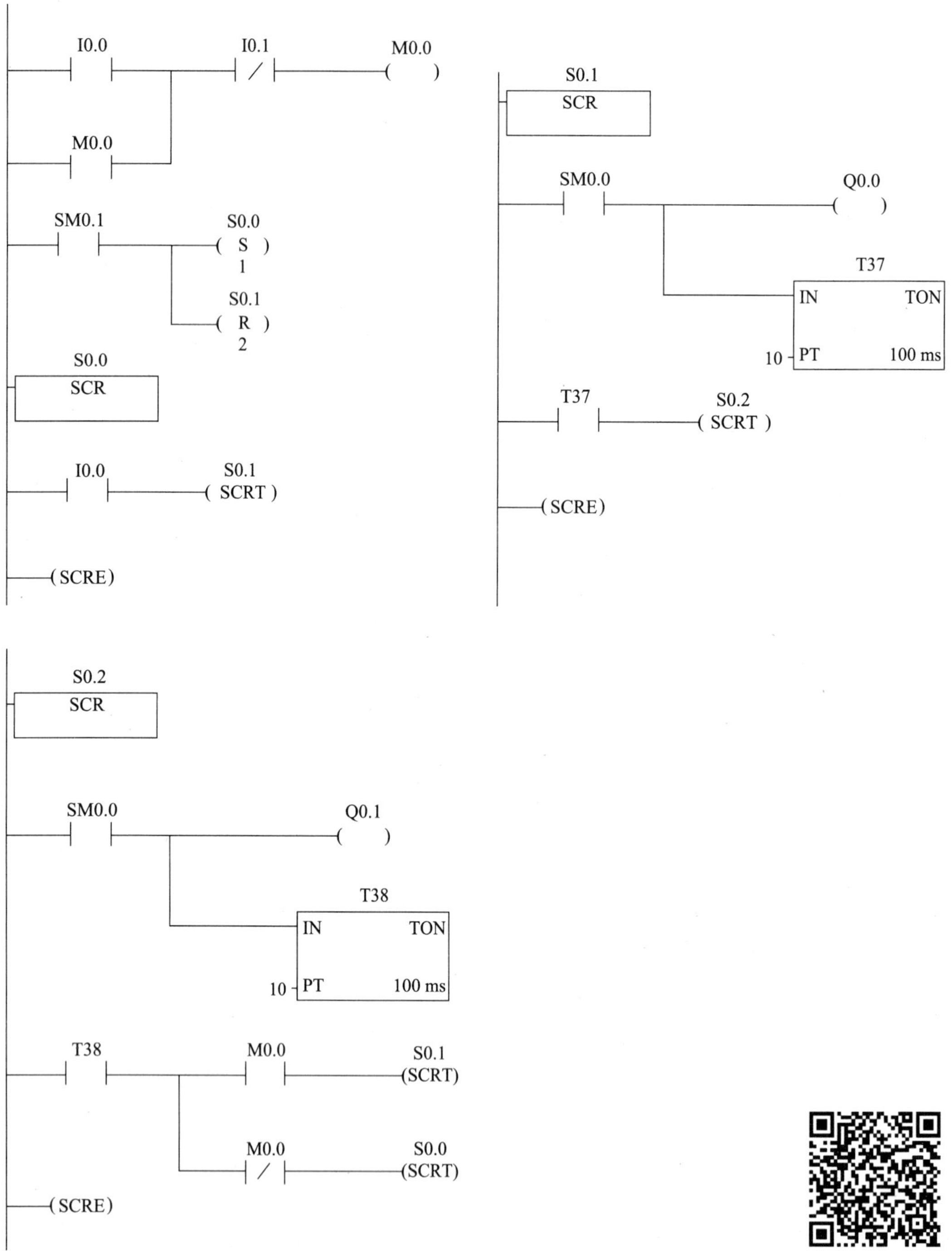

I0.0　I0.1　M0.0
M0.0
SM0.1　S0.0 (S) 1
S0.1 (R) 2
S0.0 SCR
I0.0　S0.1 (SCRT)
(SCRE)

S0.1 SCR
SM0.0　Q0.0
T37 IN TON
10 PT 100 ms
T37　S0.2 (SCRT)
(SCRE)

S0.2 SCR
SM0.0　Q0.1
T38 IN TON
10 PT 100 ms
T38　M0.0　S0.1 (SCRT)
M0.0　S0.0 (SCRT)
(SCRE)

图 5－6　舞台灯光控制程序

微课：顺序指令舞台灯光设计

任务评价

为全面记录和考核任务完成的情况，表 5－3 给出了任务评分标准。

表 5-3 “舞台灯光控制”任务评分表

实施步骤	考核内容	分值	成绩
接线	拟定接线图，完成各设备之间的连接	10	
编程	编程并录入梯形图程序，编译、下载	10	
调试及故障排除	调试：PLC 处于 RUN 状态时，闭合开关 SA。 故障排除：逐一检查输入和输出回路。 说明：（1）能准确完成软硬件联调，显示正确结果； （2）若结果错误，能找出故障点并解决	20	
成果演示		10	
总评成绩		50	

拓展提高

一、顺序控制结构设计方式拓展

顺序控制在工业生产控制中经常出现，编程方式多种多样，除了利用步进顺序指令完成的顺序控制程序编写外，这里介绍两种不同的设计方式。

（一）利用定时器进行顺序控制

1. 控制要求

按下启动按钮 I0.0，Q0.0 得电，Q0.0 得电 3 s 后，Q0.1 得电，再过 3 s 后 Q0.2 得电，再经过 3 s 后 Q0.0 得电。如此循环下去，直到按下停止按钮 I0.1，Q0.0 ~ Q0.2 全部失电。

2. 顺序控制程序

定时器实现的顺序控制梯形图如图 5-7 所示。

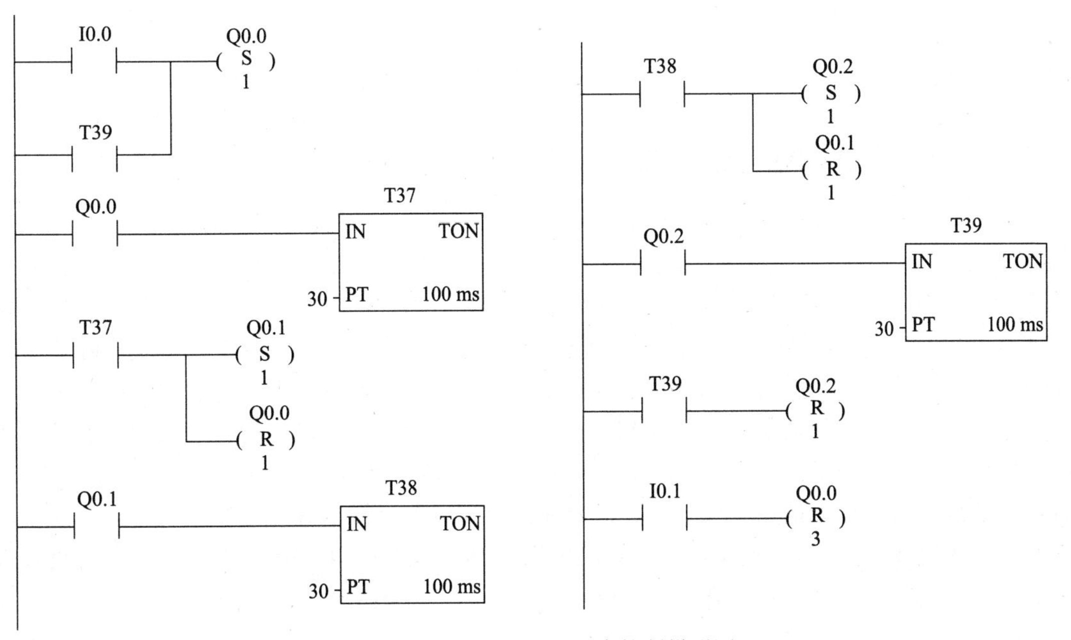

图 5-7　定时器实现的顺序控制梯形图

（二）利用计数器进行顺序控制

1. 控制要求

按下启动按钮 I0.0，Q0.4 得电，再按下启动按钮，Q0.3 得电，第三次按下启动按钮，Q0.2 得电，第四次按下启动按钮，Q0.1 得电，第五次按下启动按钮，Q0.1 断电。这样可以进行下一轮的循环控制。

2. 顺序控制程序

计数器实现的顺序控制梯形图如图 5－8 所示。

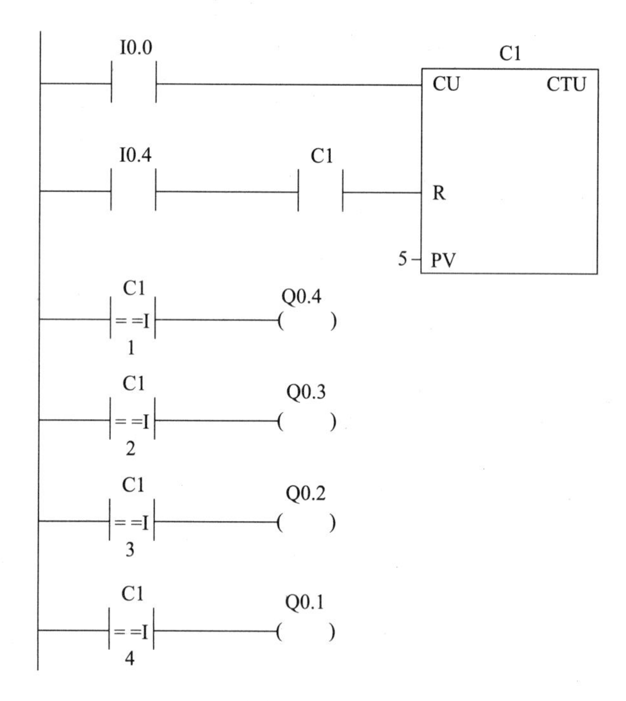

图 5－8　计数器实现的顺序控制梯形图

二、利用单序列结构顺序功能图完成多种液体的混合问题

在化工行业，经常涉及多种化学液体混合的问题，图 5－9 是多种液体混合装置示意图，HL 是初始状态指示灯，亮代表系统正在运行。SL1、SL2、SL3 分别为高、中、低液位液面传感器，这 3 个传感器当被液体淹没时为 ON，反之为 OFF。阀 YV1、YV2、YV3 为液体 A、液体 B 和混合液体的控制电磁阀，线圈通电时打开，断电时关闭。液体混合开始时容器是空的，各阀门和传感器均为不工作状态。按下液体混合启动按钮时，打开阀门 YV1，液体 A 流入容器中，当液体中液位限位开关 SL2 为 ON 时，关闭阀门 YV1，打开阀门 YV2，液体 B 流入容器中。当液面达到上限位 SL1 时，关闭阀门 YV2，电动机 M 开始运行，搅动混合液体，60 s 后电动机停止运动，搅拌停止，打开阀门 YV3，放出混合后液体，当液面降至下限位 SL3 时再过 5 s，容器中液体放空，关闭阀门 YV3，打开阀门 YV1，又开始下一周期的操作。按下停止按钮，在当前工作周期的操作结束后，才停止操作。

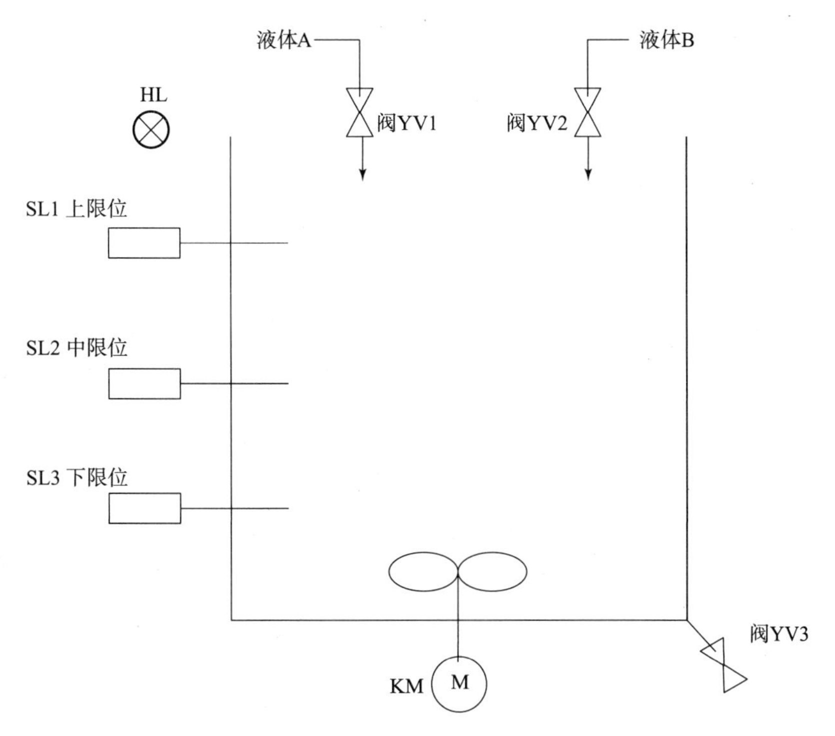

图5－9　多种液体混合装置示意图

1. 列出I/O分配表

根据任务分析，对输入和输出进行分配，如表5－4所示。

表5－4　输入/输出分配表

输入（IN）			输出（OUT）		
元件代号	功能	输入点	元件代号	功能	输出点
SB1	启动按钮	I0.0	YV1	A液体阀门	Q0.0
SB2	停止按钮	I0.1	YV2	B液体阀门	Q0.1
SL3	低液位液面传感器	I0.2	YV3	混合液体阀门	Q0.2
SL2	中液位液面传感器	I0.3	M	搅拌电动机	Q0.3
SL1	高液位液面传感器	I0.4	HL	初始状态指示灯	Q0.4

2. 绘制顺序功能图

多种液体混合顺序功能图如图5－10所示。

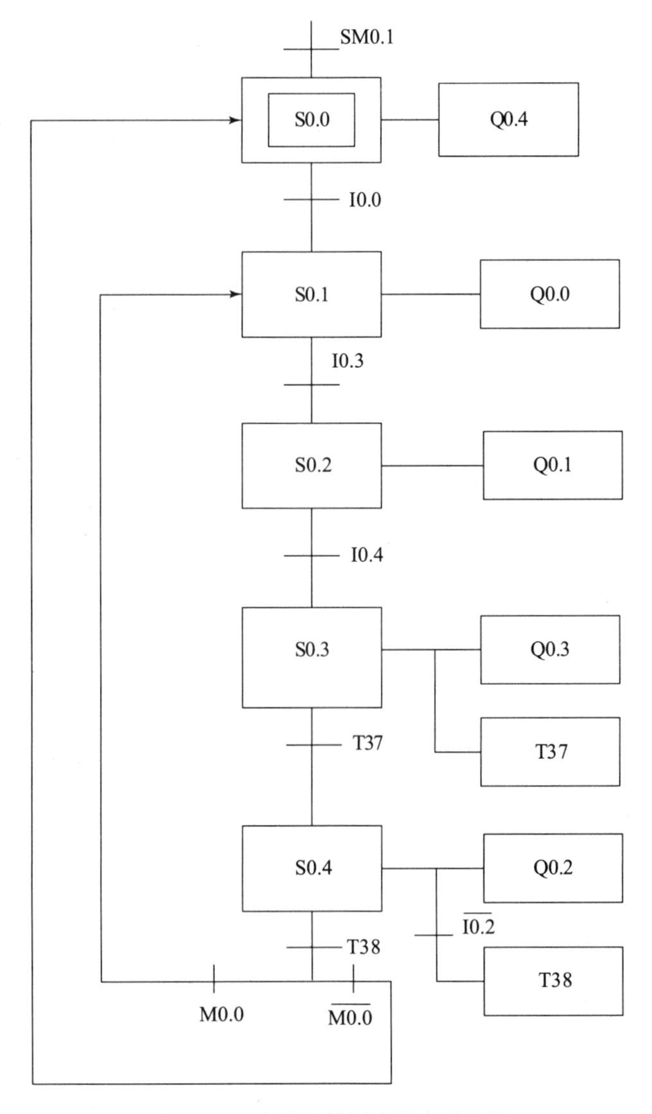

图 5-10　多种液体混合顺序功能图

3. 编制控制程序

多种液体混合顺序梯形图如图 5-11 所示。

微课：顺序功能图完成多种液体的混合

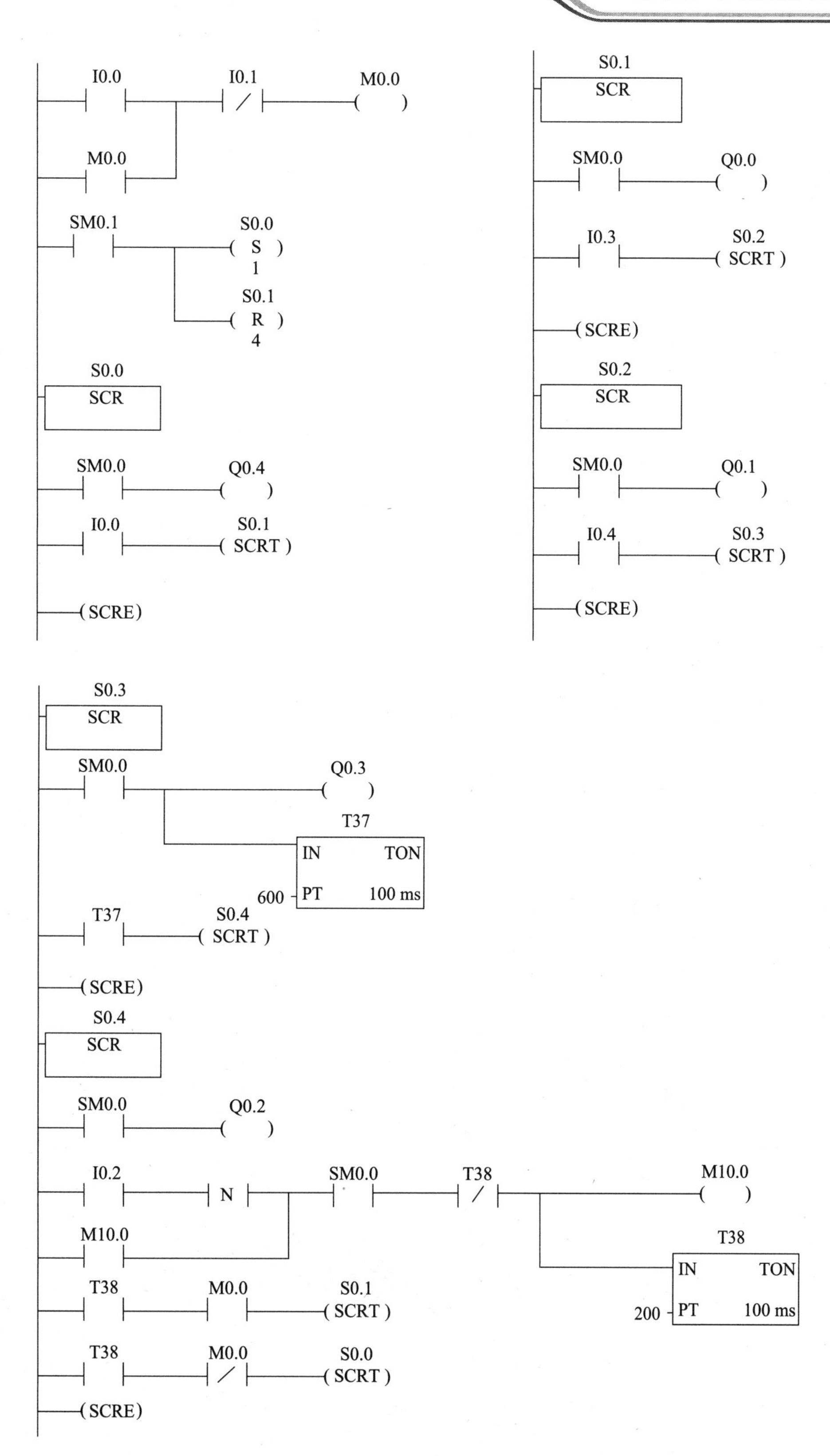

图 5－11　多种液体混合顺序梯形图

任务二　自动运料小车控制

任务目标

(1) 了解顺序控制系统。

(2) 掌握顺序控制设计法。

(3) 掌握顺序功能流程图和状态转移图。

任务分析

随着工业的发展，生产车间的物料传送大多需要自动化。运料小车的自动控制已越来越普遍。本任务要求利用顺序控制设计法中的顺序功能流程图，设计编写自动运料小车控制系统的梯形图程序。控制要求如下：小车在起始原点（A 仓）时，按下启动按钮，小车向右运行。行至右端（B 仓）压下右限位开关，小车翻斗门打开装货，7 s 后关闭翻斗门，小车向左运行。行进至左端压下左限位开关，打开小车底门卸货，5 s 后底门关闭，完成一次动作。按下连续按钮，小车自动连续往复运行。图 5－12 所示为自动运料小车控制示意图。

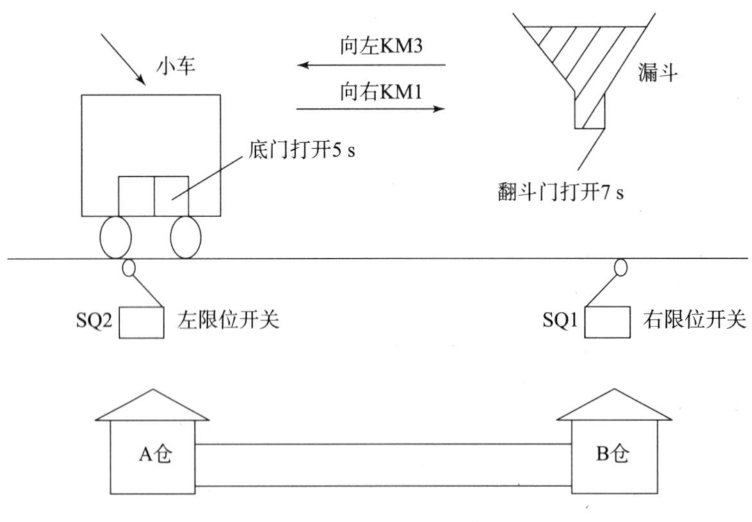

图 5－12　自动运料小车控制示意图

任务实施

1. 列出 I/O 分配表

根据任务分析，自动运料小车控制系统可以用单次 PLC，需要 5 个输入点和 4 个输出点，输入/输出元件的地址分配见表 5－5。

表 5－5　PLC 的 I/O 地址分配

输入（IN）			输出（OUT）		
元件代号	功能	输入点	元件代号	功能	输出点
SB1	启动按钮	I0.0	KM1	小车右行	Q0.0
SQ1	右限位开关	I0.1	KM2	翻斗门打开	Q0.1
SQ2	左限位开关	I0.2	KM3	小车左行	Q0.2
SB2	单周期选择按钮	I0.3	KM4	底门打开	Q0.3
SB3	连续周期选择按钮	I0.4			

2. 完成 PLC 的 I/O 硬件接线

自动运料小车控制系统的 I/O 硬件接线如图 5－13 所示。

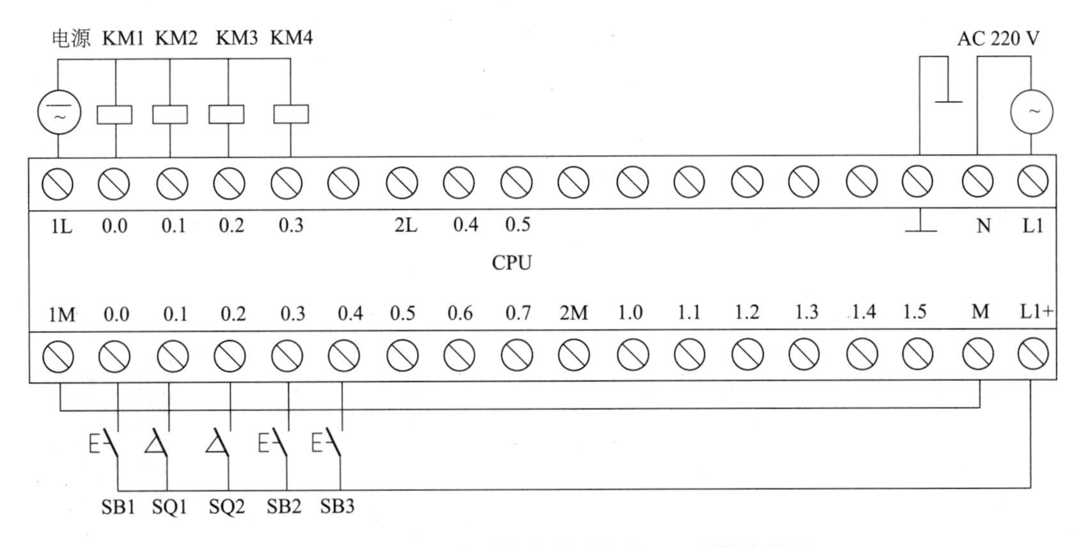

图 5－13　自动运料小车控制系统的 I/O 硬件接线图

3. 绘制顺序功能图

自动运料小车控制的顺序功能图如图 5－14 所示。

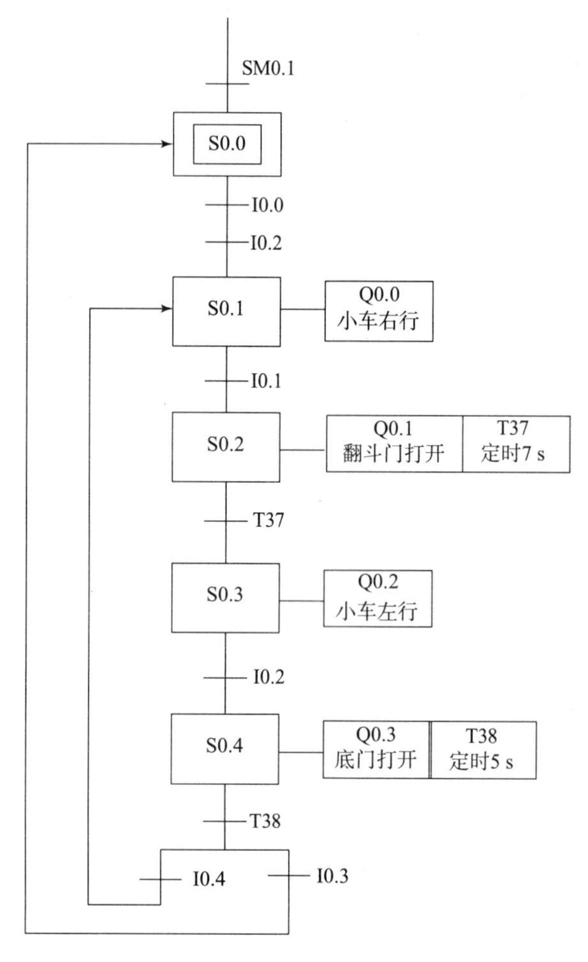

图 5－14　自动运料小车控制的顺序功能图

4. 编写程序

根据顺序功能图，进行顺序控制指令程序编写，如图 5－15 所示。

微课：顺序控制指令的自动运料小车控制系统设计

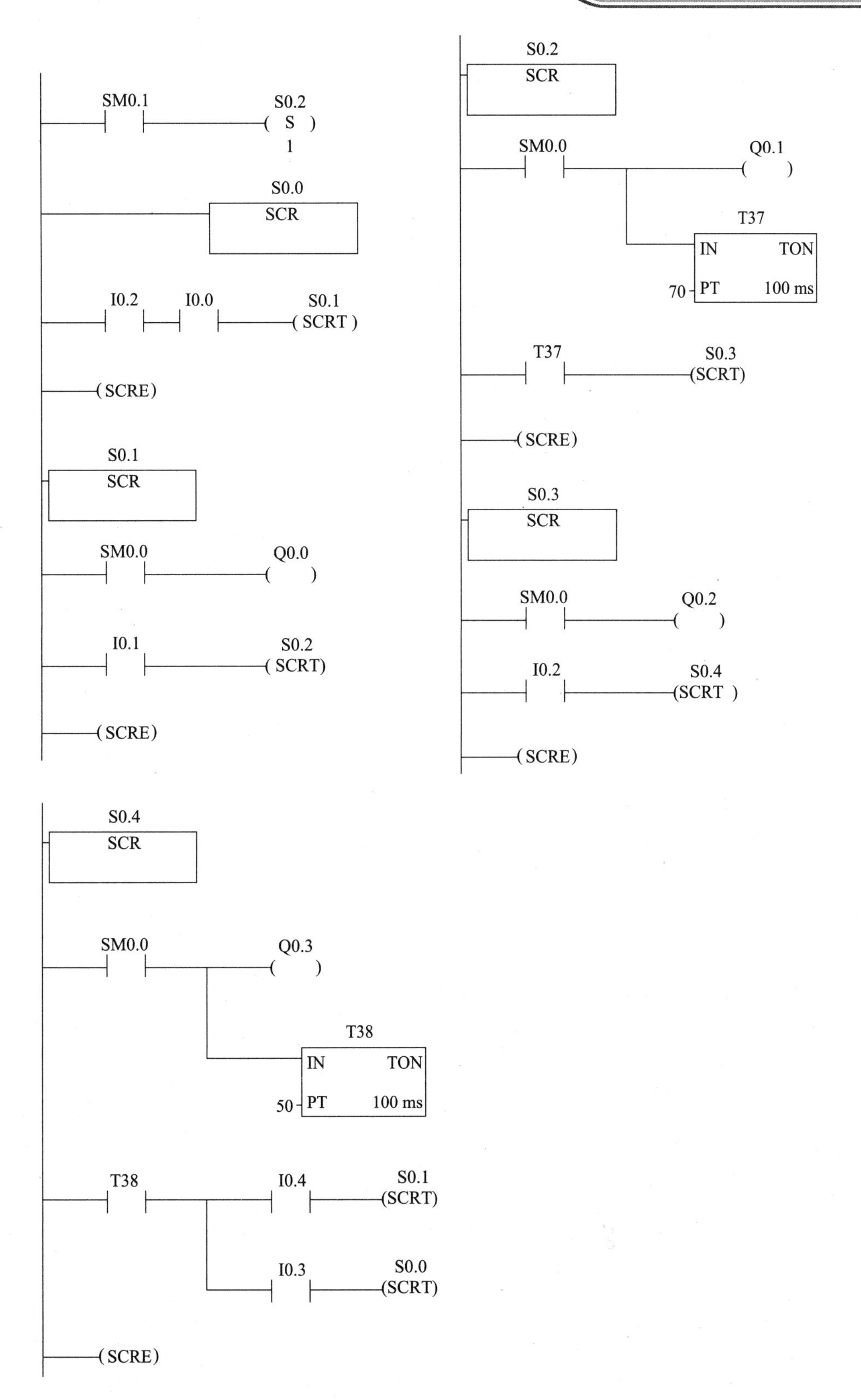

图 5－15　自动运料小车控制梯形图

项目评价

为全面记录和考核任务完成的情况，表 5－6 给出了任务评分标准。

表 5－6 “自动运料小车控制”任务评分表

实施步骤	考核内容	分值	成绩
接线	拟定接线图，完成各设备之间的连接	10	
编程	编程并录入梯形图程序，编译、下载	10	
调试及故障排除	调试：PLC 处于 RUN 状态时，闭合开关 SA。 故障排除：逐一检查输入和输出回路。 说明：（1）能准确完成软硬件联调，显示正确结果； （2）若结果错误，能找出故障点并加以解决	20	
成果演示		10	
总评成绩		50	

拓展提高

一、并行序列结构顺序功能图

并行序列结构的顺序功能图包括并行序列的分支和并行序列的合并。

1. 并行序列的分支

并行序列开始是指当转换条件满足后，使后面跟着的多个序列步同时被激活，这些序列称为并行序列。为了强调多个转换条件是同一个转换条件，所以只能标在双水平线之上。并行序列被激活后每个序列活动步的进展是独立的。在图 5－16（a）中，当步 2 是活动步时，若条件 a 满足，步 3、步 4、步 5 同时变成活动步。

2. 并行序列的合并

并行序列合并是指处在水平线以上要合并的几个当前步均为活动步且转换条件满足时，同时转换到同一个步上。同样，由于转换条件是同一个转换条件，所以只能标在双水平线之

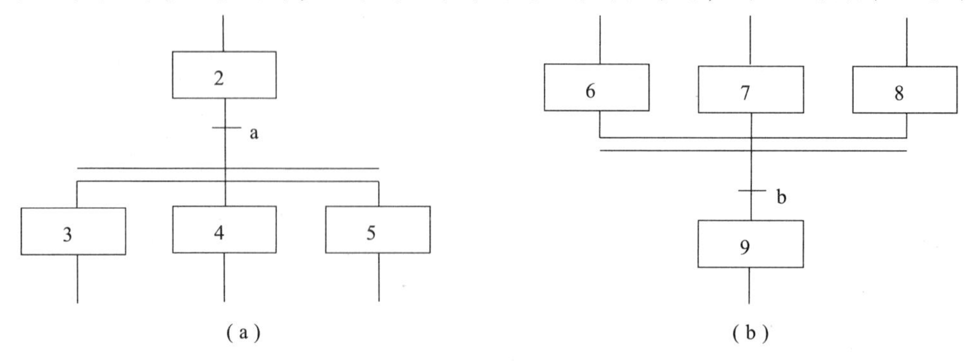

图 5－16 并行序列结构的顺序功能图
（a）并行序列的分支；（b）并行序列的合并

下。在图 5 – 16（b）中，当步 6、步 7、步 8 均为活动步时，若条件 b 满足，才会发生步 6、步 7、步 8 同时向步 9 的转换，即步 6、步 7、步 8 变为不活动步，而步 9 为活动步。

3. 并行序列举例

1）并行顺序功能图

并行顺序功能图示例如图 5 – 17 所示。

2）对应并行顺序功能图的梯形图

对应图 5 – 17 的并行顺序功能图的梯形图如图 5 – 18 所示。

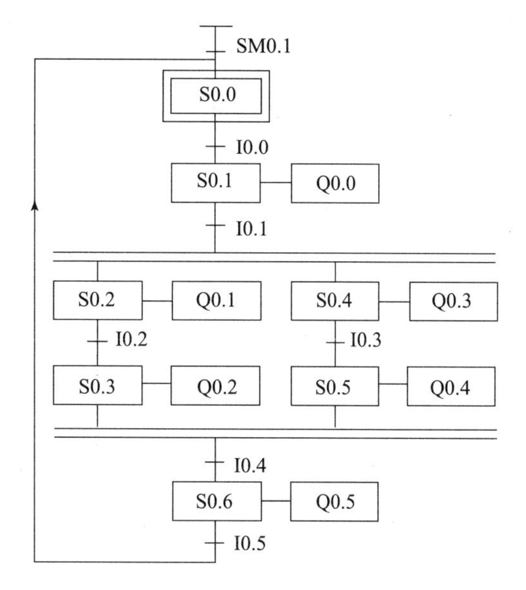

图 5 – 17　并行顺序功能图示例

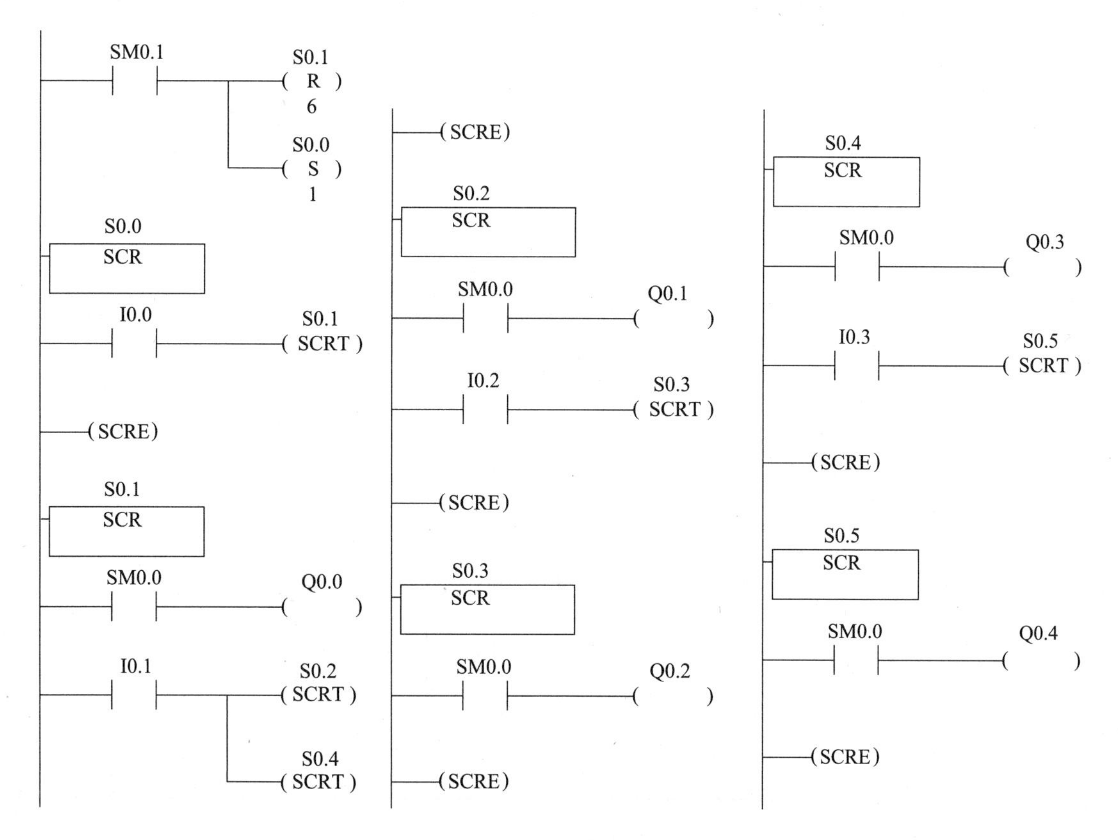

图 5 – 18　对应并行顺序功能图的梯形图

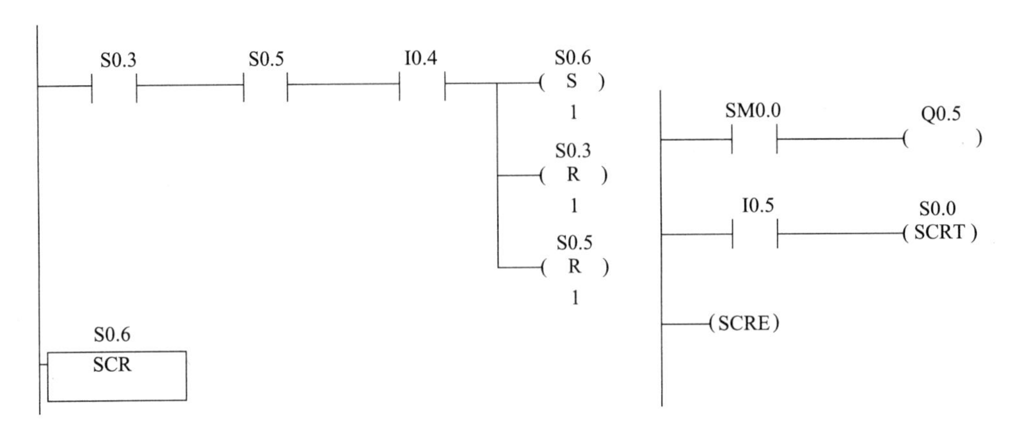

图 5－18　对应并行顺序功能图的梯形图（续）

二、利用并行序列结构完成交通灯控制系统的设计

交通灯控制系统的设计我们已不陌生，在这个任务中准备用并行序列来进行新的设计。在这个程序中，南北信号与东西信号是同时发生的两个进程，用并行序列设计顺理成章。下面给出交通灯的顺序功能图，并完成程序设计任务和连线调试。

1. 列出 I/O 分配表

根据任务分析，对输入和输出进行分配，如表 5－7 所示。

表 5－7　I/O 分配表

输入（IN）			输出（OUT）		
元件代号	功能	输入点	元件代号	功　能	输出点
SA	启/停按钮	I0. 0	HL1	南北绿	Q0. 0
			HL2	南北黄	Q0. 1
			HL3	南北红	Q0. 2
			HL4	东西红	Q0. 3
			HL5	东西绿	Q0. 4
			HL6	东西黄	Q0. 5

2. 绘制顺序功能图

交通灯顺序功能图如图 5－19 所示。

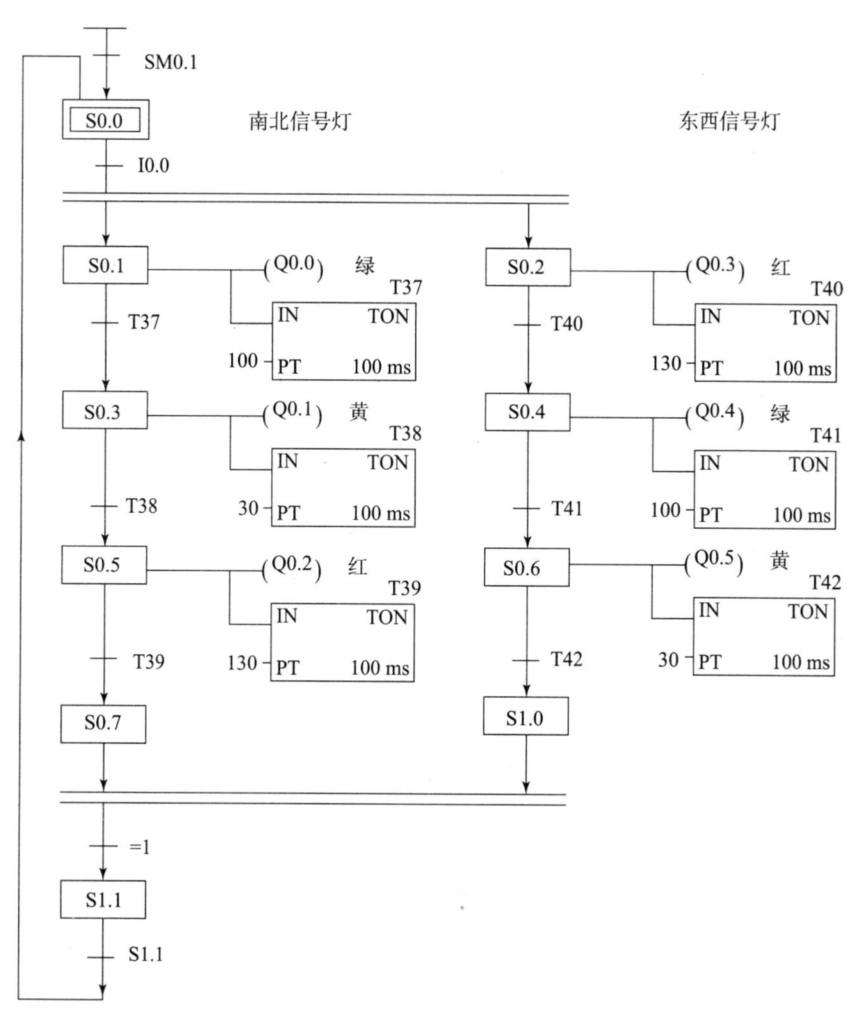

图 5－19 交通灯顺序功能图

3. 编制控制程序

交通灯控制系统的梯形图如图 5－20 所示。

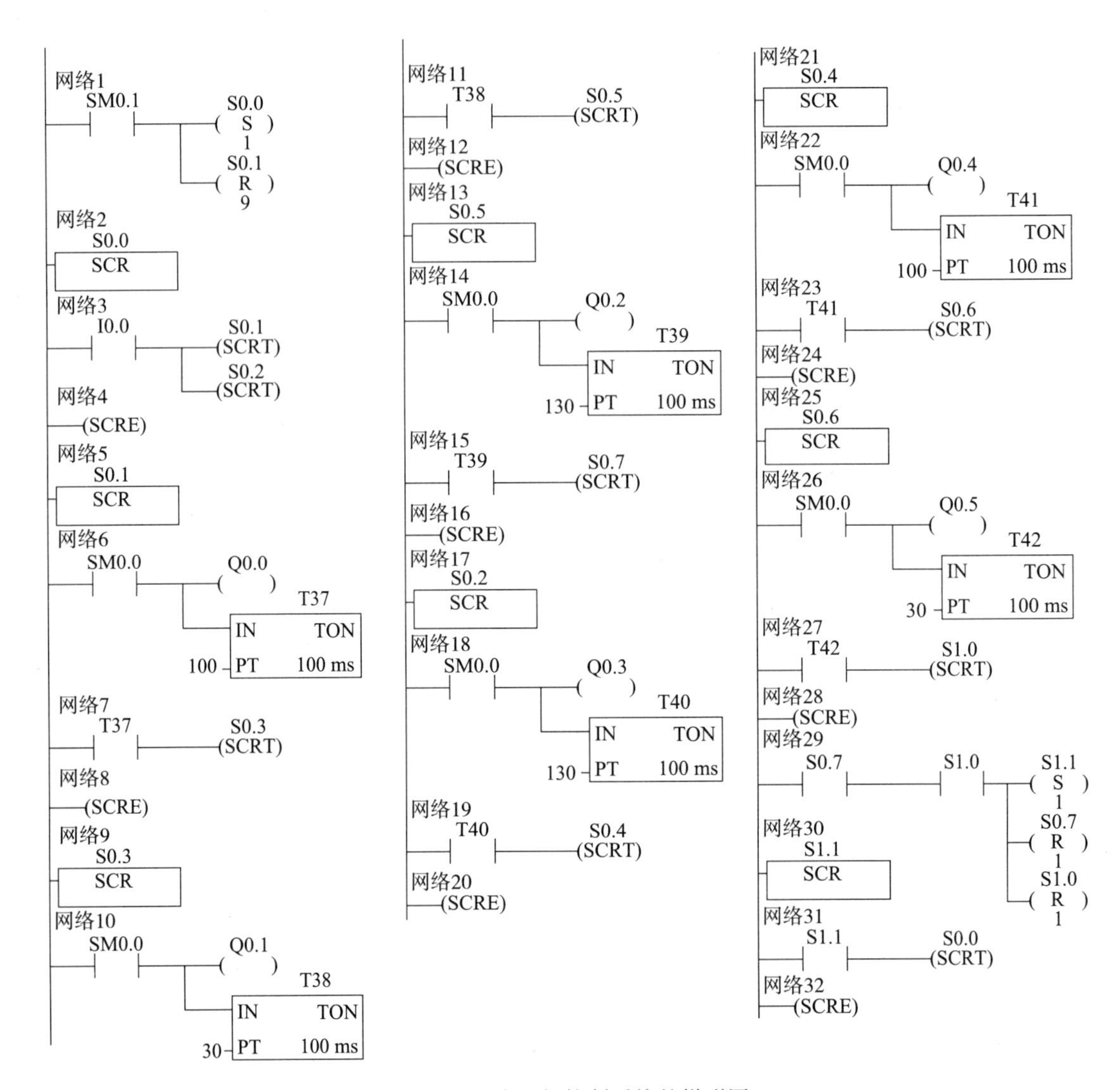

图 5-20　交通灯控制系统的梯形图

任务三　全自动洗衣机控制

任务目标

(1) 掌握顺序功能图。

(2) 掌握步进顺序控制指令 (SCR)。

(3) 能够运用 SCR 指令实现顺序控制。

任务分析

设计波轮式全自动洗衣机的控制系统，洗衣机结构示意图如图5－21所示。其中，洗衣桶（外桶）和脱水桶（内桶）是以同一中心安装的。外桶固定，作为盛水用，内桶可以旋转，作为脱水（甩干）用。内桶的四周有许多小孔，使内、外桶的水流相通。

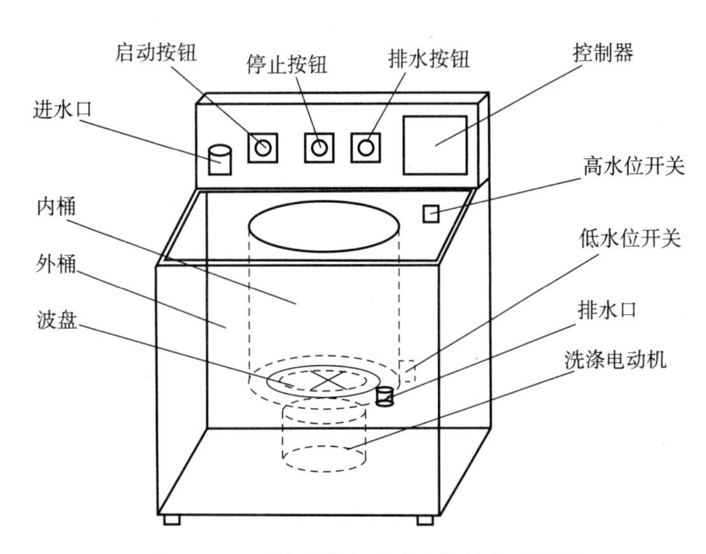

图5－21　波轮式全自动洗衣机结构示意图

洗衣机的进水和排水分别由进水电磁阀和排水电磁阀控制。进水时，控制系统使进水电磁阀打开，将水注入外桶；排水时，使排水电磁阀打开，将水由外桶排到机外。洗涤和脱水由同一台电动机拖动，通过电磁离合器来控制，将动力传递给洗涤波轮或甩干桶。电磁离合器失电时，电动机带动洗涤波轮实现正反转，进行洗涤；电磁离合器得电时，电动机带动内桶单向旋转，进行甩干，甩干时波轮不转。水位高低分别由高、低水位开关进行检测，启动按钮用于启动洗衣机开始工作。具体控制要求如下：

启动时，首先进水，到高水位时停止进水，开始洗涤；正转洗涤15 s，暂停3 s后反转洗涤15 s，暂停3 s后再正转洗涤，如此反复3次。洗涤结束后，开始排水，当水位下降到低水位时，进行脱水同时排水，脱水时间为10 s。这样就完成了一次从进水到脱水的大循环过程。

经过上述3次大循环后，洗衣完成，进行洗衣完成报警，报警10 s后结束全过程，自动停机。

任务实施

1. 列出I/O分配表

根据任务分析，波轮式全自动洗衣机的PLC控制输入/输出元件的地址分配见表5－8。

表 5-8 PLC 的 I/O 地址分配表

输入（IN）			输出（OUT）		
元件代号	功能	输入点	元件代号	功能	输出点
SB0	启动按钮	I0.0	DCF1	进水电磁阀	Q0.0
SQ1	高水位开关	I0.3	KM1	电动机正转控制	Q0.1
SQ2	低水位开关	I0.4	KM2	电动机反转控制	Q0.2
			DCF2	排水电磁阀	Q0.3
			KM3	脱水电磁离合器	Q0.4
			S	报警蜂鸣器	Q0.5
			HL	初始状态指示灯	Q0.6

2. 完成 PLC 的 I/O 硬件接线

波轮式全自动洗衣机控制系统的 I/O 硬件接线如图 5-22 所示。

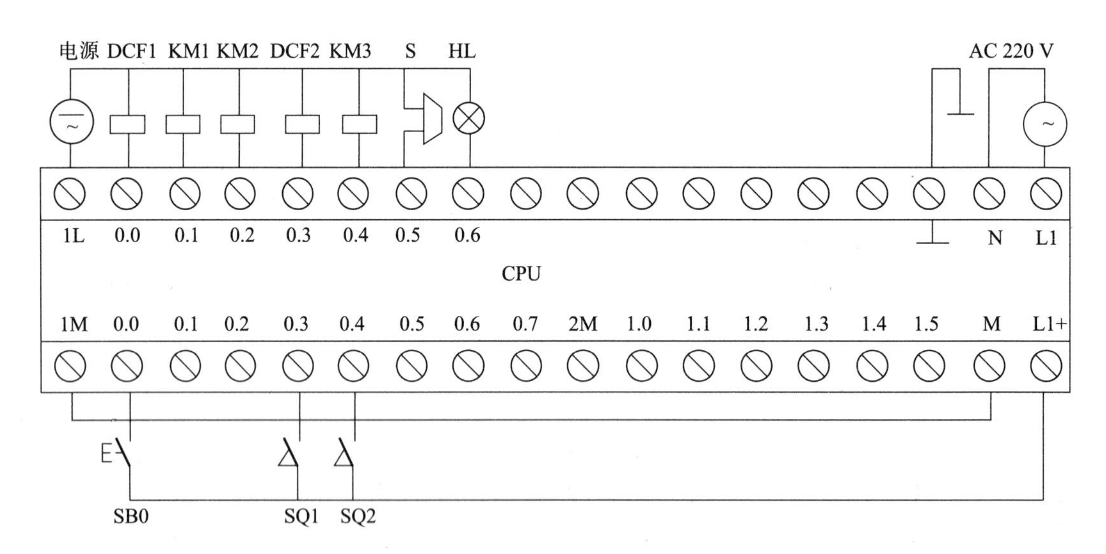

图 5-22 波轮式全自动洗衣机控制系统的 I/O 硬件接线图

3. 绘制顺序功能图

根据波轮式全自动洗衣机的工作过程和控制要求，将控制过程分解为表 5-9 所示的几个工序即状态。

表 5-9　波轮式全自动洗衣机工作状态表

工作状态	状态继电器	工作状态	状态继电器
进水	S2.0	反转暂停	S2.4
正转洗涤	S2.1	排水	S2.5
正转暂停	S2.2	脱水	S2.6
反转洗涤	S2.3	报警	S2.7

找出各工作状态的转换条件和转移方向，并根据波轮式全自动洗衣机的工作过程，将系统中各状态连接成顺序功能图，如图 5-23 所示。

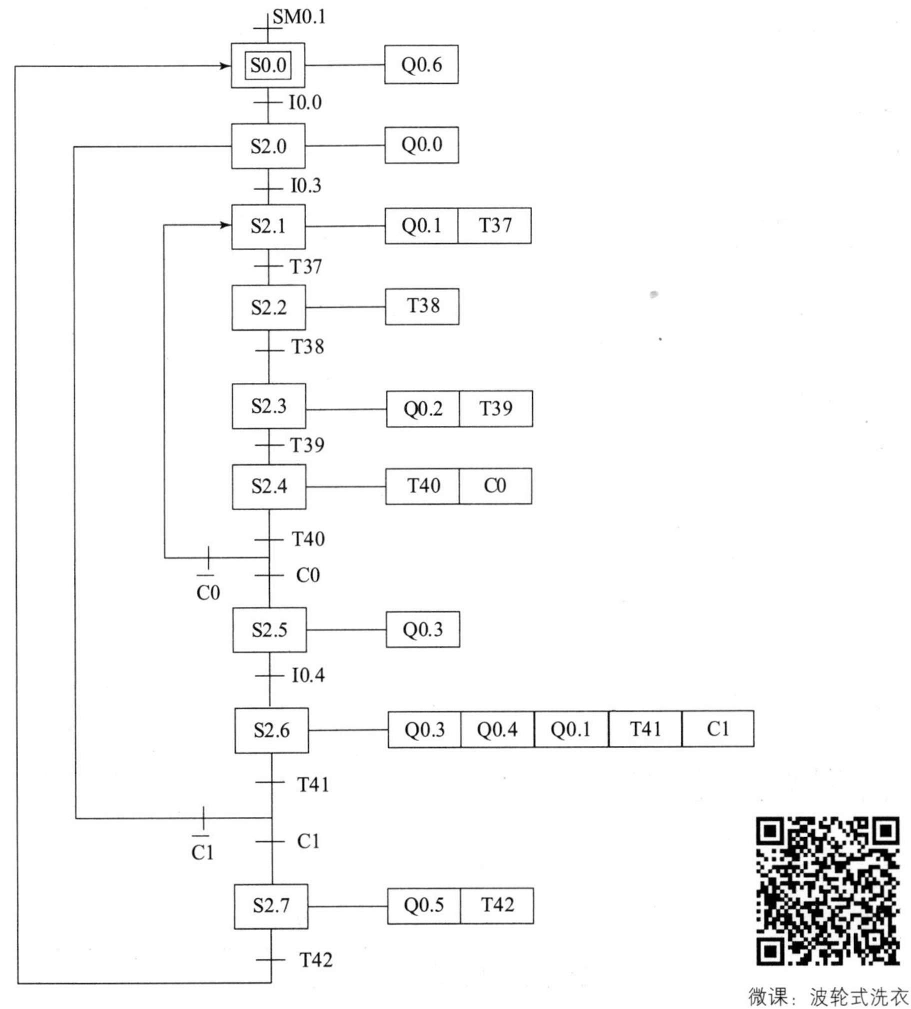

图 5-23　波轮式全自动洗衣机控制的顺序功能图

微课：波轮式洗衣机顺序功能控制

4. 编写程序

根据顺序功能图，进行顺序控制指令程序编写，如图 5-24 所示。

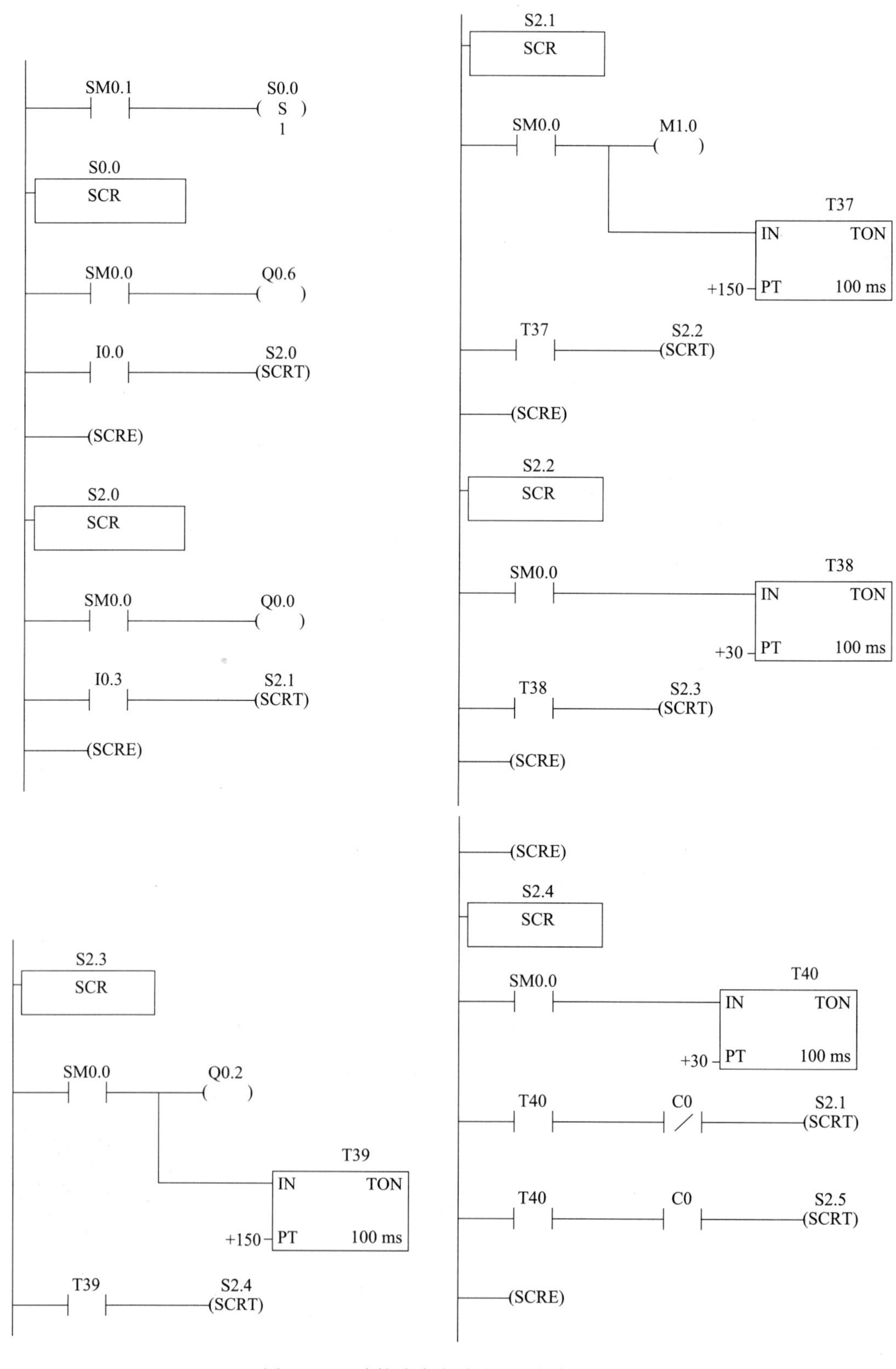

图 5－24　波轮式全自动洗衣机控制梯形图

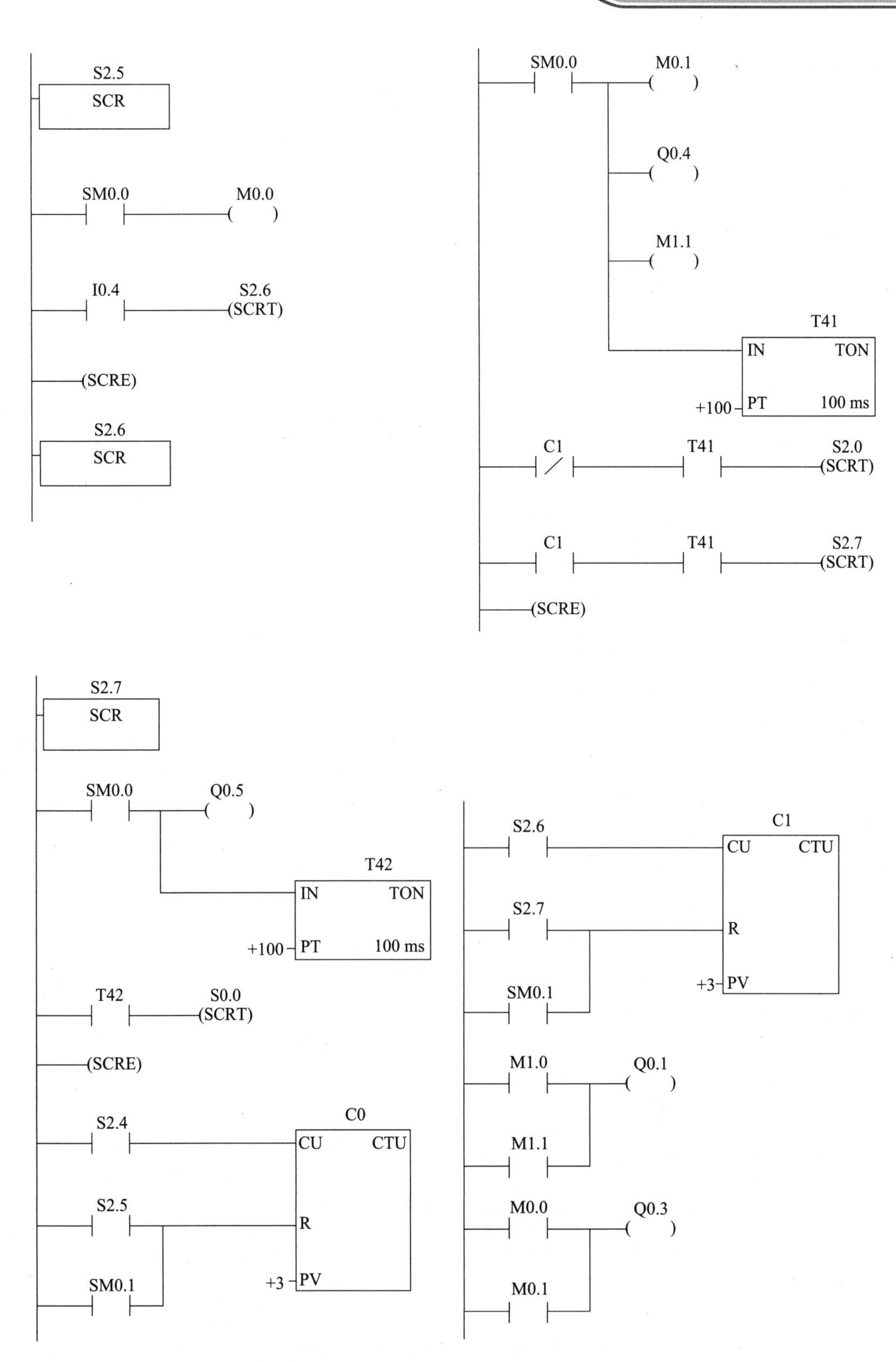

图 5－24　波轮式全自动洗衣机控制梯形图（续）

任务评价

为全面记录和考核任务完成的情况，表 5－10 给出了任务评分标准。

表 5－10 “全自动洗衣机控制”任务评分表

实施步骤	考核内容	分值	成绩
接线	拟定接线图，完成各设备之间的连接	10	
编程	编程并录入梯形图程序，编译、下载	10	
调试及故障排除	调试：PLC 处于 RUN 状态时，闭合开关 SA。 故障排除：逐一检查输入和输出回路。 说明：（1）能准确完成软硬件联调，显示正确结果； （2）若结果错误，能找出故障点并加以解决	20	
成果演示		10	
总评成绩		50	

拓展提高

一、选择序列结构顺序功能图

选择序列结构的顺序功能图包括选择序列的分支和选择序列的合并。

1. 选择序列的分支

选择序列开始是指一个前级步后面紧跟着若干个后续步可供选择，各分步都有各自的转换条件，所以转换条件只能标在水平线以下各自的支路中。执行时，哪个条件满足，则选择相应的分支，一般只允许选择其中的一个分支。在图 5－25（a）中，当步 2 是活动步时，若条件 a 满足，则由步 2 转向步 3；若条件 b 满足，则由步 2 转向步 4；若条件 c 满足，则由步 2 转向步 5。

2. 选择序列的合并

选择序列结束是指几个选择序列合并到同一个序列上，各个序列上的步在各自的转换条件满足时转换到同一个步。转换条件只允许在水平线以上。在图 5－25（b）中，当步 6 为活动步且条件 d 满足时，则由步 6 转向步 9；当步 7 为活动步且条件 e 满足时，则由步 7 转

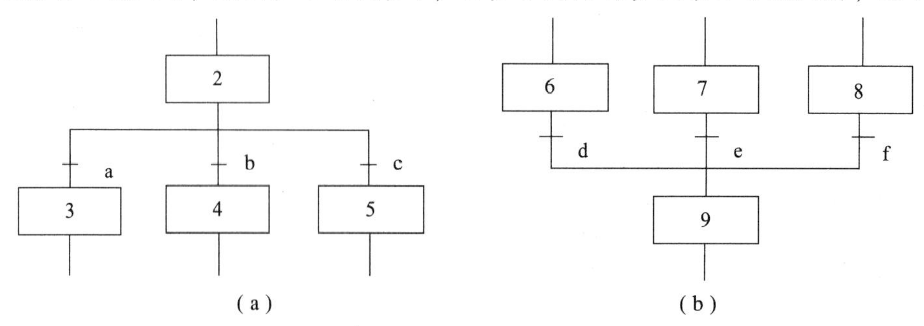

图 5－25 选择序列结构的顺序功能图

（a）选择序列的分支；（b）选择序列的合并

向步9；当步8为活动步且条件f满足时，则由步8转向步9。

3. 选择序列程序举例

1）选择顺序功能图

选择顺序功能图示例如图5－26所示。

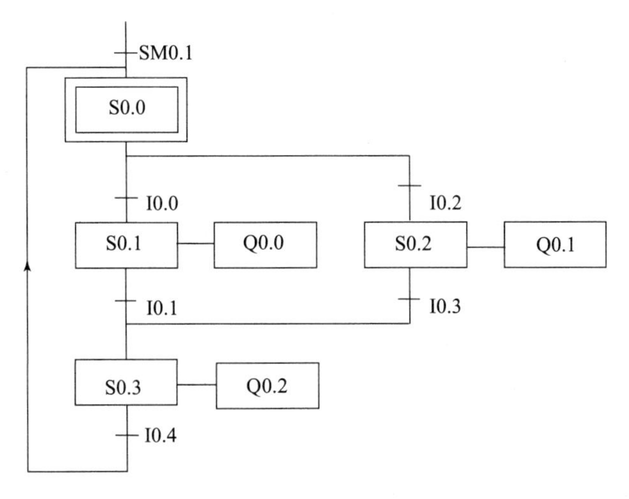

图5－26　选择顺序功能图示例

2）对应选择顺序功能图的梯形图

图5－26选择顺序功能图的对应梯形图如图5－27所示。

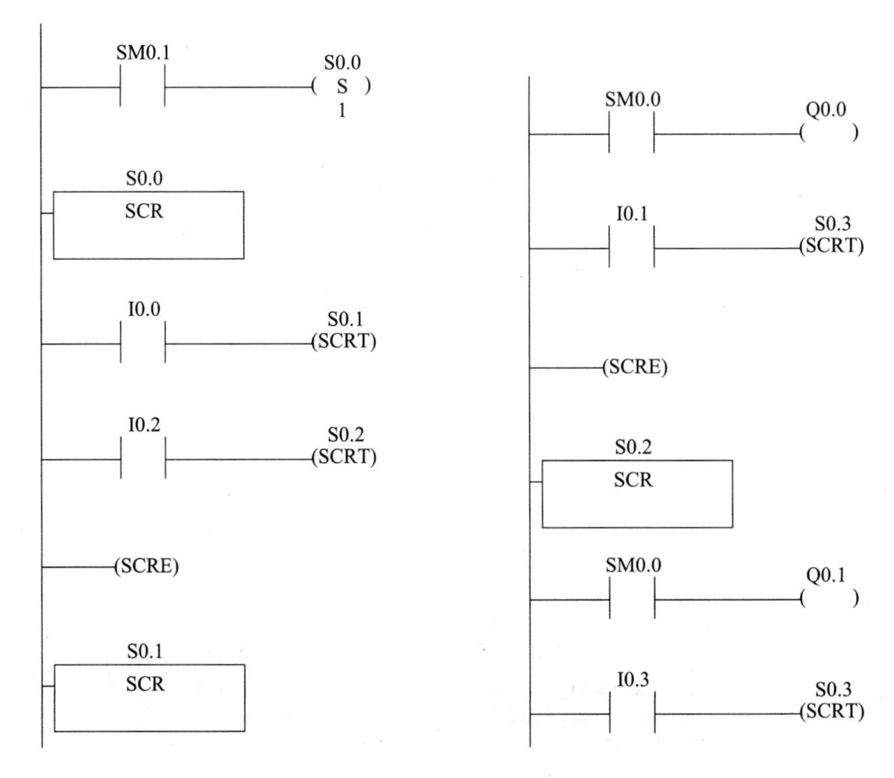

图5－27　选择顺序功能图示例

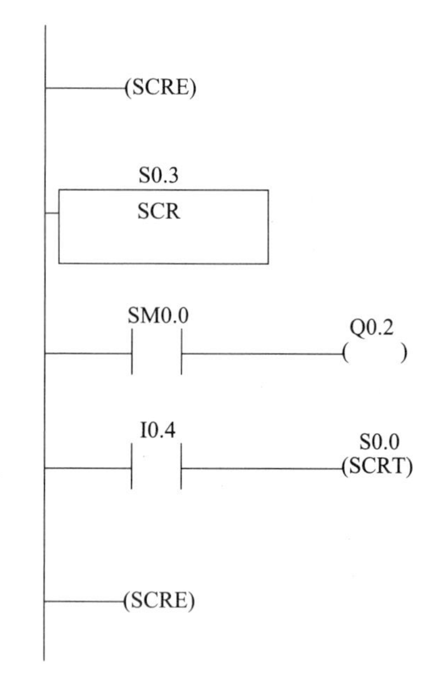

图 5－27　选择顺序功能图示例（续）

二、利用选择的顺序结构完成机械手分拣系统的设计

机械手在先进制造领域中扮演着极其重要的角色。它可以搬运货物、分拣物品，代替人的繁重劳动，可以实现生产的机械化和自动化，被广泛应用于机械制造、冶金、轻工等部门。

图 5－28 所示为一台分拣大小球的机械臂装置。要求它的工作过程如下：当机械臂处于原始位置时，即上限开关 SQ1 和左限位开关 SQ3 压下，抓球电磁铁处于失电状态，这时按下启动按钮 SB1 后，机械臂下行；若碰到下限位开关 SQ2 后则停止下行，且电磁铁得电吸

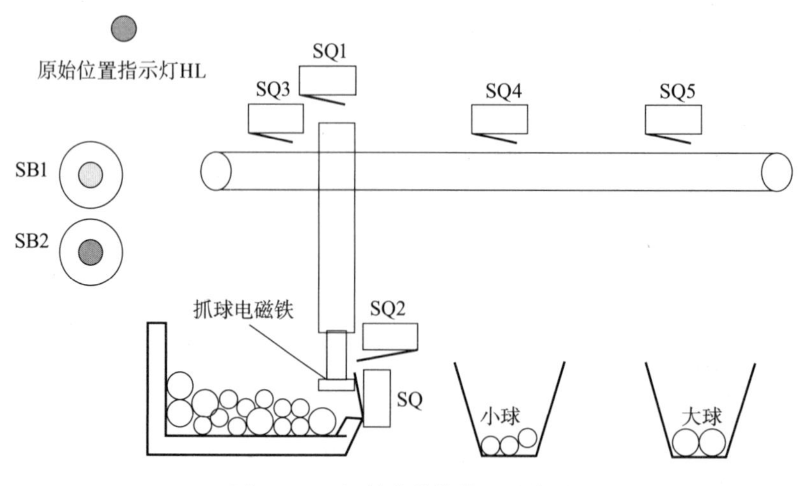

图 5－28　机械臂分拣装置示意图

球。如果吸住的是小球，则大小球检测开关 SQ 为 ON；如果吸住的是大球，则 SQ 为 OFF。1 s 后，机械臂上行，碰到上限位开关 SQ1 后右行，它会根据大小球的不同，分别在 SQ4（小球）和 SQ5（大球）处停止右行，然后下行至下限位停止，电磁铁失电，机械臂把球放在小球箱里或大球箱里，1 s 后返回。如果不按停止按钮 SB2，则机械臂一直循环工作下去。如果按了停止按钮，则不管何时按，机械臂最终都要停止在原始位置。再次按下启动按钮后，系统可以从头开始循环工作。

1. 列出 I/O 分配表

根据任务分析，对输入和输出进行分配，如表 5－11 所示。

表 5－11　I/O 分配表

输入（IN）			输出（OUT）		
元件代号	功能	输入点	元件代号	功能	输出点
SB1	启动按钮	I0.0	HL	原始位置指示灯	Q0.0
SB2	停止按钮	I0.1	K	抓球电磁铁	Q0.1
SQ1	上限位开关	I0.2	KM1	下行接触器	Q0.2
SQ2	下限位开关	I0.3	KM2	上行接触器	Q0.3
SQ3	左限位开关	I0.4	KM3	右移接触器	Q0.4
SQ4	小球右限位开关	I0.5	KM4	左移接触器	Q0.5
SQ5	大球右限位开关	I0.6			
SQ	大小球检测开关	I0.7			

2. 编制顺序功能图

根据控制要求编写顺序功能图，如图 5－29 所示。

3. 编制梯形图

图 5－29 的顺序功能图对应的梯形图如图 5－30 所示。

练习与思考

1. 对“舞台灯光控制”任务进行扩展设计：有红、绿、黄 3 组色灯，每一组包括安装在不同位置的 3 个相同的色灯，控制要求为红灯组先亮，2 s 后绿灯组亮，再过 3 s 黄灯组亮，三色灯组全亮 1 min 后全灭，2 s 后红灯又亮，……如此循环。用 SCR 指令编制梯形图程序。

2. 利用 SCR 指令完成十字路口交通灯控制系统的设计。

十字路口交通信号灯受一个启动开关控制，当启动开关接通时，信号灯系统开始工作，且先南北红灯亮，再东西绿灯亮。当启动开关断开时，所有信号灯都熄灭。

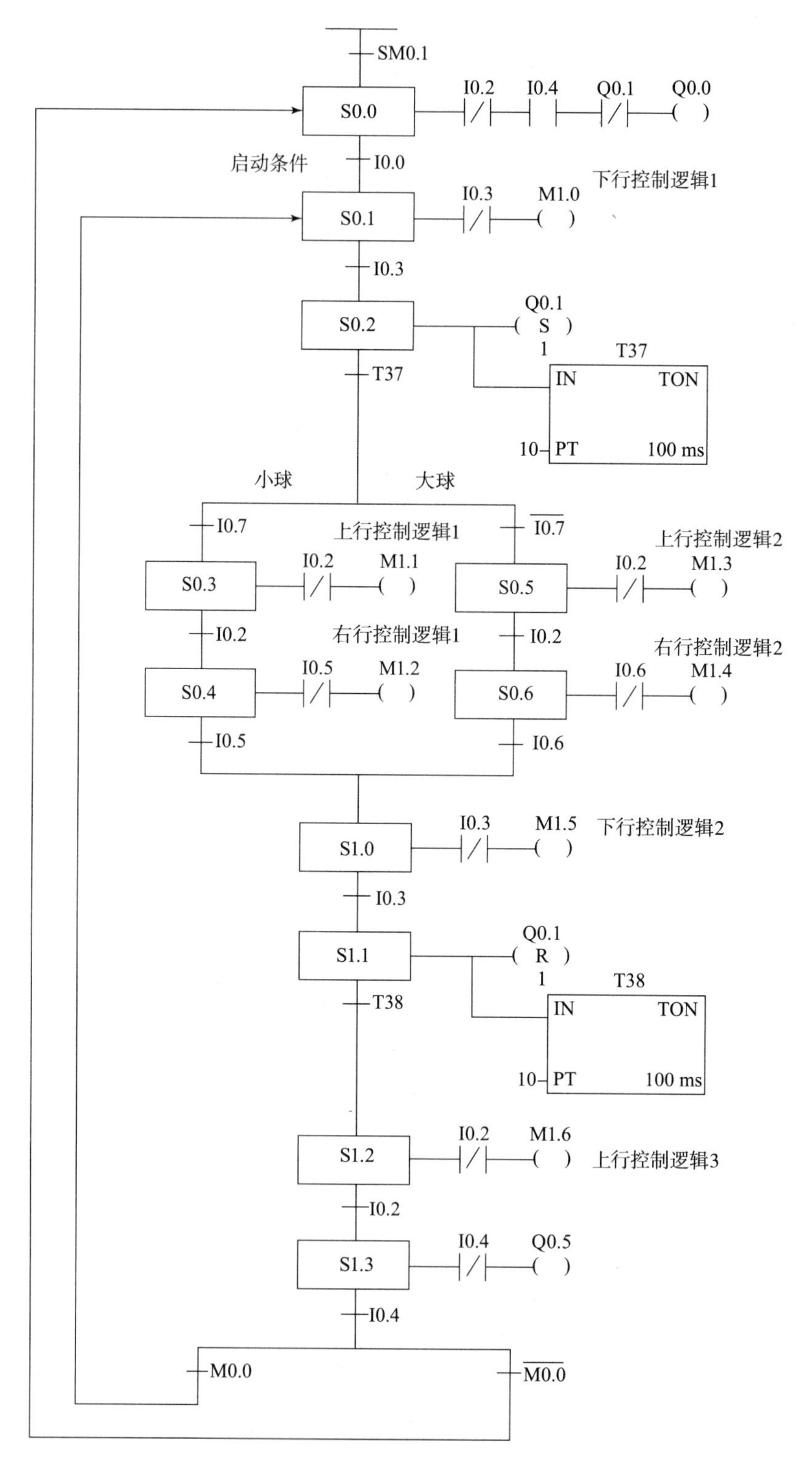

图 5－29　机械臂分拣装置顺序功能图

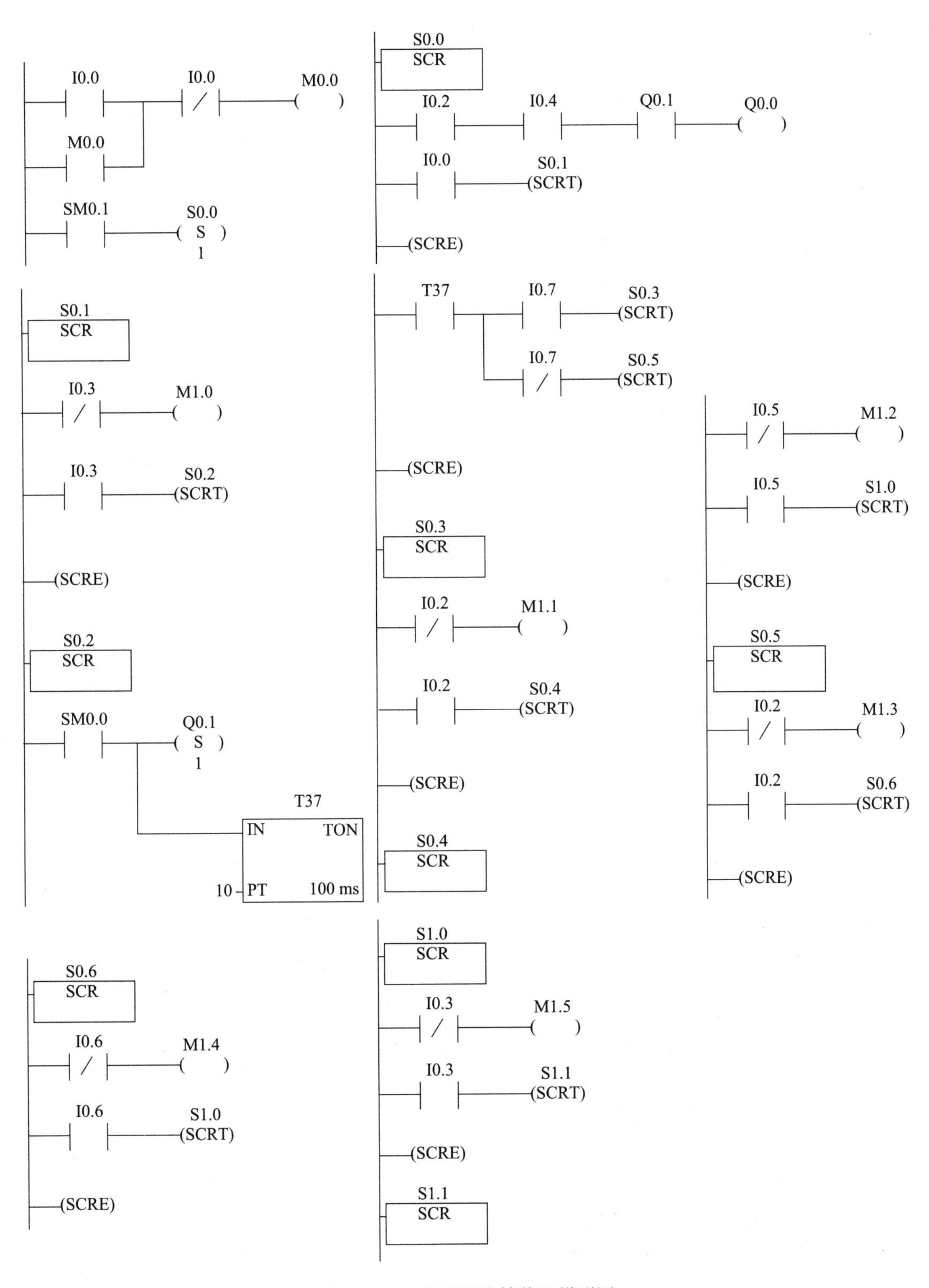

图 5－30　机械臂分拣装置梯形图

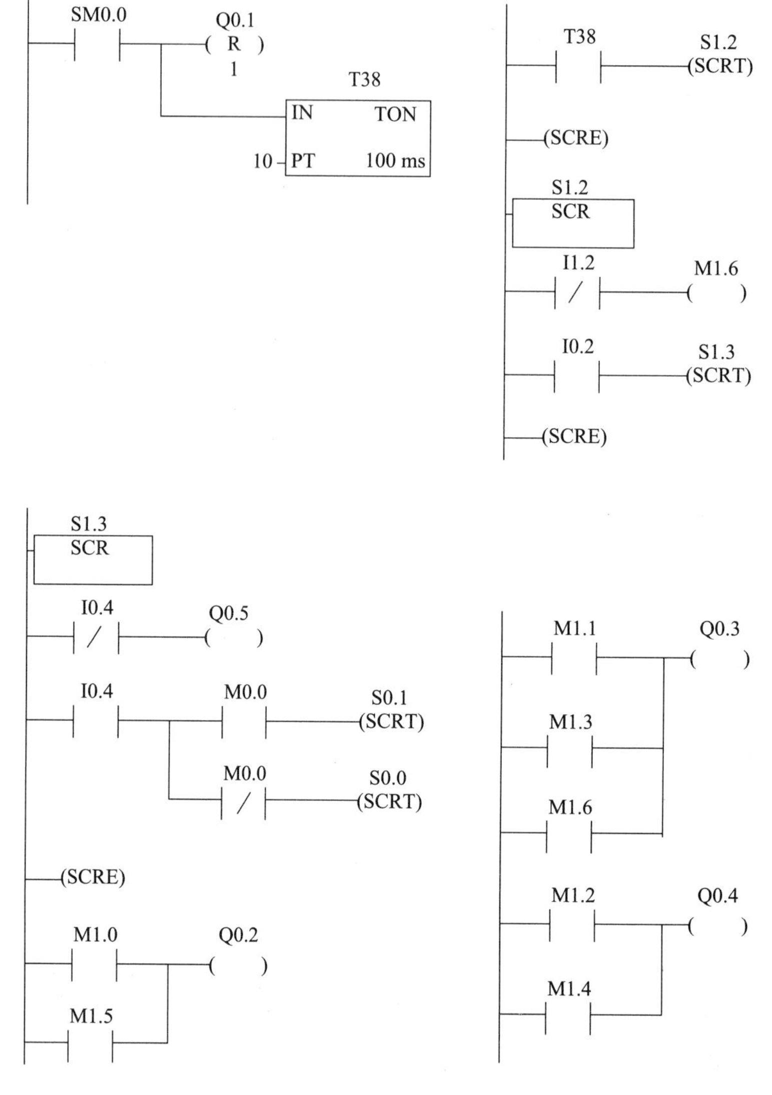

图 5－30　机械臂分拣装置梯形图（续）

南北红灯亮 25 s，在南北红灯亮的同时东西绿灯亮 20 s、闪 3 s、黄灯亮 2 s，之后南北绿灯亮，东西红灯亮。

东西红灯亮 30 s，在东西红灯亮的同时南北绿灯亮 25 s、闪 3 s、黄灯亮 2 s。之后南北红灯亮，东西绿灯亮，如此周而复始。

按照控制要求试完成以下任务：

（1）画出交通信号灯时序状态示意图。

（2）画出交通灯控制的顺序功能图。

（3）完成 PLC 的 I/O 端口分配和硬件接线。

（4）完成十字路口交通信号灯 PLC 控制梯形图编程。

（5）完成程序输入及调试，达到设计要求。

3. 利用 SCR 指令完成 4 条传送带的运行。

传送系统由 4 条传送带构成，YM1、YM2、YM3、YM4 分别模拟传送带 1、传送带 2、传送带 3、传送带 4，并由 4 台电动机带动。控制要求如下：给一个“启动”脉冲，启动最末一条传送带（即第 4 条传送带），依次延时 5 s，启动其他传送带。给一个“停止”脉冲，停止最前一条传送带（即第 1 条传送带），依次延时 5 s，停止其他传送带。

按照控制要求试完成以下任务：

（1）完成 PLC 的 I/O 端口分配和硬件接线。

（2）编写设计程序，连线并调试程序，达到任务要求。

（3）若某条传送带发生故障，则该传送带及其前面的传送带立即停止，以后的传送带依次延时 5 s 后停止。例如，YM2 故障，YM1、YM2 立即停止，延时 5 s 后，YM3 停止，再延时 5 s，YM4 停止。

项目六 PLC功能指令应用

任务一　天塔之光模拟控制

任务目标

（1）掌握西门子 S7－200 系列移位指令的应用方法。
（2）会利用移位寄存器指令实现天塔之光控制系统的功能。
（3）会进行天塔之光控制电路的接线。
（4）会使用编程软件下载、调试程序。

任务分析

本任务模拟霓虹灯控制。按下启动按钮后，要求按以下规律显示：L1→L2→L3→L4→L5→L6→L7→L8→L9→L8→L7→L6→L5→L4→L3→L2→L1……如此循环，周而复始。按下停止按钮后停止运行。

SD、ST 分别为启动、停止按钮；L1～L9 分别模拟显示天塔的各个灯，如图 6－1 所示。根据任务要求，首先写出符号表、接线图，然后再设计天塔之光梯形图程序，下载到 PLC 中调试。

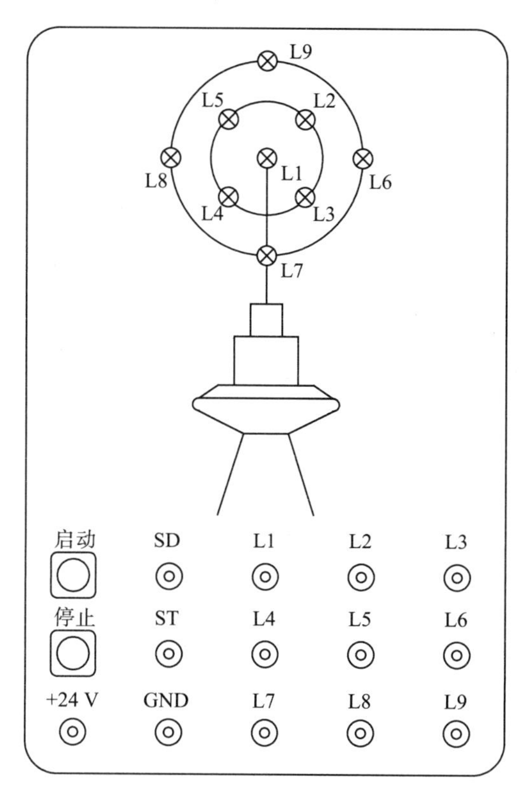

图 6－1 天塔之光结构

知识准备

一、SIMATIC 传送指令

1. 字节、字、双字和实数的传送

传送字节、字、双字、实数指令把输入字节传送到输出字节中，在传送过程中不改变字节、字、双字、实数的大小。

在语句表中，分别使用 MOVB、MOVW、MOVD、MOVR 来表示。

在梯形图和功能块图中，分别用 MOV_B、MOV_W、MOV_DW、MOV_R 指令盒来表示，见表 6－1。

表 6－1 字节、字、双字和实数的传送指令

LAD	MOV_B EN ENO ????－IN OUT－????	MOV_W EN ENO ????－IN OUT－????	MOV_DW EN ENO ????－IN OUT－????	MOV_R EN ENO ????－IN OUT－????
STL	MOVB IN，OUT	MOVW IN，OUT	MOVD IN，OUT	MOVR IN，OUT

续表

操作数及数据类型	IN：VB、IB、QB、MB、SB、SMB、LB、AC、常量； OUT：VB、IB、QB、MB、SB、SMB、LB、AC	IN：VW、IW、QW、MW、SW、SMW、LW、T、C、AIW、常量、AC； OUT：VW、T、C、IW、QW、SW、MW、SMW、LW、AC、AQW	IN：VD、ID、QD、MD、SD、SMD、LD、HC、AC、常量； OUT：VD、ID、QD、MD、SD、SMD、LD、AD	IN：VD、ID、QD、MD、SD、SMD、LD、AC、常量； OUT：VD、ID、QD、MD、SD、SMD、LD、AC
	字节	字、整数	双字、双整数	实数
功能	使能输入有效时，即 EN = 1 时，将一个输入 IN 的字节、字/整数、双字/双整数或实数送到 OUT 指定的存储器输出；在传送过程中不改变数据的大小；传送后输入存储器 IN 中的内容不变			

2. 字节、字、双字的块传送

传送字节块、字块、双字块指令把输入字节开始的 N 个字节值、字值、双字值传送到输出地址开始的 N 个字节、字、双字中，N 可取 1 ~ 255。

在语句表中，分别使用 BMB、BMW、BMD 来表示。

在梯形图和功能块图中，分别用 BLKMOV_B、BLKMOV_W、BLKMOV_D 指令盒来表示，见表 6 - 2。

表 6 - 2　字节、字、双字的块传送指令

LAD	BLKMOV_B EN ENO ????-IN OUT-???? ????-N	BLKMOV_W EN ENO ????-IN OUT-???? ????-N	BLKMOV_D EN ENO ????-IN OUT-???? ????-N
STL	BMB IN，OUT	BMW IN，OUT	BMD IN，OUT
操作数及数据类型	IN：VB、IB、QB、MB、SB、SMB、LB； OUT：VB、IB、QB、MB、SB、SMB、LB； 数据类型：字节	IN：VW、IW、QW、MW、SW、SMW、LW、T、C、AIW； OUT：VW、IW、QW、MW、SW、SMW、LW、T、C、AQW； 数据类型：字	IN/OUT：VD、ID、QD、MD、SD、SMD、LD； 数据类型：双字
	N：VB、IB、QB、MB、SB、SMB、LB、常量；数据类型：字节；数据范围：1 ~ 255		
功能	使能输入有效时，即 EN = 1 时，把从输入 IN 开始的 N 个字节（字、双字）传送到以输出 OUT 开始的 N 个字节（字、双字）中		

3. 交换字节

交换字节指令用来交换输入字的高字节与低字节。

在语句表中，使用 SWAP 来表示。

在梯形图和功能块图中，用 SWAP 指令盒来表示，见表 6 - 3。

表 6－3　交换字节指令

LAD	STL	功能及说明
SWAP EN ENO ????-IN	SWAP IN	功能：使能输入 EN 有效时将输入字 IN 的高字节与低字节交换，结果仍放在 IN 中； IN：VW、IW、QW、MW、SW、SMW、T、C、LW、AC。 数据类型：字

4. 传送字节立即读

传送字节立即读指令取输入的物理值，将结果写入输出。

在语句表中，使用 BIR 来表示。

在梯形图和功能块图中，用 MOV_BIR 指令盒来表示。

移位寄存器指令，见表 6－4。

表 6－4　传送字节立即读指令

LAD	STL	功能及说明
MOV_BIR EN ENO ????-IN OUT-????	BIR IN，OUT	功能：字节立即读； IN：IB； OUT：VB、IB、QB、MB、SB、SMB、LB、AC； 数据类型：字节
MOV_BIW EN ENO ????-IN OUT-????	BIW IN，OUT	功能：字节立即写； IN：VB、IB、QB、MB、SB、SMB、LB、常量； OUT：QB； 数据类型：字节

二、SIMATIC 移位和循环移位指令

1. 字节左移位和字节右移位

字节左移位或右移位指令把输入字节左移或右移 N 位后，再把结果输出到 OUT 字节中。

移位指令对移出位自动补零。如果所需移位次数 N 不小于 8，那么实际最大可移位数为 8。

字节左移位或右移位操作是无符号的。

在语句表中，使用 SRB、SLB 来表示。

在梯形图和功能块图中，用 SHR_B、SHL_B 指令盒来表示。

2. 字左移位和字右移位

字左移位或字右移位指令把输入字左移或右移 N 位后，再把结果输出到 OUT 字中。

移位指令对移出位自动补零。如果所需移位次数 N 不小于 16，那么实际最大可移位数为 16。

字左移位或字右移位操作是无符号的。

在语句表中，使用 SRW、SLW 来表示。

在梯形图和功能块图中，用 SHR_W、SHL_W 指令盒来表示。

3. 双字左移位和双字右移位

双字左移位或双字右移位指令把输入双字左移或右移 *N* 位后，再把结果输出到 OUT 双字中。

移位指令对移出位自动补零。如果所需移位次数 *N* 不小于 32，那么实际最大可移位数为 32。

双字左移位或双字右移位操作是无符号的。

在语句表中，使用 SRD、SLD 来表示。

在梯形图和功能块图中，用 SHR_DW、SHL_DW 指令盒来表示。

字节、字、双字移位指令见表 6－5。

表 6－5　字节、字、双字移位指令

LAD	SHL_B EN ENO ????-IN OUT-???? ????-N SHR_B EN ENO ????-IN OUT-???? ????-N	SHL_W EN ENO ????-IN OUT-???? ????-N SHR_W EN ENO ????-IN OUT-???? ????-N	SHL_DW EN ENO ????-IN OUT-???? ????-N SHR_DW EN ENO ????-IN OUT-???? ????-N
STL	SLB OUT，N SRB OUT，N	SLW OUT，N SRW OUT，N	SLD OUT，N SRD OUT，N
操作数及数据类型	IN：VB、IB、QB、MB、SB、SMB、LB、AC、常量； OUT：VB、IB、QB、MB、SB、SMB、LB、AC； 数据类型：字节	IN：VW、IW、QW、MW、SW、SMW、LW、T、C、AIW、AC、常量； OUT：VW、IW、QW、MW、SW、SMW、LW、T、C、AC； 数据类型：字	IN：VD、ID、QD、MD、SD、SMD、LD、AC、HC、常量； OUT：VD、ID、QD、MD、SD、SMD、LD、AC； 数据类型：双字

4. 字节循环左移位和字节循环右移位

字节循环左移位或字节循环右移位指令把输入字节循环左移或循环右移 *N* 位后，再把结果输出到 OUT 字节中。

如果所需移位次数 *N* 不小于 8，那么在执行循环移位前，先对 *N* 取以 8 为底的模，其结果 0～7 为实际移动位数。如果移位次数不是 8 的整数倍，最后被移出的位就存放到溢出存储器位（SM1.1）。

字节循环移位操作是无符号的。

在语句表中，使用 RRB、RLB 来表示。

在梯形图和功能块图中，用 ROR_B、ROL_B 指令盒来表示。

5. 字循环左移位和字循环右移位

字循环左移位或字循环右移位指令把输入字循环左移或循环右移 N 位后，再把结果输出到 OUT 字中。

如果所需移位次数 N 不小于 16，那么在执行循环移位前，先对 N 取以 16 为底的模，其结果 0 ~ 15 为实际移动位数。如果移位次数不是 16 的整数倍，最后被移出的位就存放到溢出存储器位（SM1.1）。

字循环移位操作是无符号的。

在语句表中，使用 RRW、RLW 来表示。

在梯形图和功能块图中，用 ROR_W、ROL_W 指令盒来表示。

6. 双字循环左移位和双字循环右移位

双字循环左移位或双字循环右移位指令把输入双字循环左移或双字循环右移 N 位后，再把结果输出到 OUT 双字中。

如果所需移位次数 N 不小于 32，那么在执行循环移位前，先对 N 取以 32 为底的模，其结果 0 ~ 31 为实际移动位数。如果移位次数不是 32 的整数倍，最后被移出的位就存放到溢出存储器位（SM1.1）。

双字循环移位操作是无符号的。

在语句表中，使用 RRD、RLD 来表示。

在梯形图和功能块图中，用 ROR_DW、ROL_DW 指令盒来表示。

字节、字、双字循环移位指令见表 6 – 6。

表 6 – 6　字节、字、双字循环移位指令

LAD	ROL_B EN ENO ????-IN OUT-???? ????-N ROR_B EN ENO ????-IN OUT-???? ????-N	ROL_W EN ENO ????-IN OUT-???? ????-N ROR_W EN ENO ????-IN OUT-???? ????-N	ROL_DW EN ENO ????-IN OUT-???? ????-N ROR_DW EN ENO ????-IN OUT-???? ????-N
STL	RLB OUT，N RRB OUT，N	RLW OUT，N RRW OUT，N	RLD OUT，N RRD OUT，N
操作数及数据类型	IN：VB、IB、QB、MB、SB、SMB、LB、AC、常量； OUT：VB、IB、QB、MB、SB、SMB、LB、AC； 数据类型：字节	IN：VW、IW、QW、MW、SW、SMW、LW、T、C、AIW、AC、常量； OUT：VW、IW、QW、MW、SW、SMW、LW、T、C、AC； 数据类型：字	IN：VD、ID、QD、MD、SD、SMD、LD、AC、HC、常量； OUT：VD、ID、QD、MD、SD、SMD、LD、AC； 数据类型：双字

7. 位移位寄存器指令

SHRB 位移位寄存器指令将 DATA 数值移入移位寄存器。

S_BIT 指定移位寄存器的最低位。

N 指定移位寄存器的长度和移位方向（“N = 正数”表示左移位，“N = 负数”表示右移位）。

SHRB 移出的每个位被传送在溢出存储器位（SM1.1）中。

任务实施

微课：天塔之光

（1）按照输入和输出两个配置表，将 PLC 的输入/输出与相应面板符号的插孔用连接线连好，输入见表 6－7，输出见表 6－8。

表 6－7　输入分配

序号	名称	面板符号	程序符号	输入点
0	启动	SD	start	I0. 0
1	停止	ST	st	I0. 1

表 6－8　输出分配

序号	名称	面板符号	程序符号	输出点
0	1 号灯	L1	L1	Q0. 0
1	2 号灯	L2	L2	Q0. 1
2	3 号灯	L3	L3	Q0. 2
3	4 号灯	L4	L4	Q0. 3
4	5 号灯	L5	L5	Q0. 4
5	6 号灯	L6	L6	Q0. 5
6	7 号灯	L7	L7	Q0. 6
7	8 号灯	L8	L8	Q0. 7
8	9 号灯	L9	L9	Q1. 1

（2）按照输入/输出配置，设计梯形图程序如图 6－2 所示。

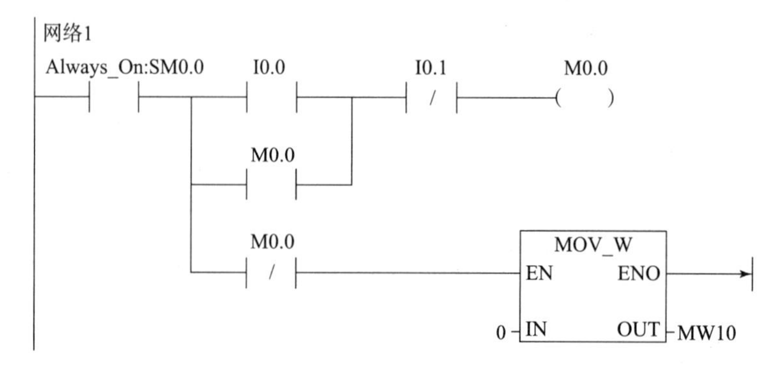

图 6－2　梯形图程序

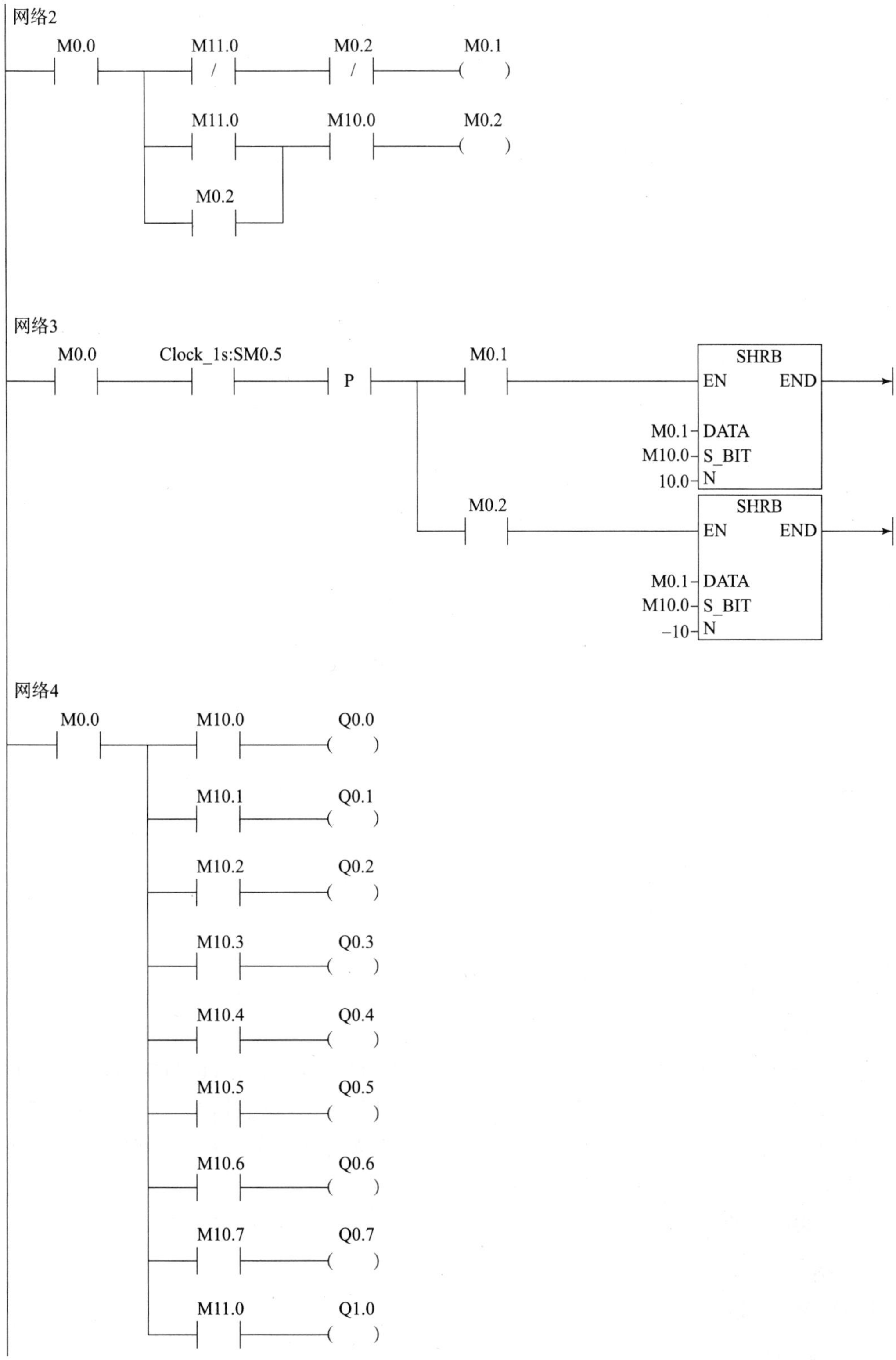

网络2

M0.0　M11.0　M0.2　M0.1

M11.0　M10.0　M0.2

M0.2

网络3

M0.0　Clock_1s:SM0.5　P　M0.1　SHRB　EN　END

M0.1 DATA
M10.0 S_BIT
10.0 N

M0.2　SHRB　EN　END

M0.1 DATA
M10.0 S_BIT
-10 N

网络4

M0.0　M10.0　Q0.0
M10.1　Q0.1
M10.2　Q0.2
M10.3　Q0.3
M10.4　Q0.4
M10.5　Q0.5
M10.6　Q0.6
M10.7　Q0.7
M11.0　Q1.0

图6－2　梯形图程序（续）

（3）下载编写的程序到 PLC，运行程序。

（4）模拟动作实验板上的按钮和开关，验证所编程序的逻辑功能。

项目评价

为全面记录和考核任务完成的情况，表 6－9 给出了任务评分标准。

表 6－9 “天塔之光模拟控制”任务评分表

实施步骤	考核内容	分值	成绩
接线	拟定接线图，完成各设备之间的连接	10	
编程	编程并录入梯形图程序，编译、下载	10	
调试及故障排除	调试：PLC 处于 RUN 状态时，按下输入按钮观测结果。 故障排除：逐一检查输入和输出回路。 说明：（1）能准确完成软硬件联调，显示正确结果； （2）若结果错误，能找出故障点并加以解决	20	
成果演示		10	
总评成绩		50	

拓展提高

追灯实验

（一）实验目的

（1）通过对工程实例的模拟，熟练地掌握 PLC 的编程和程序调试方法。

（2）进一步熟悉 PLC 的 I/O 连接。

（3）学会用中断指令来控制实验对象。

（4）理解寄存器中位、字、字节和双字的概念。

（二）实验原理

利用移位指令实现以下功能：依次点亮 L1、L2、L3、L4、L5、L6、L7、L8、L9、L10、L11、L12，再依次熄灭 L1、L2、L3、L4、L5、L6、L7、L8、L9、L10、L11、L12，不断循环，实现追逐的效果。利用中断程序，改变点亮（熄灭）两盏灯之间的时间间隔，也就是说，改变执行两次移位指令的时间间隔。

（三）实验装置

实验装置示意图如图 6－3 所示。

（四）输入/输出分配

输入/输出分配见表 6－10、表 6－11。

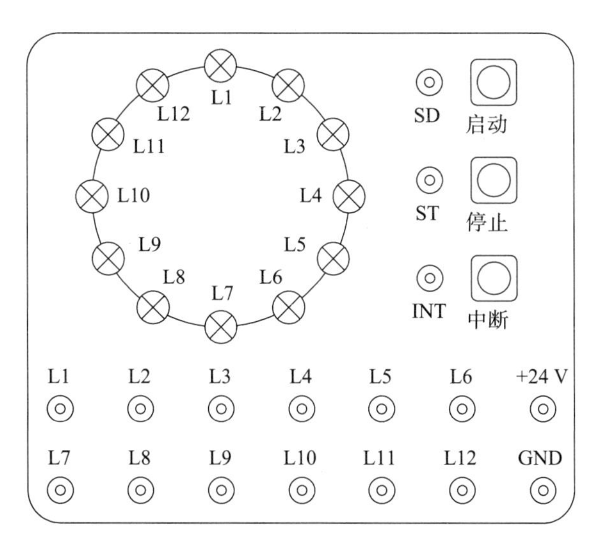

图 6-3　追灯控制系统

表 6-10　输入分配

序号	名称	面板符号	程序符号	输入点
0	启动	SD	start	I0.0
1	停止	ST	st	I0.1
2	中断	INT		I0.2

表 6-11　输出分配

序号	名称	面板符号	程序符号	输出点
0	1 号灯	L1	L1	QB0
1	2 号灯	L2	L2	
2	3 号灯	L3	L3	
3	4 号灯	L4	L4	
4	5 号灯	L5	L5	
5	6 号灯	L6	L6	
6	7 号灯	L7	L7	
7	8 号灯	L8	L8	
8	9 号灯	L9	L9	Q1.0
9	10 号灯	L10	L10	Q1.1
10	11 号灯	L11	L11	Q1.2
11	12 号灯	L12	L12	Q1.3

（五）实验方法

（1）按照输入和输出两个配置表，将 PLC 的输入/输出与相应面板符号的插孔用连接线连好。

（2）按照输入/输出配置，参照参考程序，编写实验程序。

（3）下载编写的程序到 PLC，运行程序。

（4）模拟动作实验板上的按钮和开关，验证所编程序的逻辑。

（六）参考程序

实验程序如图 6－4 所示。

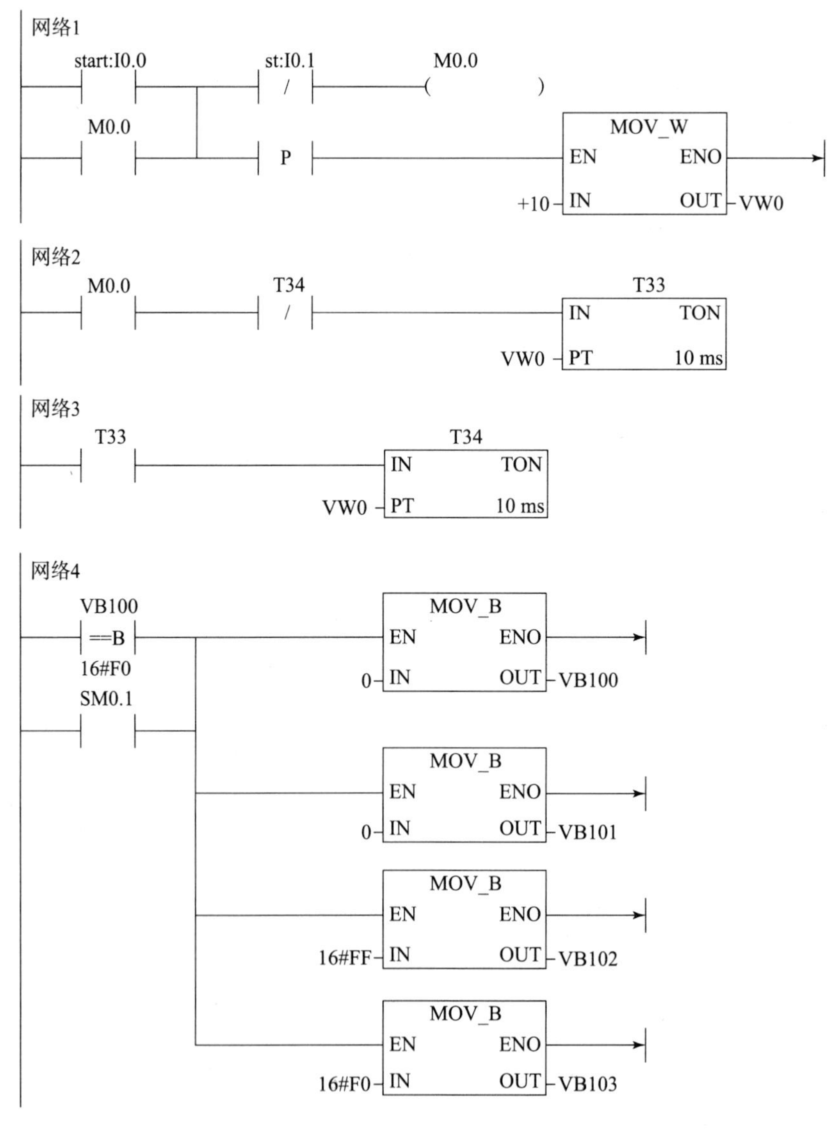

图 6－4　实验梯形图

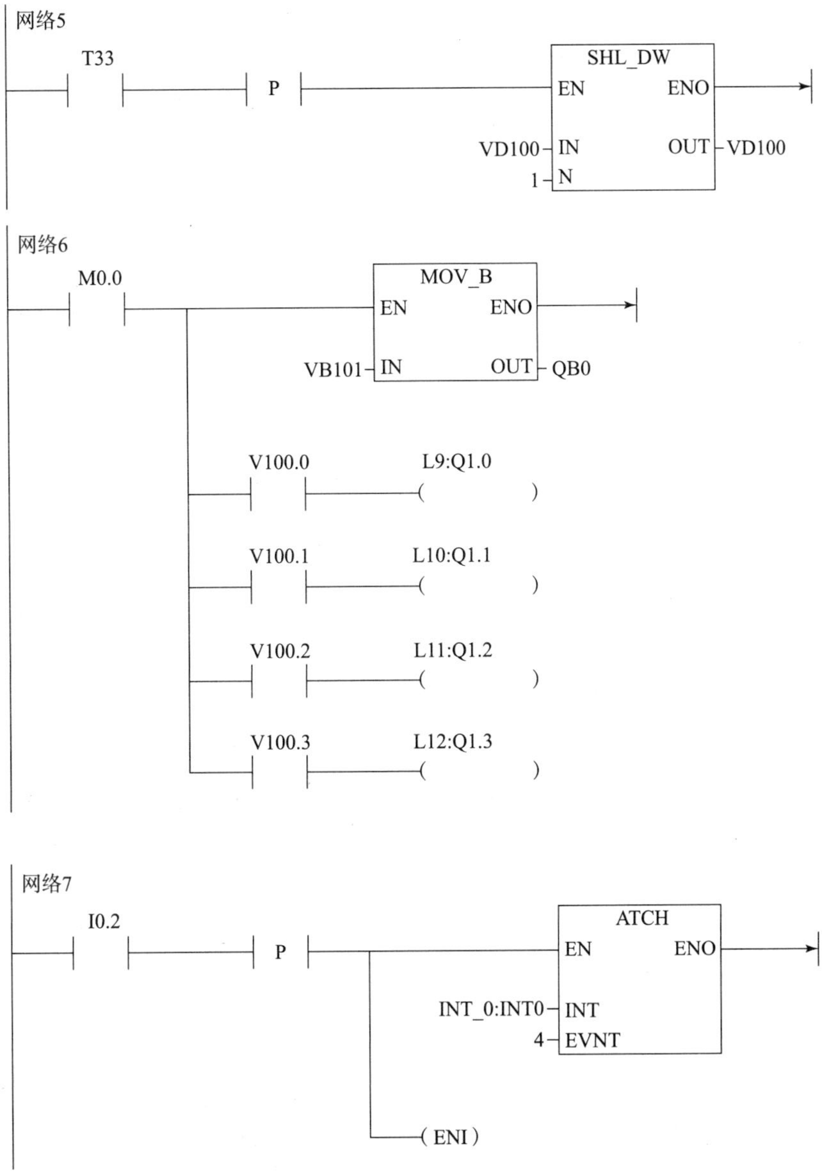

网络5

T33　P　SHL_DW　EN　ENO

VD100 - IN　OUT - VD100

1 - N

网络6

M0.0　MOV_B　EN　ENO

VB101 - IN　OUT - QB0

V100.0　L9:Q1.0

V100.1　L10:Q1.1

V100.2　L11:Q1.2

V100.3　L12:Q1.3

网络7

I0.2　P　ATCH　EN　ENO

INT_0:INT0 - INT

4 - EVNT

(ENI)

图 6－4　实验梯形图（续）

任务二　计算器功能的实现

任务目标

（1）学习 PLC 的算术运算指令。

（2）学习 PLC 数学函数指令。

（3）学习中断及其使用方法。

任务分析

用 PLC 编写程序模拟计算器的运算功能。要求能实现加法、减法、乘法、除法运算功能，同时可以求三角函数的正弦值和余弦值，还有求平方根、自然对数的功能。

知识准备

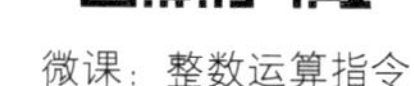

微课：整数运算指令

一、算术运算指令与数学函数变换指令

1. 算术运算指令

（1）整数与双整数加减法指令格式如表 6－12 所示。

表 6－12　整数与双整数加减法指令表

指令名称	整数加法	整数减法	双整数加法	双整数减法
LAD	ADD_I EN ENO IN1 OUT IN2	SUB_I EN ENO IN1 OUT IN2	ADD_DI EN ENO IN1 OUT IN2	SUB_DI EN ENO IN1 OUT IN2
STL	MOVW　IN1，OUT +I　IN2，OUT	MOVW　IN1，OUT －I　IN2，OUT	MOVD　IN1，OUT +D　IN2，OUT	MOVD　IN1，OUT －D　IN2，OUT
功能	IN1 + IN2 = OUT	IN1 － IN2 = OUT	IN1 + IN2 = OUT	IN1 － IN2 = OUT

说明如下：

①加法运算的操作。在梯形图表示中，当加法允许信号 EN = 1 时，被加数 IN1 与加数 IN2 相加，其结果传送到 OUT 中。在语句表表示中，要先将一个加数送到 OUT 中，然后把 OUT 中的数据和 IN2 中的数据进行相加，并将其结果传送到 OUT 中。如指定 IN1 = OUT，则语句表指令为：+I　IN2，OUT；如指定 IN2 = OUT，则语句表指令为：+I　IN1，OUT。

②减法运算的操作。在梯形图表示中，当减法允许信号 EN = 1 时，被减数 IN1 与减数 IN2 相减，其结果传送到减法运算的差 OUT 中。在语句表表示中，要先将被减数送到 OUT 中，然后把 OUT 中的数据和 IN2 中的数据相减，并将结果传送到 OUT 中。

例如，求 5 000 加 400 的和，5 000 在数据存储器 VW200 中，结果放入 AC0，如图 6－5 所示。

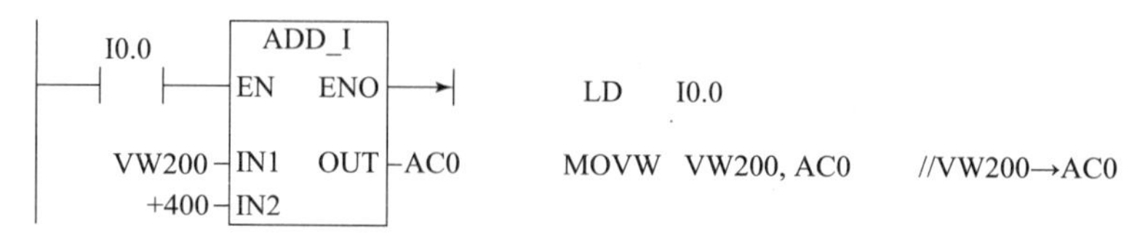

图 6－5　加法应用举例

（2）整数乘除法指令格式如表 6－13 所示。

表 6－13 整数乘除法指令表

指令名称	整数乘法	整数除法	双整数乘法	双整数除法	常规乘法	常规除法
LAD	MUL_I EN ENO IN1 OUT IN2	DIV_I EN ENO IN1 OUT IN2	MUL_DI EN ENO IN1 OUT IN2	DIV_DI EN ENO IN1 OUT IN2	MUL EN ENO IN1 OUT IN2	DIV EN ENO IN1 OUT IN2
STL	MOVW IN1，OUT *I IN2，OUT	MOVW IN1，OUT /I IN2，OUT	MOVD IN1，OUT *D IN2，OUT	MOVD IN1，OUT /D IN2，OUT	MOVW IN1，OUT MUL IN2，OUT	MOVW IN1，OUT DIV IN2，OUT
功能	IN1 * IN2 = OUT	IN1/IN2 = OUT	IN1 * IN2 = OUT	IN1/IN2 = OUT	IN1 * IN2 = OUT	IN1/IN2 = OUT

说明如下：

①乘法运算的操作。在梯形图表示中，当乘法允许信号 EN = 1 时，被乘数 IN1 与乘数 IN2 相乘，其结果传送到积 OUT 中。在语句表表示中，要先将被乘数送到 OUT 中，然后把 OUT 中的数据和 IN2 中的数据相乘，并将结果传送到 OUT 中。

整数乘法：两个 16 位整数相乘产生一个 16 位整数的积。

双整数乘法：两个 32 位整数相乘产生一个 32 位整数的积。

常规乘法：两个 16 位整数相乘产生一个 32 位整数的积。

②除法运算的操作。在梯形图表示中，当除法允许信号 EN = 1 时，被除数 IN1 与除数 IN2 相乘，其结果传送到商 OUT 中。在语句表表示中，要先将被乘数送到 OUT 中，然后把 OUT 中的数据和 IN2 中的数据相除，并将结果传送到 OUT 中。

整数除法：两个 16 位整数相除产生一个 16 位整数的商。

双整数除法：两个 32 位整数相除产生一个 32 位整数的商。

常规除法：两个 16 位整数相除产生一个 32 位整数，其中高 16 位是余数，低 16 位是商。

图 6－6 所示为常规乘法和常规除法的应用例子，注意常规乘法和常规除法的结果都存储在 32 位的存储区中。

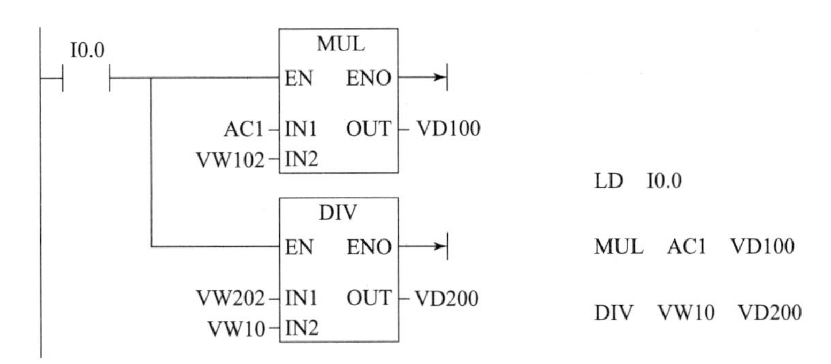

图 6－6 乘/除法应用举例

注意：因为 VD100 包含 VW100 和 VW102 两个字，VD200 包含 VW200 和 VW202 两个字，所以在语句表指令中不需要使用数据传送指令。

（3）实数加、减、乘、除指令格式如表 6－14 所示，实数运算应用举例如图 6－7 所示。

表 6－14　实数加、减、乘、除指令表

指令名称	实数加法	实数减法	实数乘法	实数除法
LAD	ADD_R EN ENO IN1 OUT IN2	SUB_R EN ENO IN1 OUT IN2	MUL_R EN ENO IN1 OUT IN2	DIV_R EN ENO IN1 OUT IN2
STL	MOVD IN1，OUT +R IN2，OUT	MOVD IN1，OUT －R IN2，OUT	MOVD IN1，OUT *R IN2，OUT	MOVD IN1，OUT /R IN2，OUT
功 能	IN1 + IN2 = OUT	IN1 － IN2 = OUT	IN1 * IN2 = OUT	IN1/IN2 = OUT

说明如下：

①实数加/减法：两个 32 位整数相加/减产生一个 32 位整数的和/差。

②实数乘/除法：两个 32 位整数相乘/除产生一个 32 位整数的积/商。

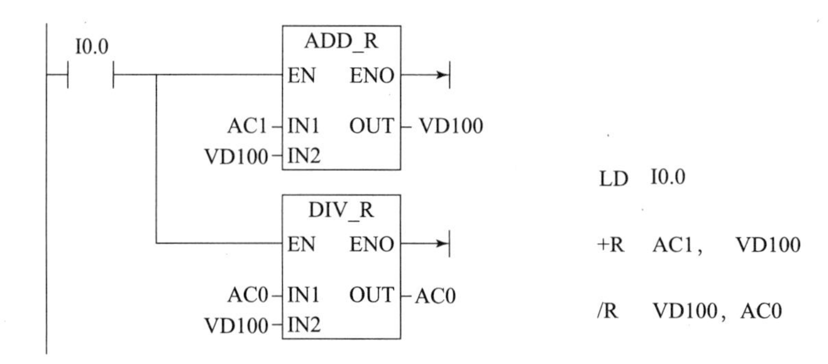

图 6－7　实数运算应用举例

2. 数学函数变换指令

数学函数指令包括平方根、自然对数、指数、三角函数等几个常用的函数指令。除 SQRT 外，数学函数需要 CPU 224 1.0 以上版本支持。

（1）平方根、自然对数、指数指令格式及功能如表 6－15 所示。

表 6－15　平方根、自然对数、指数指令表

LAD	STL	功能
SQRT EN ENO IN OUT	SQRT IN，OUT	求平方根指令 SQRT（IN）= OUT

续表

LAD	STL	功能
LN EN　ENO IN　OUT	LN IN，OUT	求（IN）的自然对数指令 LN（IN）= OUT
EXP EN　ENO IN　OUT	EXP IN，OUT	求（IN）的指数指令 EXP（IN）= OUT

说明如下：

①平方根指令 SQRT：是把一个双字长（32 位）的实数 IN 平方，得到 32 位的实数运算结果，通过 OUT 指定的存储器单元输出。

②自然对数指令 LN：将输入的一个双字长（32 位）实数 IN 的值取自然对数，得到 32 位的实数运算结果，通过 OUT 指定的存储器单元输出。

③指数指令 EXP：将一个双字长（32 位）实数 IN 的值取以 e 为底的指数，得到 32 位的实数运算结果，通过 OUT 指定的存储器单元输出。

（2）三角函数。三角函数指令包括正弦（sin）、余弦（cos）和正切（tan）指令。三角函数指令格式如表 6 - 16 所示。

表 6 - 16　正弦（sin）、余弦（cos）和正切（tan）指令表

LAD	STL	功能
SIN EN　ENO IN　OUT	SIN IN，OUT	SIN（IN ）= OUT
COS EN　ENO IN　OUT	COS IN，OUT	COS（IN）= OUT
TAN EN　ENO IN　OUT	TAN IN，OUT	TAN（IN）= OUT

说明：

三角函数指令运行时把一个双字长（32 位）的实数弧度值 IN 分别取正弦、余弦、正切，得到 32 位的实数运算结果，通过 OUT 指定的存储器单元输出。

例如，求 45°正弦值，梯形图程序如图 6 - 8 所示。

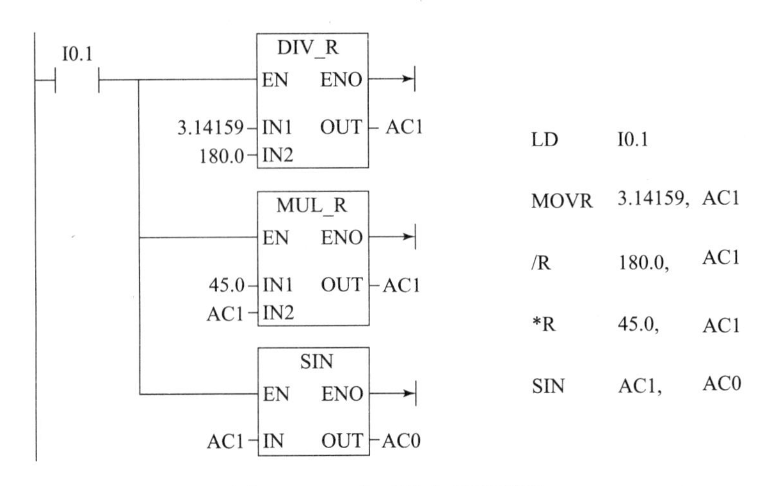

图 6－8　三角函数应用梯形图

二、中断指令

微课：中断

PLC 的 CPU 在整个控制过程中，有些控制要取决于外部事件。比如：只有外部设备请求 CPU 发送数据时，CPU 才能向这个设备发送数据。这类控制的进行取决于外部设备的请求和 CPU 的响应，当 CPU 在接受了外部设备的请求时，CPU 就要暂停其当前的工作，去完成外部过程的请求，这种工作方式就叫中断方式。

在启动中断程序之前，必须使中断事件与发生此事件时希望执行的程序段建立联系。使用中断连接指令（ATCH）建立中断事件（由中断事件号码选定）与程序段（由中断程序号码指定）之间的联系。将中断事件连接于中断程序时，该中断自动被启动。

使用中断分离指令（DTCH）可删除中断事件与中断程序之间的联系，因而关闭单个中断事件。中断分离指令使中断返回未激活或被忽略状态。

（一）中断源

中断源即发出中断请求的事件，又叫中断事件。为了便于识别，系统给每个中断源都分配一个编号，称为中断事件号。S7－200 系列 PLC 最多有 34 个中断源，分为三大类，即通信中断、输入/输出中断和时基中断。

1. 通信中断

在自由口通信模式下，用户可通过编程来设置波特率、奇偶校验和通信协议等参数。用户通过编程控制通信端口的事件称为通信中断。

2. I/O 中断

I/O 中断包括外部输入上升/下降沿中断、高速计数器中断和高速脉冲输出中断。

S7－200 用输入（I0.0、I0.1、I0.2 或 I0.3）上升/下降沿产生中断。

高速计数器中断指对高速计数器运行时产生的事件实时响应，包括当前值等于预设值时产生的中断、计数方向的改变时产生的中断或计数器外部复位时产生的中断。

脉冲输出中断是指预定数目脉冲输出完成而产生的中断。

3. 时基中断

时基中断包括定时中断和定时器 T32/T96 中断。

定时中断用于支持一个周期性的活动。周期时间为 1 ~ 255 ms，时基是 1 ms。使用定时中断 0，必须在 SMB34 中写入周期时间；使用定时中断 1，必须在 SMB35 中写入周期时间。将中断程序连接在定时中断事件上，若定时中断被允许，则计时开始，每当达到定时时间值，执行中断程序。定时中断可以用来对模拟量输入进行采样或定期执行 PID 回路。

定时器 T32/T96 中断指允许对定时时间间隔产生中断。这类中断只能用时基为 1 ms 的定时器 T32/T96 构成。当中断被启用后，当前值等于预置值时，在 S7 - 200 执行的正常 1 ms 定时器更新的过程中，执行连接的中断程序。

（二）中断优先级

在 PLC 应用系统中通常有多个中断源。当多个中断源同时向 CPU 申请中断后，要求 CPU 能将全部中断源按中断性质和处理的轻重缓急进行排队，并给予优先级。给中断源指定处理的次序就是给中断源确定中断优先级。SIEMENS 公司 CPU 规定的中断优先级由高到低依次是通信中断、输入/输出中断，定时中断。

（三）中断控制指令

表 6 - 17 所示为中断控制指令表。

表 6 - 17　中断控制指令表

指令名称	中断允许	中断禁止	中断连接	中断分离
LAD	—(ENI)	—(DISI)	ATCH EN　ENO INT EVNT	DTCH EN　ENO EVNT
STL	ENI	DISI	ATCH　INT，EVNT	DTCH　EVNT
操作数及数据类型	无	无	INT：常量 0 ~ 127； EVNT：常量 0 ~ 32； INT/EVNT 数据类型：字节	EVNT：常量 0 ~ 32； 数据类型：字节

说明如下：

①当进入正常运行 RUN 模式时，CPU 禁止所有中断，但可以在 RUN 模式下执行中断允许指令 ENI，允许所有中断。

②多个中断事件可以调用一个中断程序，但一个中断事件不能同时连接调用多个中断程序。

③中断分离指令 DTCH 禁止中断事件和中断程序之间的联系，它仅禁止某中断事件；全局中断禁止指令 DISI，禁止所有中断。

（四）中断程序

1. 中断程序的概念

中断程序是为处理中断事件而事先编好的程序。中断程序不是由程序调用，而是在中断事件发生时由操作系统调用。在中断程序中不能改写其他程序使用的存储器，最好使用局部变量。中断程序应实现特定的任务，应“越短越好”，中断程序由中断程序号开始，以无条件返回指令（CRETI）结束。在中断程序中禁止使用 DISI、ENI、HDEF、LSCR 和 END 指令。

2. 建立中断程序的方法

方法一：从“编辑”菜单中选择“插入”（Insert）→“中断”（Interrupt）命令。

方法二：在指令树中用鼠标右键单击“程序块”图标，并从弹出的快捷菜单中选择“插入”（Insert）→“中断”（Interrupt）命令。

方法三：在“程序编辑器”窗口右击，从弹出的快捷菜单中选择“插入”（Insert）→“中断”（Interrupt）命令。

程序编辑器从先前的 POU 显示更改为新中断程序，在程序编辑器的底部会出现一个新标记，代表新的中断程序。

例如，编写由 I0.1 的上升沿产生的中断事件的初始化程序。

分析：查表 6－20 可知，I0.1 上升沿产生的中断事件号为 2。所以，在主程序中用 ATCH 指令将事件号 2 和中断程序 0 连接起来，并全局开中断。程序如图 6－9 所示。

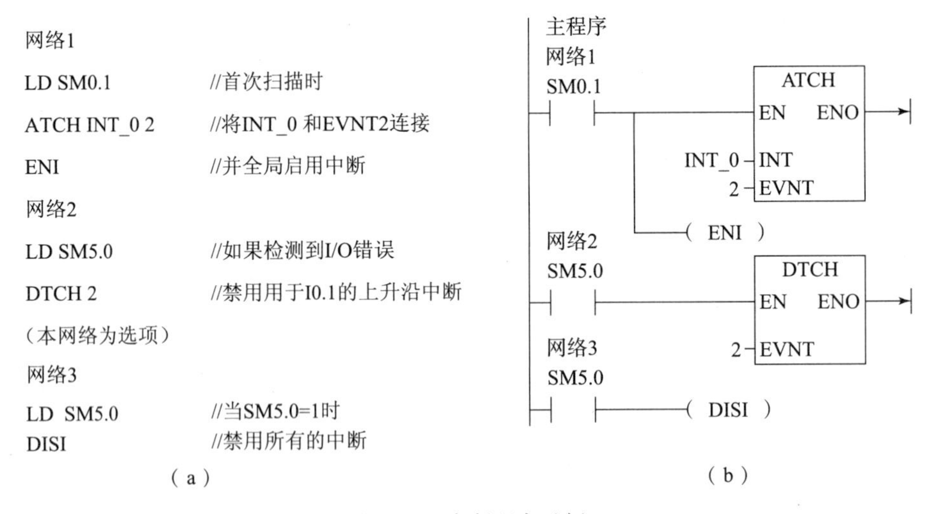

图 6－9 中断程序示例

（a）指令表；（b）梯形图

任务实施

1. 列出 I/O 分配表

根据任务分析，对输入量进行分配，如表 6－18 所示。

表 6－18　输入量分配表

输入量（IN）					
元件代号	功能	输入点	元件代号	功能	输入点
SB1	加法运算	I0. 0	SB5	求平方根运算	I0. 4
SB2	减法运算	I0. 1	SB6	求自然对数运算	I0. 5
SB3	乘法运算	I0. 2	SB7	正弦运算	I0. 6
SB4	除法运算	I0. 3	SB8	余弦运算	I0. 7

2. 设计梯形图

梯形图程序如图 6－10 所示。

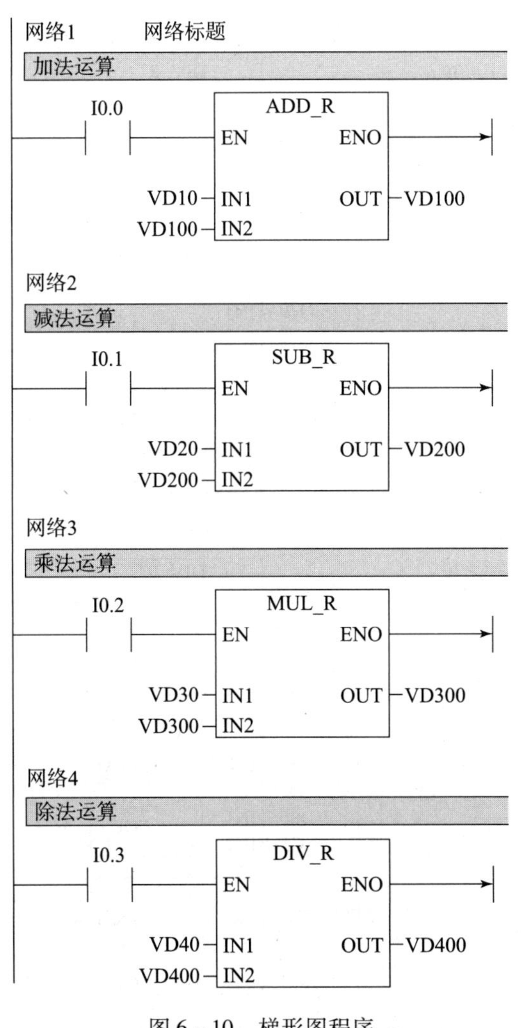

图 6－10　梯形图程序

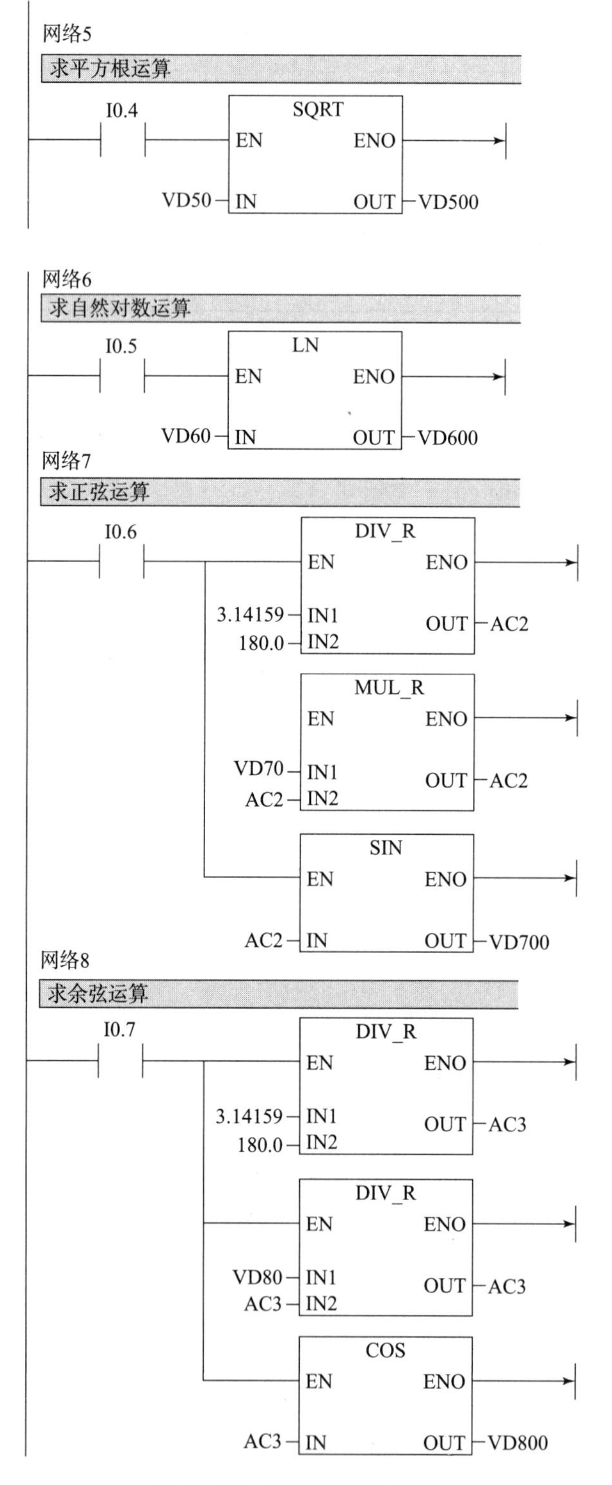
网络5
求平方根运算
I0.4
SQRT
EN
ENO
VD50
IN
OUT
VD500
网络6
求自然对数运算
I0.5
LN
EN
ENO
VD60
IN
OUT
VD600
网络7
求正弦运算
I0.6
DIV_R
EN
ENO
3.14159
IN1
180.0
IN2
OUT
AC2
MUL_R
EN
ENO
VD70
IN1
AC2
IN2
OUT
AC2
SIN
EN
ENO
AC2
IN
OUT
VD700
网络8
求余弦运算
I0.7
DIV_R
EN
ENO
3.14159
IN1
180.0
IN2
OUT
AC3
DIV_R
EN
ENO
VD80
IN1
AC3
IN2
OUT
AC3
COS
EN
ENO
AC3
IN
OUT
VD800

图 6－10　梯形图程序（续）

任务评价

为全面记录和考核任务完成的情况，表 6－19 给出了任务评分标准。

表 6－19　“计算器功能的实现”任务评分表

实施步骤	考核内容	分值	成绩
接线	拟定接线图，完成各设备之间的连接	10	
编程	编程并录入梯形图程序，编译、下载	10	
调试及故障排除	调试：PLC 处于 RUN 状态时，闭合开关 SA。 故障排除：逐一检查输入和输出回路。 说明：（1）能准确完成软硬件联调，显示正确结果； （2）若结果错误，能找出故障点并加以解决	20	
成果演示		10	
总评成绩		50	

拓展提高

S7－200 系列 PLC 的中断

S7－200 可以引发的中断共有五大类 34 项。其中通信口引起的中断事件 6 项，脉冲指令引起的中断事件 2 项，输入信号引起的中断事件 8 项，高速计数器引起的中断事件 14 项，定时器引起的中断事件 4 项，具体如表 6－20 所示。中断队列的最多中断个数和溢出标志位表见表 6－21。

表 6－20　中断事件及优先级表

优先级分组	组内优先级	中断事件号	中断事件说明	中断事件类别
通信中断	0	8	通信口 0：接收字符	通信口 0
	0	9	通信口 0：发送完成	
	0	23	通信口 0：接收信息完成	
	1	24	通信口 1：接收信息完成	通信口 1
	1	25	通信口 1：接收字符	
	1	26	通信口 1：发送完成	

续表

优先级分组	组内优先级	中断事件号	中断事件说明	中断事件类别
I/O 中断	0	19	PTO 0 脉冲串输出完成中断	脉冲输出
	1	20	PTO 1 脉冲串输出完成中断	
	2	0	I0. 0 上升沿中断	外部输入
	3	2	I0. 1 上升沿中断	
	4	4	I0. 2 上升沿中断	
	5	6	I0. 3 上升沿中断	
	6	1	10. 0 下降沿中断	
	7	3	I0. 1 下降沿中断	
	8	5	I0. 2 下降沿中断	
	9	7	I0. 3 下降沿中断	
	10	12	HSC0 当前值 = 预置值中断	高速计数器
	11	27	HSC0 计数方向改变中断	
	12	28	HSC0 外部复位中断	
	13	13	HSC1 当前值 = 预置值中断	
	14	14	HSC1 计数方向改变中断	
	15	15	HSC1 外部复位中断	
	16	16	HSC2 当前值 = 预置值中断	
	17	17	HSC2 计数方向改变中断	
	18	18	HSC2 外部复位中断	
	19	32	HSC3 当前值 = 预置值中断	
	20	29	HSC4 当前值 = 预置值中断	
	21	30	HSC4 计数方向改变中断	
	22	31	HSC4 外部复位中断	
	23	33	HSC5 当前值 = 预置值中断	
定时中断	0	10	定时中断 0	定时
	1	11	定时中断 1	
	2	21	定时器 T32 CT = PT 中断	定时器
	3	22	定时器 T96 CT = PT 中断	

表6－21 中断队列的最多中断个数和溢出标志位表

队列	CPU 221	CPU 222	CPU 224	CPU 226 和 CPU 226 XM	溢出标志位
通信中断队列	4	4	4	8	SM4.0
I/O 中断队列	16	16	16	16	SM4.1
定时中断队列	8	8	8	8	SM4.2

练习与思考

1. 求［(100＋200)＊10］/3＝?
2. 求 sin65°的函数值。

任务三 机械手控制

任务目标

(1) 掌握西门子 S7－200 系列子程序调用指令。
(2) 掌握西门子 S7－200 系列步进进阶指令。
(3) 会利用所学指令实现机械手控制系统的设计。
(4) 会进行机械手控制电路的接线。
(5) 会使用编程软件下载、调试程序。

任务分析

机械手将工件由 A 处传送到 B 处，上升/下降和左移/右移的执行用双线圈二位电磁阀推动汽缸完成。当某个电磁阀线圈通电时，就一直保持现有的机械动作。例如，一旦下降的电磁阀线圈通电，机械手下降，即使线圈再断电，仍保持现有的下降动作状态，直到相反方向的线圈通电为止。另外，夹紧/放松由单线圈二位电磁阀推动汽缸完成，线圈通电时执行夹紧动作，线圈断电时执行放松动作。

如图6－11 所示，SD、ST 分别为启动、停止按钮，SQ1、SQ2、SQ3、SQ4 分别为下、上、右、左限位开关，模拟真实机械手的限位传感器。QV1、QV2、QV3、QV4、QV5 分别模拟下降、夹紧、上升、右行、左行电磁阀；HL 为原位指示灯，当上、左限位开关闭合且机械手不动作时点亮。设备装有上、下限位和左、右限位开关，它的工作过程如图6－12 所示，有 8 个动作。

以手动和自动两种方式完成控制，根据设备实际情况，SD 启动按钮和 ST 停止按钮作为转换条件。手动程序和自动程序分别写在子程序 1 和子程序 2 中。

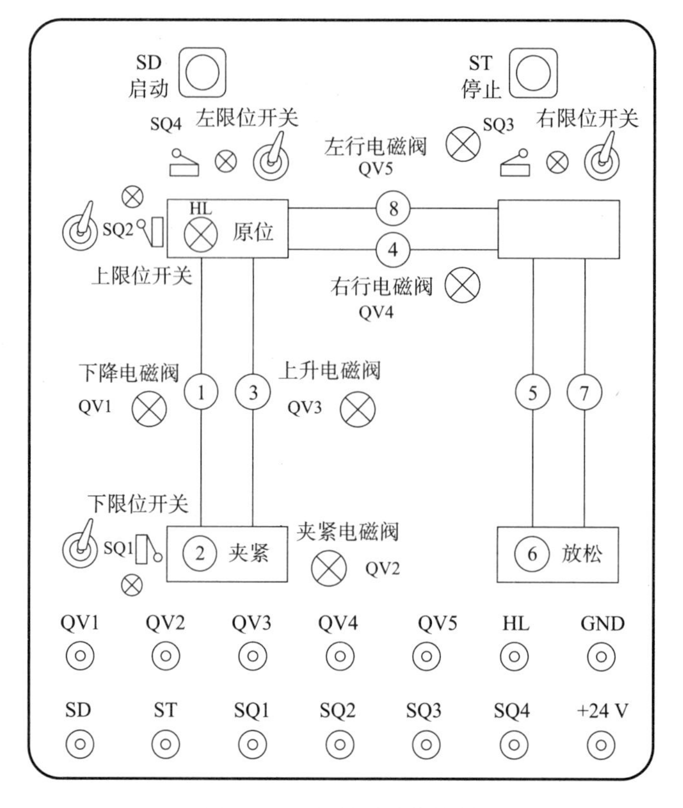

图 6－11　机械手动作控制

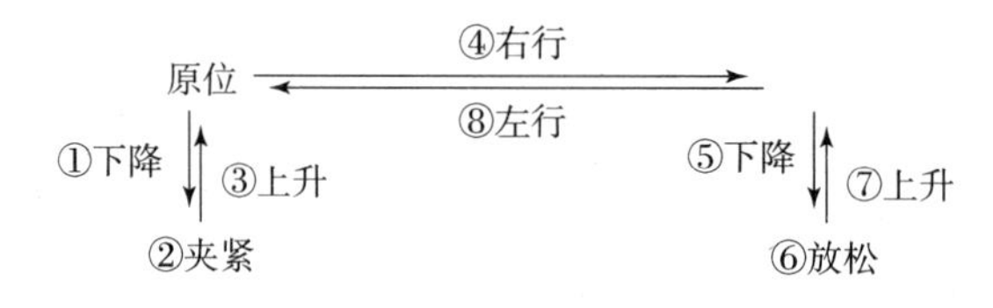

图 6－12　机械手的工作过程

知识准备

一、SIMATIC 子程序

在 S7－200 PLC 中，有 4 种程序，即 OS 系统程序、OB1 主程序、SBR 子程序和 INT 中断程序。OB1 主程序、SBR 子程序和 INT 中断程序也称为用户程序。

子程序可以从 OB1 主程序、另一个子程序或中断程序调用子程序；但不能从子程序本身调用子程序。

S7－200 CPU 中总共有 64 个子程序（0～63）［CPU 226 XM 有 128 个子程序（0～127）］。在主程序中可以嵌套子程序（在子程序中调用另一个子程序），最大嵌套深度为 8，但在中断程序中不能嵌套子程序。

二、SIMATIC 程序控制指令

1. 有条件结束（END）

END 指令可以根据前面的逻辑关系，终止用户主程序。

注意：可以在主程序中使用有条件结束语句，但是不能在子程序或中断程序中使用。Micro/Windows32 自动在主程序结尾加上一个无条件结束。

2. 暂停（STOP）

STOP 指令引起 CPU 方式发生变化，从 RUN 到 STOP，从而可以立即终止程序的执行。

如果 STOP 指令在中断程序中执行，那么该中断立即终止，并且忽略所有挂起的中断，继续扫描程序的剩余部分。在本次扫描的最后，完成 CPU 从 RUN 到 STOP 的转变。

3. 跳转及标号指令

跳转指令（JMP）可使程序流程转到同一程序中的具体标号处，当这种跳转执行时，栈顶的值总是逻辑“1”。

标号指令（LBL）标记跳转目的地的位置。

跳转和标号指令必须用在主程序、子程序或中断程序中。不能从主程序跳到子程序或中断程序，同样不能从子程序或中断程序跳出。

跳转指令的功能是根据不同的逻辑条件，有选择地执行不同的程序。利用跳转指令，可使程序结构更加灵活，减少扫描时间，从而加快了系统的响应速度。

跳转指令 JMP 和 LBL 必须配合应用在同一个程序块中，即 JMP 和 LBL 可同时出现在主程序中，或者同时出现在子程序中，或者同时出现在中断程序中。不允许从主程序中跳转到子程序或中断程序，也不允许从某个子程序或中断程序中跳转到主程序或其他子程序或中断程序。

执行跳转指令需要用两条指令配合使用，即跳转开始指令“JMP n”和跳转标号指令“LBL n”，n 是标号地址，n 的取值范围是 0 ~ 255 的字型类型。

跳转指令可以使程序流程跳转到具体的标号处。当跳转条件满足时，程序由 JMP 指令控制跳转到对应的标号地址 n 处向下执行（即跳过了“JMP n”和“LBL n”之间的程序）；当跳转条件不满足时，顺序向下执行程序，即执行“JMP n”和“LBL n”之间的程序，指令的使用如图 6 - 13 所示。

当 I0.2 断开时（I0.2 = 0），能执行到程序 A 和程序 C，即输出 Q0.0 受 I0.3 的控制；当 I0.2 接通时（I0.2 = 1），能执行到程序 B 和程序 C，即输出 Q0.0 受 I0.4 的控制。

从上述分析可以看出，输入点 I0.2 为一方式选择开关，通过它的通断完成一个 2 选 1 的控制。

4. 子程序、子程序返回

子程序调用指令（CALL）把程序控制权交给子程序。可以带参数或不带参数调用子程序。

有条件子程序返回指令（CRET）根据该指令前面的逻辑关系，决定是否终止子程序。

执行完子程序以后，控制程序回到子程序调用指令的下一条指令。

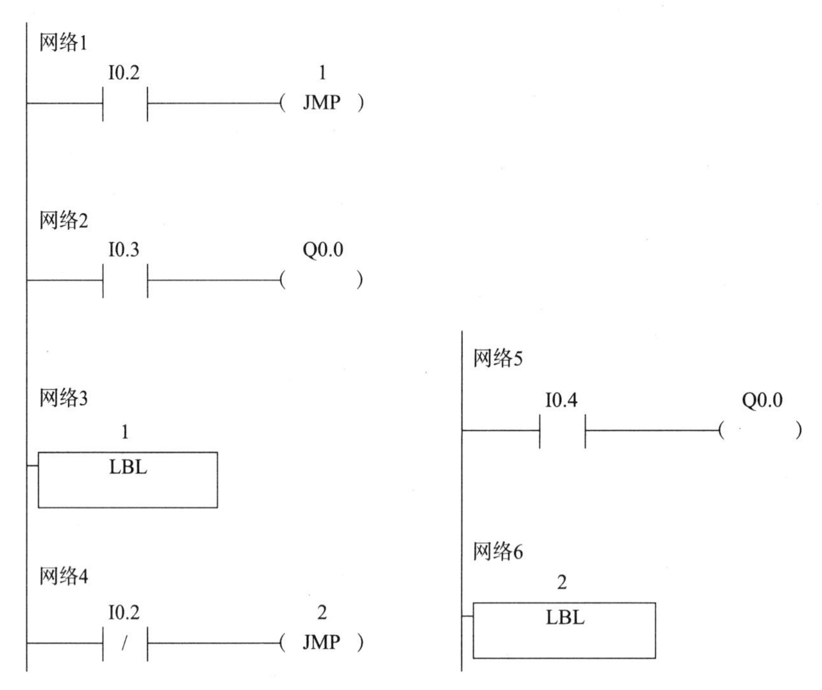

图 6－13　跳转指令的使用

5. 循环指令

FOR 指令和 NEXT 指令必须成对使用，FOR 标记循环的开始，NEXT 标记循环的结束。在 FOR 和 NEXT 之间执行指令，必须给 FOR 指令指定当前循环计数（INDX）、初值（INIT）和终值（FINAL）。

NEXT 指令标记循环的结束，并且置栈顶值为“1”。

使用 FOR/NEXT 循环指令的规则如下：

如果允许 FOR/NEXT 循环，除非在循环内部修改了终值，循环体就一直循环执行直到循环结束。FOR/NEXT 循环执行的过程中可以修改这些值。当循环再次允许时，它把初始值复制到指针值中。当下一次允许时，FOR/NEXT 循环指令复位它自己。

FOR/NEXT 循环指令可以描述需重复执行一定次数的循环体。每条 FOR 指令必须对应一条 NEXT 指令。FOR 和 NEXT 循环嵌套深度可达 8 层。图 6－14 所示为 FOR/NEXT 循环指令应用示例。

6. 顺序控制继电器指令（步进阶梯指令）

LSCR 指令标记一个顺序控制继电器（SCR）段的开始。当 $n=1$ 时，允许该 SCR 段工作。SCR 段必须用 SCRE 指令结束。

SCRT 指令执行 SCR 段的转移。当 $n=1$ 时，一方面对下一个 SCR 使能位置位，以便下一个 SCR 段工作；另一方面又同时对本 SCR 使能位复位，以使本 SCR 段停止工作。

SCRE 指令标示一个 SCR 段的结束。

例如，用顺序继电器实现的顺序控制中一个步的程序段，这一步实现的功能是使两电动机（M1、M2）启动运行 20 s 后停止，切换到下一步。

图 6－15 所示为顺序继电器实现顺序控制示例。

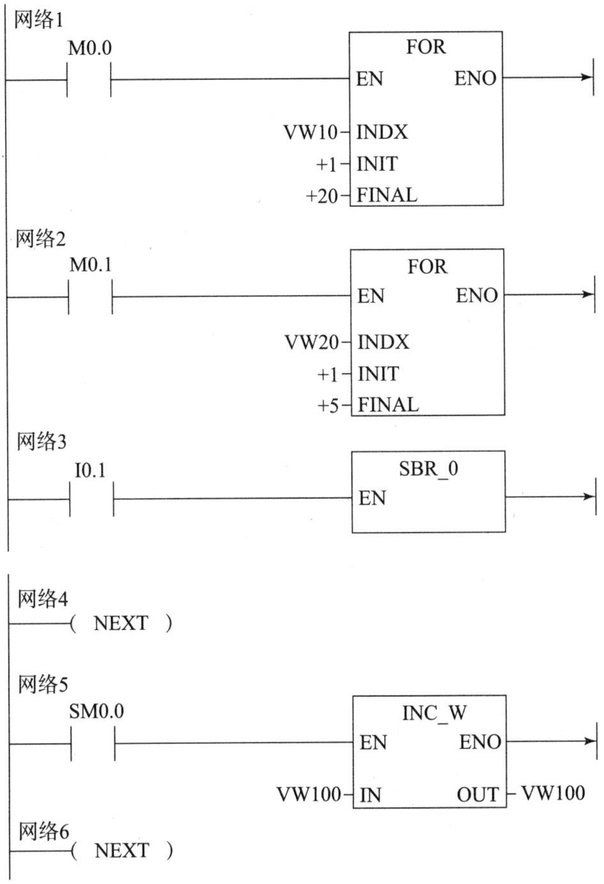

(a)

```
LD      M0.0                    //使能输入
FOR     VW10, +1, +20           //循环开始
                                //与第二个 NEXT 之间为一级循环体
LD      M0.1
FOR     VW20, +1, +5            //与第一个 NEXT 之间为一级循环体
LD      I0.1
CALL    SBR_0: SBR0             //调用子程序 0
                                //循环体的功能段
NEXT                            //循环结束
LD      SM0.0
INCW    VW100                   //自增指令
                                //每执行一次一级循环体，VW100 的值增 1
NEXT                            //循环结束
```

(b)

图 6-14　FOR/NEXT 循环指令应用示例

(a) 梯形图；(b) 程序段

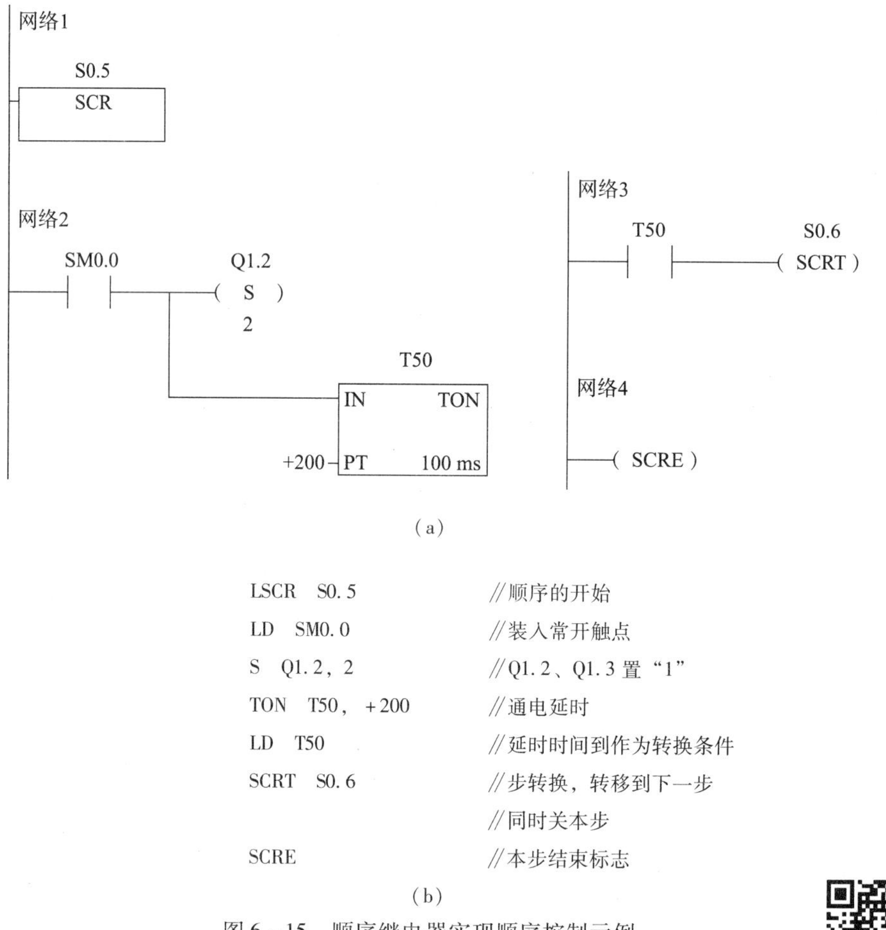

(a)

```
LSCR   S0.5              //顺序的开始
LD   SM0.0               //装入常开触点
S   Q1.2, 2              //Q1.2、Q1.3 置“1”
TON   T50,  +200         //通电延时
LD   T50                 //延时时间到作为转换条件
SCRT   S0.6              //步转换，转移到下一步
                         //同时关本步
SCRE                     //本步结束标志
```

(b)

图 6－15　顺序继电器实现顺序控制示例

(a) 梯形图；(b) 程序段

微课：机械手

任务实施

(1) 按照输入和输出两个配置表（见表 6－22、表 6－23），将 PLC 的输入/输出端子与相应面板符号的插孔用连接线连好。

表 6－22　输入配置表

序号	名称	面板符号	程序符号	输入点
0	启动	SD	Start	I0.0
1	下限位	SQ1	Down_limit	I0.1
2	上限位	SQ2	Up_limit	I0.2
3	右限位	SQ3	Right_limit	I0.3

续表

序号	名称	面板符号	程序符号	输入点
4	左限位	SQ4	Left_limit	I0. 4
5	停止	ST	Stopped	I0. 5

表 6－23　输出配置表

序号	名称	面板符号	程序符号	输入点
0	下降	QV1	Down_move	Q0. 0
1	夹紧	QV2	Clamp	Q0. 1
2	上升	QV3	Up_move	Q0. 2
3	右行	QV4	Right_move	Q0. 3
4	左行	QV5	Left_move	Q0. 4
5	原位	HL	Origin	Q0. 5

（2）按照输入/输出配置，设计梯形图程序。

①主程序，如图 6－16 所示。

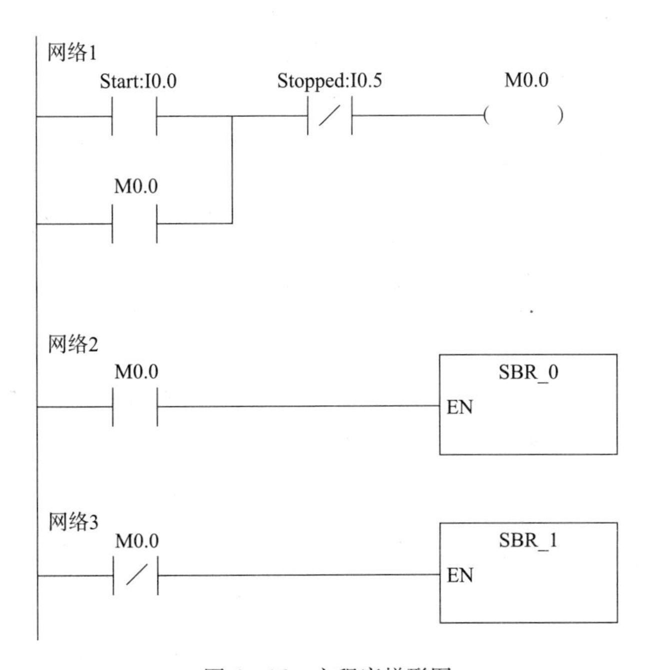

图 6－16　主程序梯形图

②手动控制程序（子程序0），如图6－17所示。

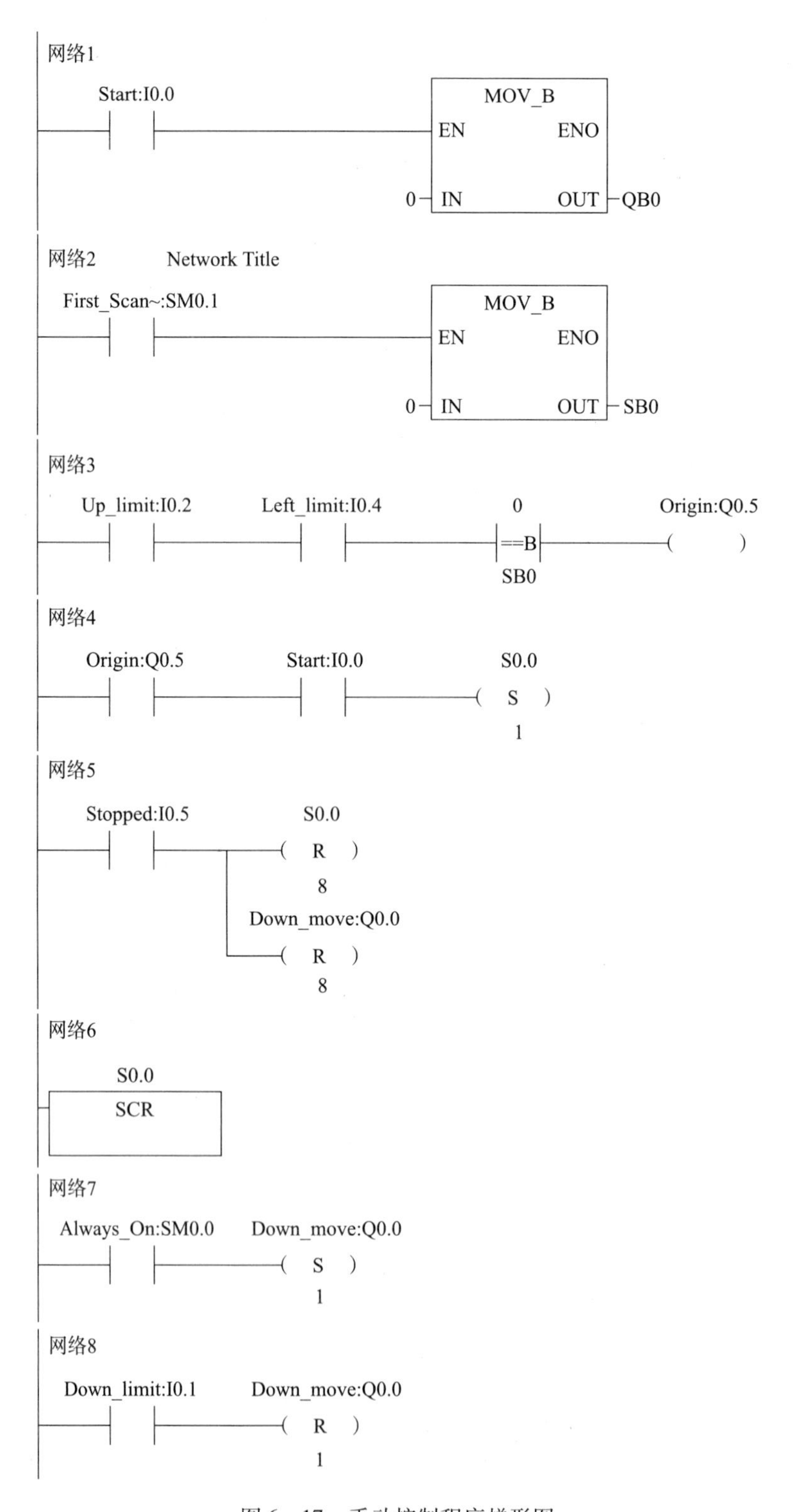

图6－17　手动控制程序梯形图

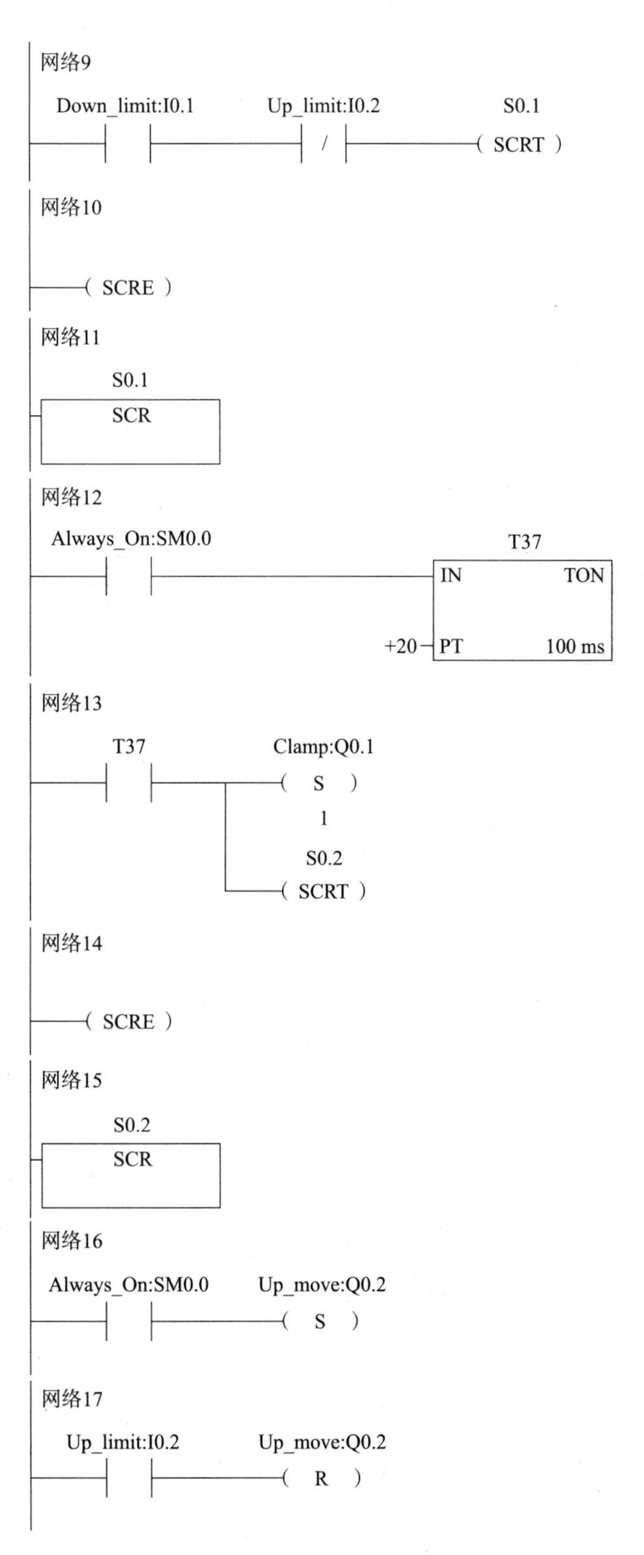

图6－17　手动控制程序梯形图（续）

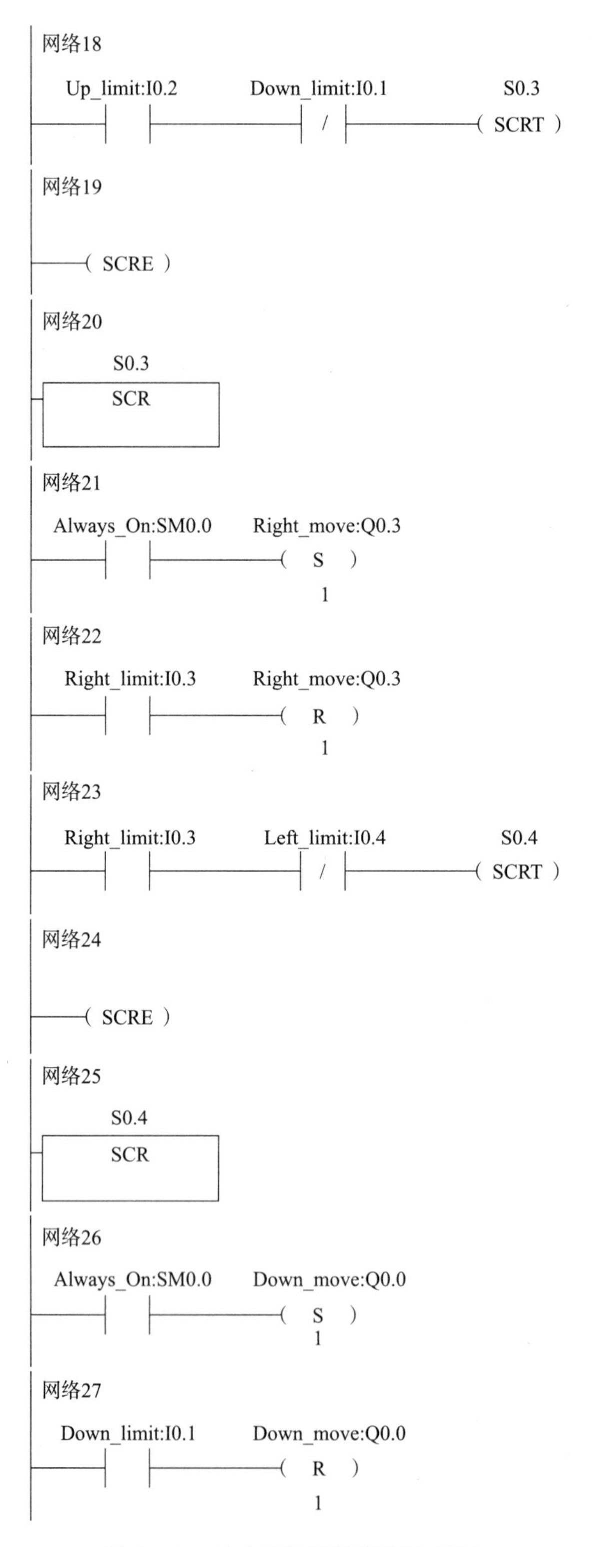

图 6－17　手动控制程序梯形图（续）

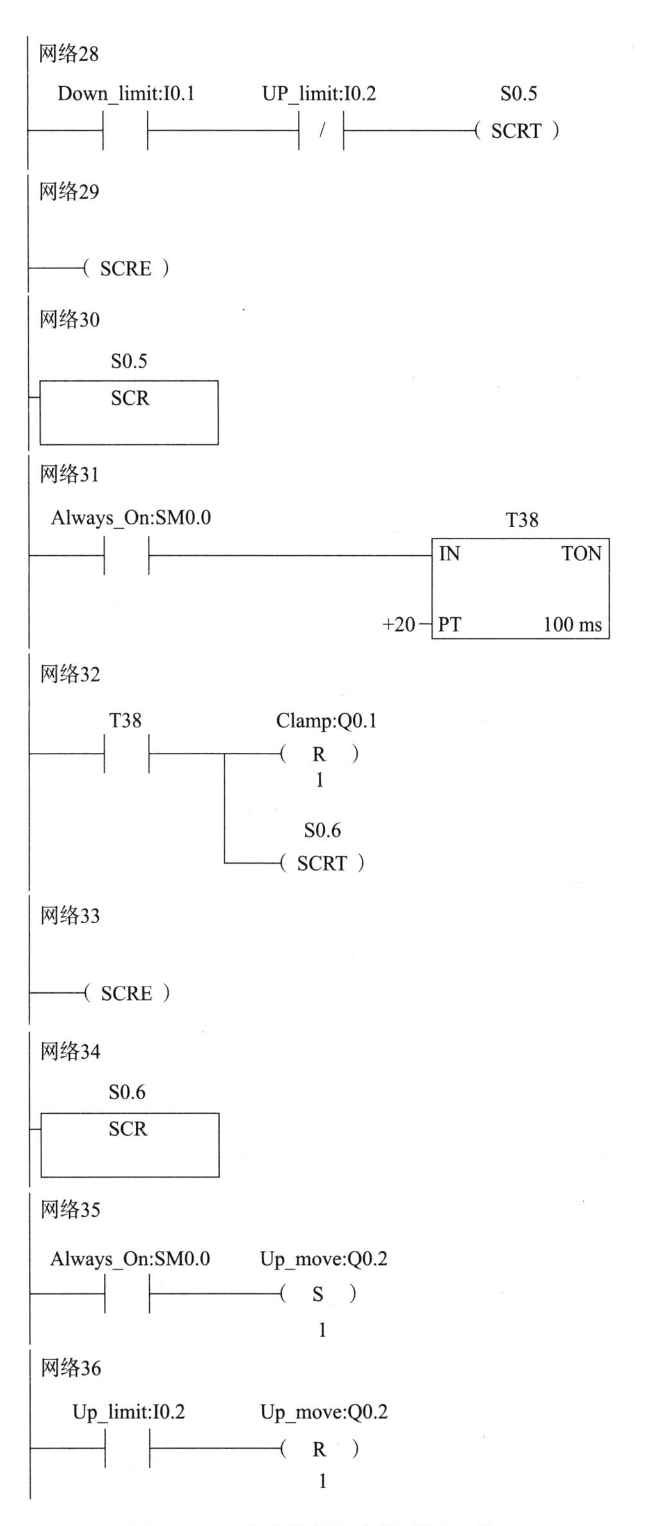

图 6－17　手动控制程序梯形图（续）

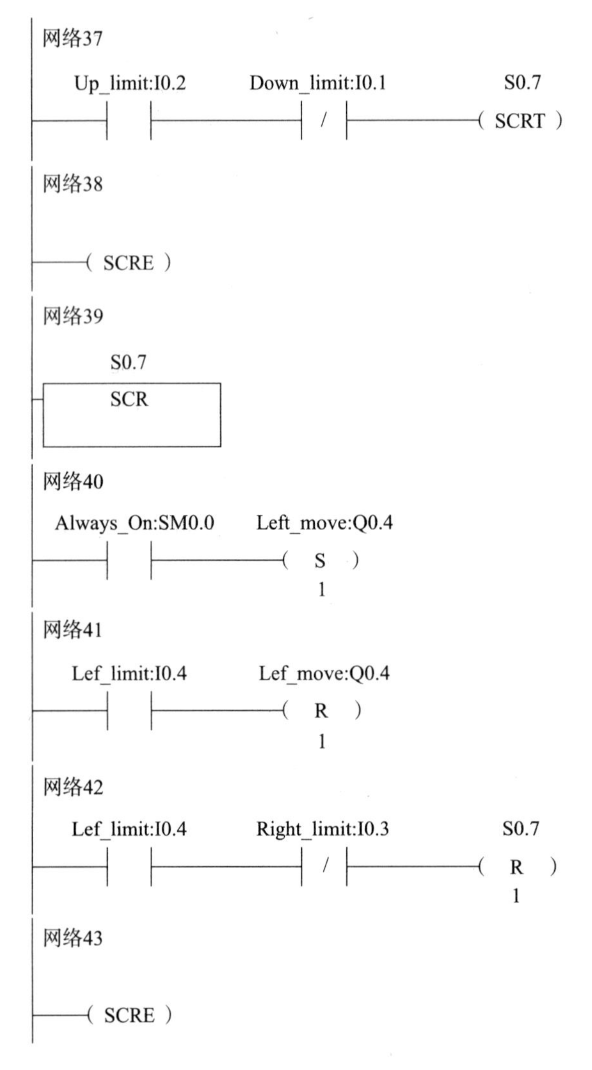

图 6－17　手动控制程序梯形图（续）

③自动操作程序（子程序 1），如图 6－18 所示。

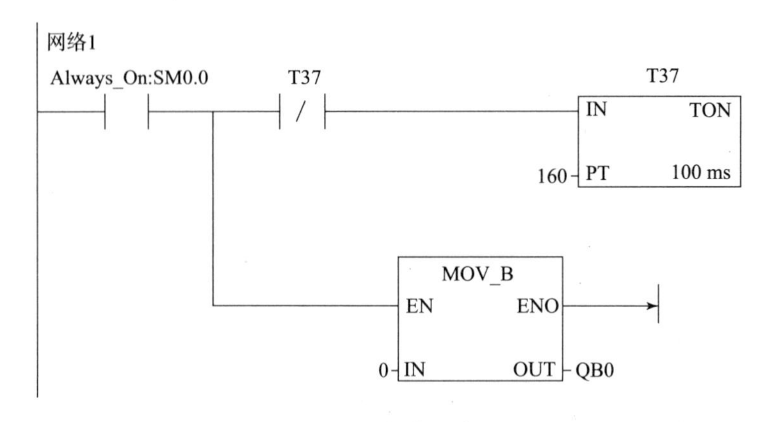

图 6－18　自动操作程序梯形图

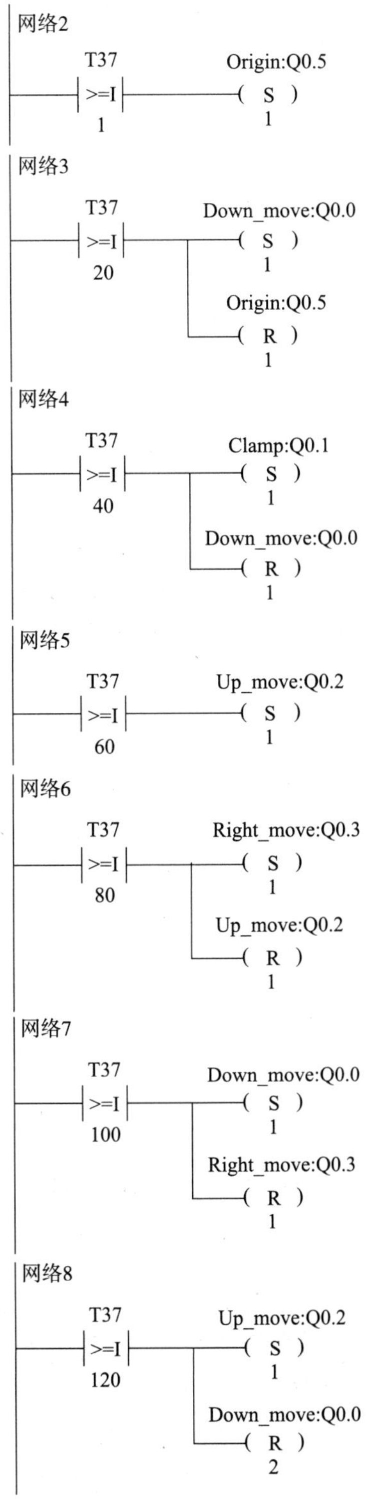

网络2

T37 >=I 1 —— Origin:Q0.5 (S) 1

网络3

T37 >=I 20 —— Down_move:Q0.0 (S) 1

Origin:Q0.5 (R) 1

网络4

T37 >=I 40 —— Clamp:Q0.1 (S) 1

Down_move:Q0.0 (R) 1

网络5

T37 >=I 60 —— Up_move:Q0.2 (S) 1

网络6

T37 >=I 80 —— Right_move:Q0.3 (S) 1

Up_move:Q0.2 (R) 1

网络7

T37 >=I 100 —— Down_move:Q0.0 (S) 1

Right_move:Q0.3 (R) 1

网络8

T37 >=I 120 —— Up_move:Q0.2 (S) 1

Down_move:Q0.0 (R) 2

图 6 - 18　自动操作程序梯形图（续）

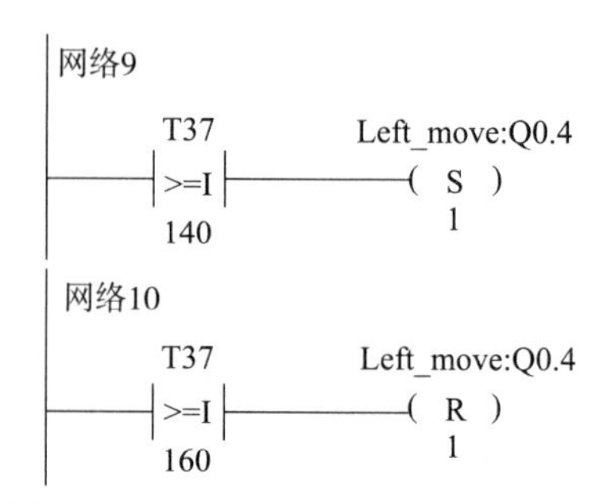

图 6－18　自动操作程序梯形图（续）

（3）下载编写的程序到 PLC，并运行程序。

（4）模拟动作实验板上的按钮和开关，验证所编程序的逻辑功能。

任务评价

为全面记录和考核任务完成的情况，表 6－24 给出了任务评分标准。

表 6－24　“机械手控制”任务评分表

实施步骤	考核内容	分值	成绩
接线	拟定接线图，完成各设备之间的连接	10	
编程	编程并录入梯形图程序，编译、下载	10	
调试及故障排除	调试：PLC 处于 RUN 状态时，运行程序。 故障排除：逐一检查输入和输出回路。 说明：（1）能准确完成软硬件联调，显示正确结果； （2）若结果错误，能找出故障点并加以解决	20	
成果演示		10	
总评成绩		50	

拓展提高

液体混合装置控制的模拟

一、实验目的

（1）通过对工程实例的模拟，熟练掌握 PLC 的编程和程序调试方法。

（2）进一步熟悉 PLC 的 I/O 连接。

（3）熟悉液体混合装置的控制方式及其编程方法。

二、实验原理

本装置为两种液体混合装置（见图 6－19），L1、L2、L3 为液面传感器，液体 A、B 阀门与混合液阀门由电磁阀 V1、V2、V3 控制，M 为搅拌电动机，控制要求如下。

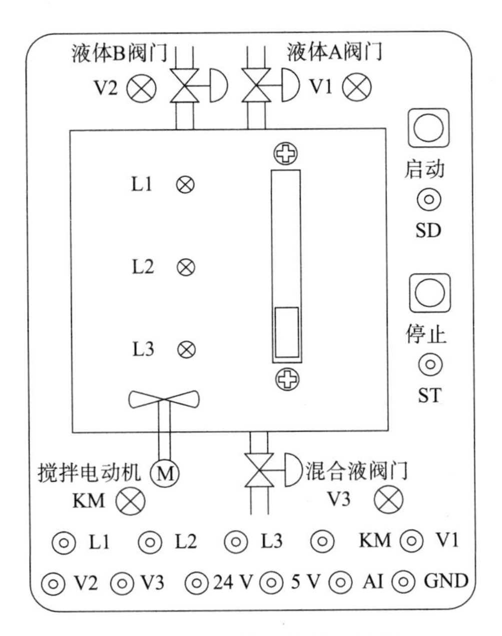

图6－19　液体混合装置控制

初始状态：装置投入运行时，液体A、B阀门关闭，混合液阀门打开10 s将容器放空后关闭。

启动操作：按下启动按钮SB1，装置就开始按下面规律操作了。

液体A阀门打开，液体A流入容器。当液面到达L2时，L2开关接通，关闭液体A阀门，打开液体B阀门。液面到达L1时，关闭液体B阀门，搅拌电动机开始搅匀动作。搅拌电动机工作1 min后停止搅动，混合液阀门打开，开始放出混合液体。当液面下降到L3时，L3开关由接通变为断开，再过10 s后，容器放空，混合液阀门关闭，开始下一周期。

停止操作：按下停止按钮SB2后，在当前的混合液操作处理完毕后，停在初始状态，当有下一启动输入时又开始工作。

SD、ST分别为启动、停止按钮；L1、L2、L3 3个开关用来模拟3个位置的液面传感器；V1、V2分别为A、B进液电磁阀；V3为混合液排液电磁阀；KM为搅拌电动机。

三、输入/输出分配

输入/输出配置见表6－25、表6－26。

表6－25　输入配置

序号	名称	面板符号	程序符号	输入点
0	启动按钮	SB1	Start	I0.0
1	停止按钮	SB2	Stopped	I0.1
2	液位传感器	L1	SL1	I0.2
3		L2	SL2	I0.3
4		L3	SL3	I0.4

表 6－26　输出配置

序号	名称	面板符号	程序符号	输入点
0	L1	L1	L1	Q0. 0
1	L2	L2	L2	Q0. 1
2	L3	L3	L3	Q0. 2
3	液体 A 电磁阀	V1	YV1	Q0. 3
4	液体 B 电磁阀	V2	YV2	Q0. 4
5	混合液电磁阀	V3	YV3	Q0. 5
6	搅拌电动机	KM	M	Q0. 6

四、实验方法

(1) 按照输入和输出两个配置表，将 PLC 的端子与相应面板符号的插孔用连接线连好。
(2) 按照输入/输出配置，参照参考程序编写梯形图程序。
(3) 下载编写的程序到 PLC，运行程序。
(4) 模拟动作实验板上的按钮和开关，验证所编程序的逻辑功能。

五、实验参考程序（见表 6－27）

表 6－27　参考程序

初始化	
LD　SM0. 1	第一个扫描周期为 1
S　M0. 0，1	M0. 0 置“1”，即初始化位
R　S0. 0，8	SB0 清零
LD　M0. 0	M0. 0 为“1”
TON　T37，+100	T37 开始计时
LD　M0. 0	M0. 0 为“1”
AN　T37	计时未到 10 s
=　YV3	开混合液电磁阀
LD　T37	计时到 10 s
R　M0. 0，2	复位初始化位
启动	
LD　Start	有启动输入
AN　M0. 0	无初始化位，即初始化时启动无效
AN　M0. 1	无停止位，即有停止位时启动无效
AB =　SB0，0	无活动步，即运行时启动无效
S　S0. 1，1	置第一步

续表

进液体 A 步	
LSCR　　S0.1	进液体 A 步开始
LD　　SM0.0	始终为“1”
S　　YV1，1	打开液体 A 电磁阀
LD　　SL2	到达液位 L2
R　　YV1，1	关闭液体 A 电磁阀
SCRT　　S0.2	置第二步
SCRE	进液体 A 步结束
进液体 B 步	
LSCR　　S0.2	进液体 B 步开始
LD　　SM0.0	始终为“1”
S　　YV2，1	打开液体 B 电磁阀
LD　　SL1	到达液位 L1
R　　YV2，1	关闭液体 B 电磁阀
SCRT　　S0.3	置第三步
SCRE	进液体 B 步结束
搅拌步	
LSCR　　S0.3	开始搅拌步
LD　　SM0.0	始终为“1”
TON　　T38，+100	T38 开始计时
LDN　　T38	计时未到
S　　M，1	开搅拌电动机
LD　　T38	搅拌时间到
R　　M，1	关搅拌电动机
SCRT　　S0.4	置第四步
SCRE	搅拌步结束
排液步	
LSCR　　S0.4	排液步开始
LD　　SM0.0	始终为“1”
S　　YV3，1	打开混合液电磁阀
LDN　　SL1	低于液位 L1
AN　　SL2	低于液位 L2
AN　　SL3	低于液位 L3

续表

排液步	
TON　　T39，＋100	T39 开始计时
LD　　T39	计时 10 s 到
R　　YV3，1	关闭混合液电磁阀
SCRT　　S0.5	置第五步
SCRE	排液步结束
停止步	
LSCR　　S0.5	开始停止步
LDN　　M0.1	无停止位
SCRT　　S0.1	循环，开始第一步
LD　　M0.1	有停止位
R　　S0.0，8	停止所有步
R　　M0.1，1	复位停止位
SCRE	停止步结束
停止输入	
LD　　Stopped	有停止输入
AB < >　　0，SB0	程序不在停止状态
S　　M0.1，1	置停止位

任务四　电梯控制

任务目标

（1）掌握复杂控制程序设计的方法。

（2）会利用所学指令与方法实现电梯控制系统的设计。

（3）会进行电梯控制电路的接线。

（4）会使用编程软件下载、调试程序。

任务分析

电梯由安装在各楼层门口的上升和下降呼叫按钮进行呼叫操纵，其操纵内容为电梯运行方向。电梯轿厢内设有楼层内选按钮 S1～S4，用以选择需停靠的楼层。L1 为一层指示，L2 为二层指示，L3 为三层指示，L4 为四层指示，SQ1～SQ4 为到位行程开关，如图 6－20 所示。电梯上升途中只响应上升呼叫，下降途中只响应下降呼叫，任何反方向的呼叫均无效。

例如，电梯停在由一层运行至四层的过程中，在三层轿厢外呼叫时，若按三层上升呼叫按钮，电梯响应呼叫（运行至三层时三层上升呼叫指示灯灭）；若按三层下降呼叫按钮，电梯运行至三层时将不响应呼叫运行至四层，然后再下行，响应三层下降呼叫按钮（运行至三层时三层下降呼叫指示灯灭），依此类推。

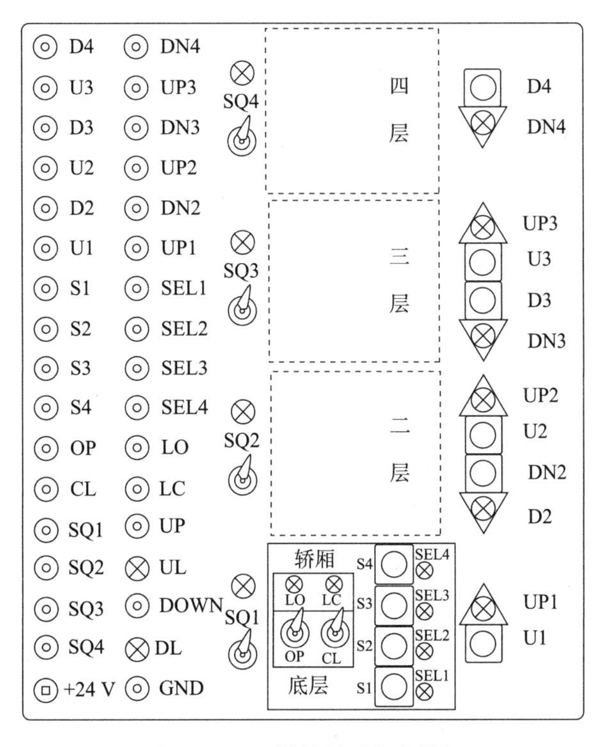

图6－20　电梯控制系统的模拟

S1、S2、S3、S4 分别为轿厢内一层、二层、三层、四层电梯内选按钮；D2、D3、D4 分别为二层、三层、四层电梯外下降呼叫按钮；U1、U2、U3 分别为一层、二层、三层电梯外上升呼叫按钮；SQ1、SQ2、SQ3、SQ4 分别为一层、二层、三层、四层行程开关，模拟实际电梯位置传感器的作用。

L1、L2、L3、L4 分别为一层、二层、三层、四层电梯位置指示灯；DOWN 为电梯下行状态指示灯；UP 为电梯上行状态指示灯；SEL1、SEL2、SEL3、SEL4 分别为轿厢内一层、二层、三层、四层电梯内选指示灯；DN2、DN3、DN4 分别为二层、三层、四层电梯外下降指示灯；UP1、UP2、UP3 分别为一层、二层、三层电梯外上升指示灯。

电梯运行前首先应注意电梯门的状态。

电梯位置由行程开关 SQ1、SQ2、SQ3、SQ4 决定，电梯运行由手动依次拨动行程开关完成，其运行方向由上行、下行指示灯 UP、DOWN 决定。

例如，闭合开关 SQ1，电梯位置指示灯 L1 亮，表示电梯停在一层，这时按下四层下呼按钮，四层下呼指示灯 DN4 亮，同时上行指示灯 UP 亮，电梯处于上行状态。断开 SQ1、闭合 SQ2，L1 灭、L2 亮，表示电梯运行至二层，上行指示灯 UP 仍亮；断开 SQ2、闭合 SQ3，电梯运行至三层；断开 SQ3、闭合 SQ4，电梯运行至四层，四层下呼指示灯 DN4 灭，同时上行指示灯 UP 灭，电梯结束上行状态。

每到达一楼层若电梯门指示灯不闪烁，则继续前进；否则执行电梯门开关动作。

当电梯在四层时（开关 SQ4 闭合），电梯位置指示灯 L4 亮。按下轿厢一层内选开关，电梯进入下行状态。在电梯从四层运行至一层的过程中，若按下二层上呼与下呼按钮，由于电梯处于下行状态中，电梯将只响应二层下呼，不响应二层上呼。当电梯运行至二层时，二层下呼指示灯 D2 灭，上呼指示灯 U2 保持点亮。当电梯运行至一层时，一层内选指示灯 SEL1 灭，下行指示灯 DOWN 灭，上行指示灯 UP 亮，电梯转为上行状态，当电梯运行至二层时，对二层上呼响应，二层上呼指示灯 U2 灭。

一、电梯的分类

电梯可以按用途、驱动方式、提升速度、拖动方式、操纵方式、有无涡轮减速器或机房位置等进行分类，见表 6－28。

表 6－28 电梯的类别

分类依据	类型
用途	乘客电梯、载货电梯、客货（两用）电梯、住宅电梯、杂物电梯、船用电梯、汽车用电梯、观光电梯、病床电梯
拖动方式	交流电梯、直流电梯、液压电梯、齿轮齿条式电梯
速度	低速电梯、快速电梯、高速电梯、超高速电梯
控制方式	手柄控制电梯、按钮控制电梯、信号控制电梯、集选控制电梯、并联控制电梯、梯群控制电梯
有无减速器装置	无齿轮电梯、有齿轮电梯
操作方式	有司机电梯、无司机电梯、有/无司机电梯
驱动方式	液压式电梯、曳引式电梯、螺旋式电梯、爬轮式电梯
有无机房	有机房电梯、无机房电梯

二、电梯的基本结构

总的来讲，电梯由机械系统和电气控制系统两部分组成，而电气控制系统由电力拖动系统、运动逻辑功能控制系统和电气安全保护系统等组成。

1. 曳引系统

电梯曳引系统的功能是输出传动和传递动能，驱动电梯运行，其主要由曳引机、曳引钢丝绳、导向轮和反向轮组成。

曳引机：曳引机为电梯的运行提供动能，由电动机、曳引轮和电磁制动器组成。

曳引钢丝绳：曳引钢丝绳由曳引钢丝、绳股和绳心组成。

导向轮和反向轮：导向轮是将钢丝绳引向对重架或轿厢钢丝绳轮，安装在曳引机架或承重梁上；反向轮是设置在机房上的定滑轮，其作用是根据需要，将曳引钢丝绕过反绳轮，用于构成不同的曳引绳传动比。

根据电梯的使用要求和建筑物的具体情况，电梯曳引绳传动比、曳引绳在曳引轮上的缠绕方式及曳引机的安装位置都有所不同。

2. 轿厢和门系统

轿厢：轿厢是用来安全运送乘客及物品到目的地的厢体装置，它的运行轨迹是在曳引机钢丝绳的牵引下沿导轨上下运行的。

门系统：电梯门分为轿厢门和厅门，轿厢门用来封住出入口，厅门是为了确保后梯厅的安全而设置的开闭装置，只有在轿厢停层和平层时才能被打开。

3. 重量平衡系统

对重是平衡轿厢重量的平衡重，与轿厢分别悬挂在曳引钢丝绳的两端。对重由以槽钢为主所构成的对重架和用灰铸铁制造的对重块组成。轿厢侧的重量为轿厢自重与负载之和，而负载的大小却在空载与额定负载之间随机变化。因此，只有当轿厢自重与载重之和等于对重重量时，电梯才处于完全平衡状态，应使曳引钢丝绳两端张力的差值小于由曳引钢丝绳与曳引轮槽之间的摩擦力所限定的最大值，以保证电梯曳引传动系统工作正常。

4. 导向系统

导向系统由导轨、导靴和导轨架组成，导轨用来在井道中确定轿厢与对重架的相互位置，并对它们的运动起导向作用。

5. 安全保护系统

电梯的运行必须保证安全。为此，设置了由电气安全保护装置和机械安全保护装置组成的电梯安全保护系统。

1）电气安全保护装置

为了保证电梯的安全运行，在井道中设置终端超越保护装置。实际上，这是一组防止电梯超越下端或上端站的行程开关，它能在轿厢或对重撞底、冲顶之前，通过轿厢打板直接触碰这些开关来切断控制电路或总电源，在电磁制动器的制动抱闸作用下，迫使电梯停止运行。

2）机械安全保护装置

电梯电气控制系统由于出现故障而失灵时，会造成电梯超速运行。如果电气超速保护系统也失灵，甚至电磁制动器也不起作用，就会使电梯失控而出现“飞车”，甚至会出现曳引钢丝绳打滑等严重事故，这时就要靠机械保护装置提供最后的安全保护。对于电梯超速的失控现象的机械安全保护装置的限速器和安全钳，这两种装置总是相互配合使用的。

6. 电力拖动系统

电力拖动系统由曳引电动机、速度反馈装置、电动机调速控制系统和拖动电源系统等部分组成。其中，曳引电动机为电梯的运行提供动力；速度反馈装置是为电动机调速控制系统提供电梯运行速度实测信号的装置，一般为与电动机同轴旋转的测速发电机或电光脉冲发生器。

7. 运行逻辑控制系统

电梯的电气控制系统由控制装置、操纵装置、平层装置和位置显示装置等部分组成。其中，控制装置根据电梯的运行逻辑功能要求控制电梯的运行，其设置在机房中的控制柜上。操纵装置是由轿厢内的按钮箱和厅门的召唤箱按钮来操纵电梯的运行的。平层装置是发出平层控制信号，使电梯轿厢准确平层的控制装置。位置显示装置是用来显示电梯所在楼层位置的轿厢内和厅门的指示灯，厅门指示灯还用箭头指示电梯的运行方向。

任务实施

微课：电梯控制

（1）按照输入和输出两个配置表（见表 6－29、表 6－30），将PLC 的输入/输出与相应面板符号的插孔用连接线连好。

表 6－29　输入配置表

序号	名称	面板符号	程序符号	输入点
1	四层下呼按钮	D4	D4	I0. 0
2	三层上呼按钮	U3	U3	I0. 1
3	三层下呼按钮	D3	D3	I0. 2
4	二层上呼按钮	U2	U2	I0. 3
5	二层下呼按钮	D2	D2	I0. 4
6	一层上呼按钮	U1	U1	I0. 5
7	一层内选按钮	S1	S1	I0. 6
8	二层内选按钮	S2	S2	I0. 7
9	三层内选按钮	S3	S3	I1. 0
10	四层内选按钮	S4	S4	I1. 1
11	开门到位	OP	OP	I1. 2
12	关门到位	CL	CL	I1. 3
13	一层行程开关	SQ1	SQ1	I1. 4
14	二层行程开关	SQ2	SQ2	I1. 5
15	三层行程开关	SQ3	SQ3	I1. 6
16	四层行程开关	SQ4	SQ4	I1. 7

表 6－30　输出配置表

序号	名称	面板符号	程序符号	输出点
1	四层下呼指示	DN4	DN4	Q0. 0
2	三层上呼指示	UP3	UP3	Q0. 1
3	三层下呼指示	DN3	DN3	Q0. 2
4	二层上呼指示	UP2	UP2	Q0. 3
5	二层下呼指示	DN2	DN2	Q0. 4
6	一层上呼指示	UP1	UP1	Q0. 5
7	一层内选指示	SEL1	SEL1	Q0. 6
8	二层内选指示	SEL2	SEL2	Q0. 7
9	三层内选指示	SEL3	SEL3	Q1. 0
10	四层内选指示	SEL4	SEL4	Q1. 1
11	开门指示	LO	LO	Q1. 2
12	关门指示	LC	LC	Q1. 3
13	轿厢上升指示	UP	UP	Q1. 4
14	轿厢下降指示	DOWN	DOWN	Q1. 5

（2）按照输入/输出配置，设计梯形图程序，如图 6－21 所示。

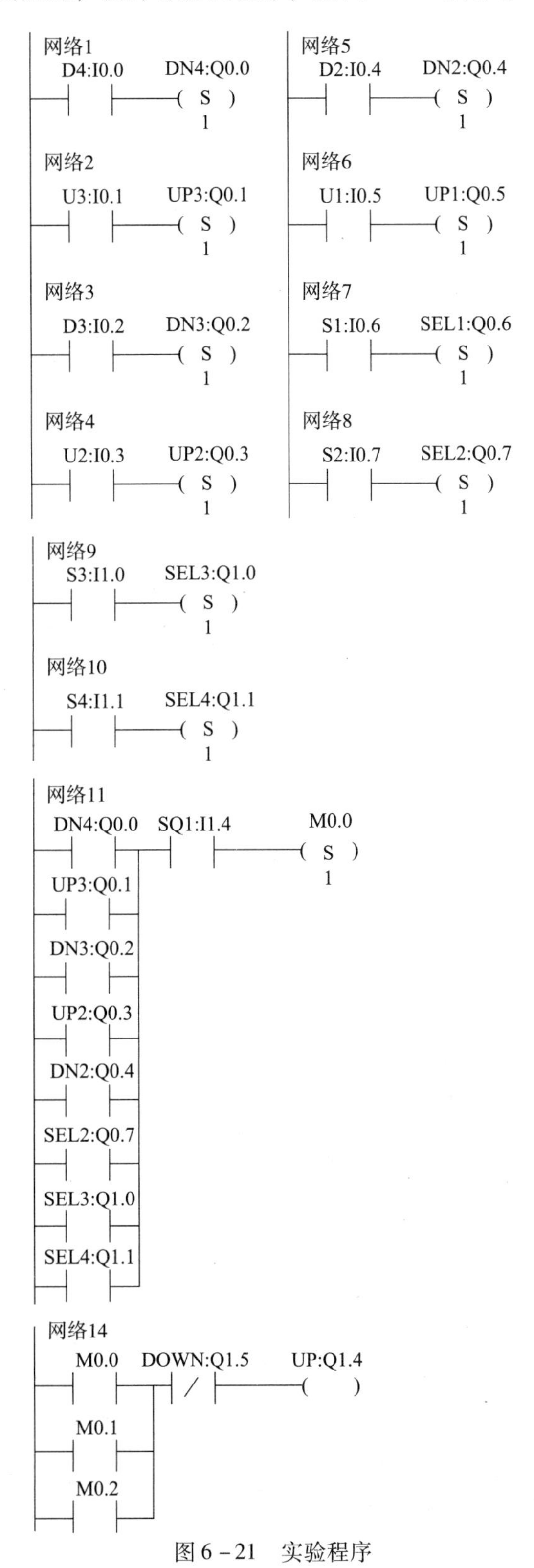

图 6－21　实验程序

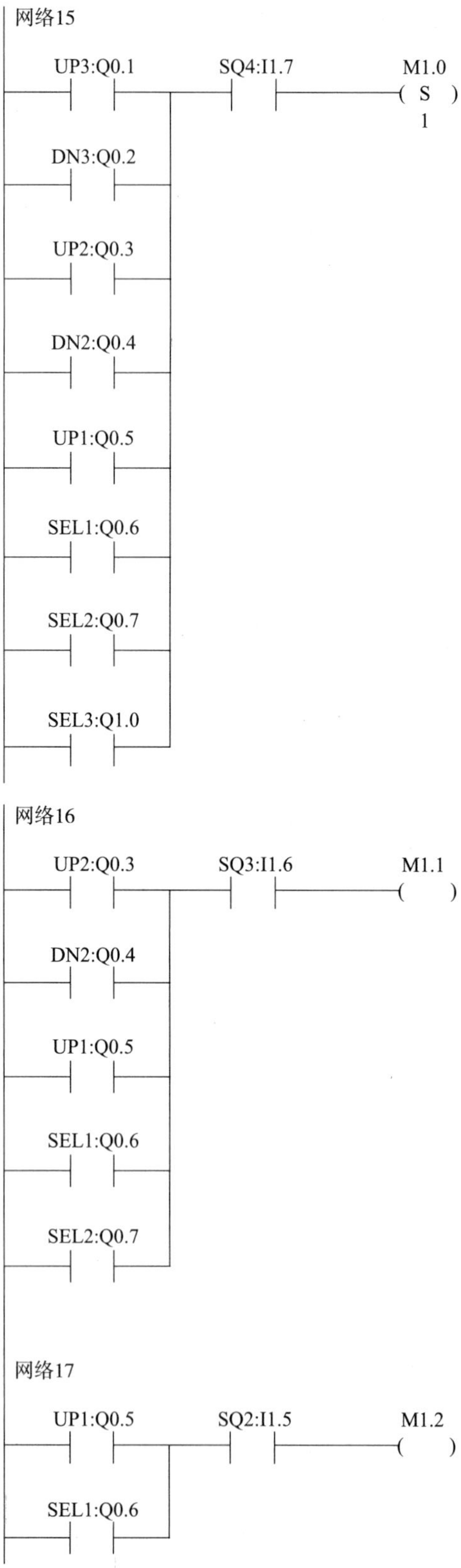

网络15

UP3:Q0.1 SQ4:I1.7 M1.0 (S) 1

DN3:Q0.2

UP2:Q0.3

DN2:Q0.4

UP1:Q0.5

SEL1:Q0.6

SEL2:Q0.7

SEL3:Q1.0

网络16

UP2:Q0.3 SQ3:I1.6 M1.1 ( )

DN2:Q0.4

UP1:Q0.5

SEL1:Q0.6

SEL2:Q0.7

网络17

UP1:Q0.5 SQ2:I1.5 M1.2 ( )

SEL1:Q0.6

图 6－21　实验程序（续）

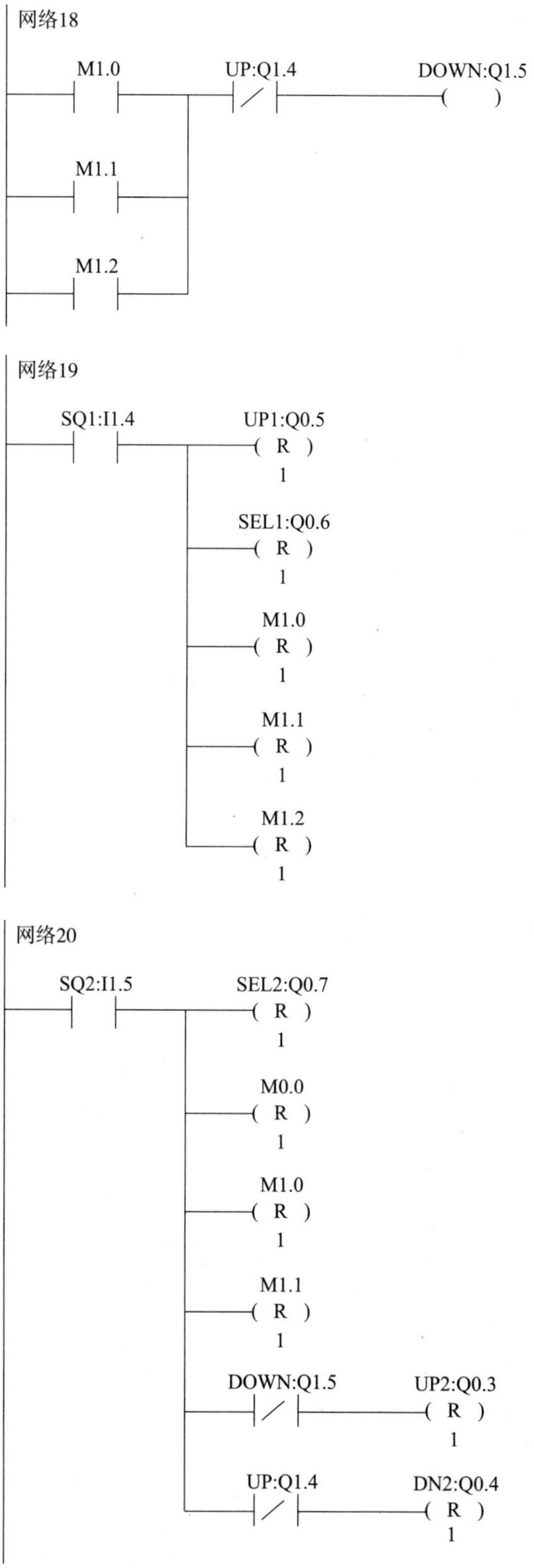

网络18

M1.0　UP:Q1.4　DOWN:Q1.5

M1.1

M1.2

网络19

SQ1:I1.4　UP1:Q0.5 R 1

SEL1:Q0.6 R 1

M1.0 R 1

M1.1 R 1

M1.2 R 1

网络20

SQ2:I1.5　SEL2:Q0.7 R 1

M0.0 R 1

M1.0 R 1

M1.1 R 1

DOWN:Q1.5　UP2:Q0.3 R 1

UP:Q1.4　DN2:Q0.4 R 1

图6－21　实验程序（续）

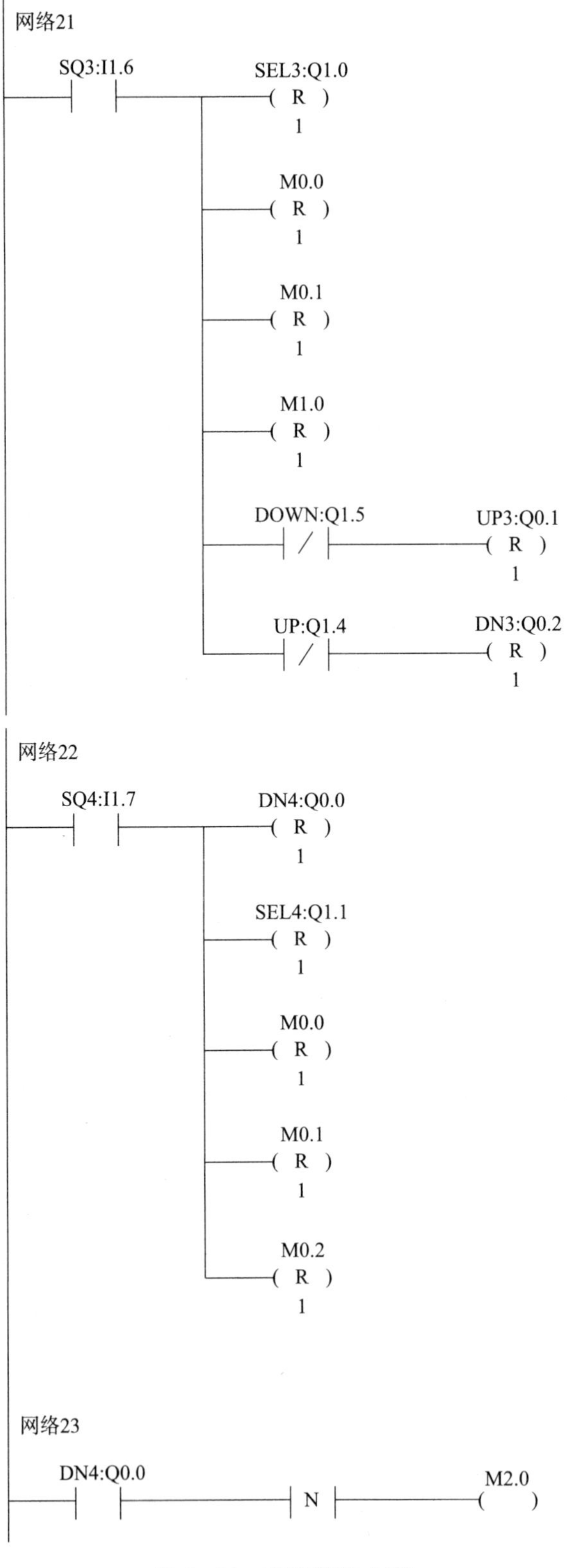
网络21
SQ3:I1.6
SEL3:Q1.0
R
1
M0.0
R
1
M0.1
R
1
M1.0
R
1
DOWN:Q1.5
UP3:Q0.1
R
1
UP:Q1.4
DN3:Q0.2
R
1
网络22
SQ4:I1.7
DN4:Q0.0
R
1
SEL4:Q1.1
R
1
M0.0
R
1
M0.1
R
1
M0.2
R
1
网络23
DN4:Q0.0
N
M2.0

图 6－21　实验程序（续）

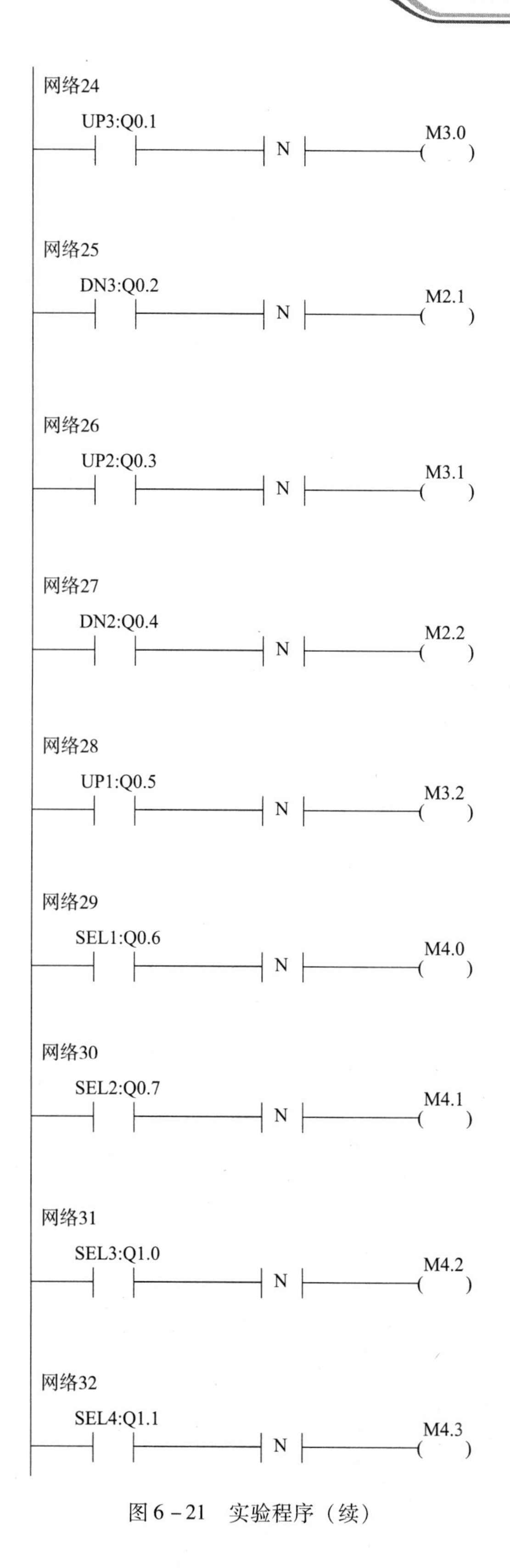
网络24
UP3:Q0.1
N
M3.0
网络25
DN3:Q0.2
N
M2.1
网络26
UP2:Q0.3
N
M3.1
网络27
DN2:Q0.4
N
M2.2
网络28
UP1:Q0.5
N
M3.2
网络29
SEL1:Q0.6
N
M4.0
网络30
SEL2:Q0.7
N
M4.1
网络31
SEL3:Q1.0
N
M4.2
网络32
SEL4:Q1.1
N
M4.3

图6－21　实验程序（续）

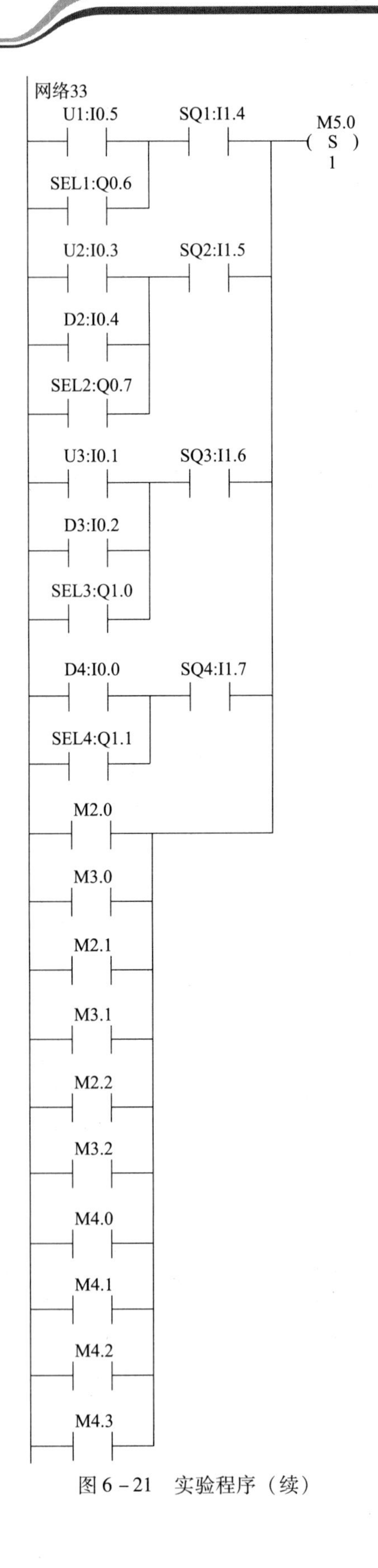

网络33
U1:I0.5
SQ1:I1.4
M5.0
S
1
SEL1:Q0.6
U2:I0.3
SQ2:I1.5
D2:I0.4
SEL2:Q0.7
U3:I0.1
SQ3:I1.6
D3:I0.2
SEL3:Q1.0
D4:I0.0
SQ4:I1.7
SEL4:Q1.1
M2.0
M3.0
M2.1
M3.1
M2.2
M3.2
M4.0
M4.1
M4.2
M4.3

图 6－21　实验程序（续）

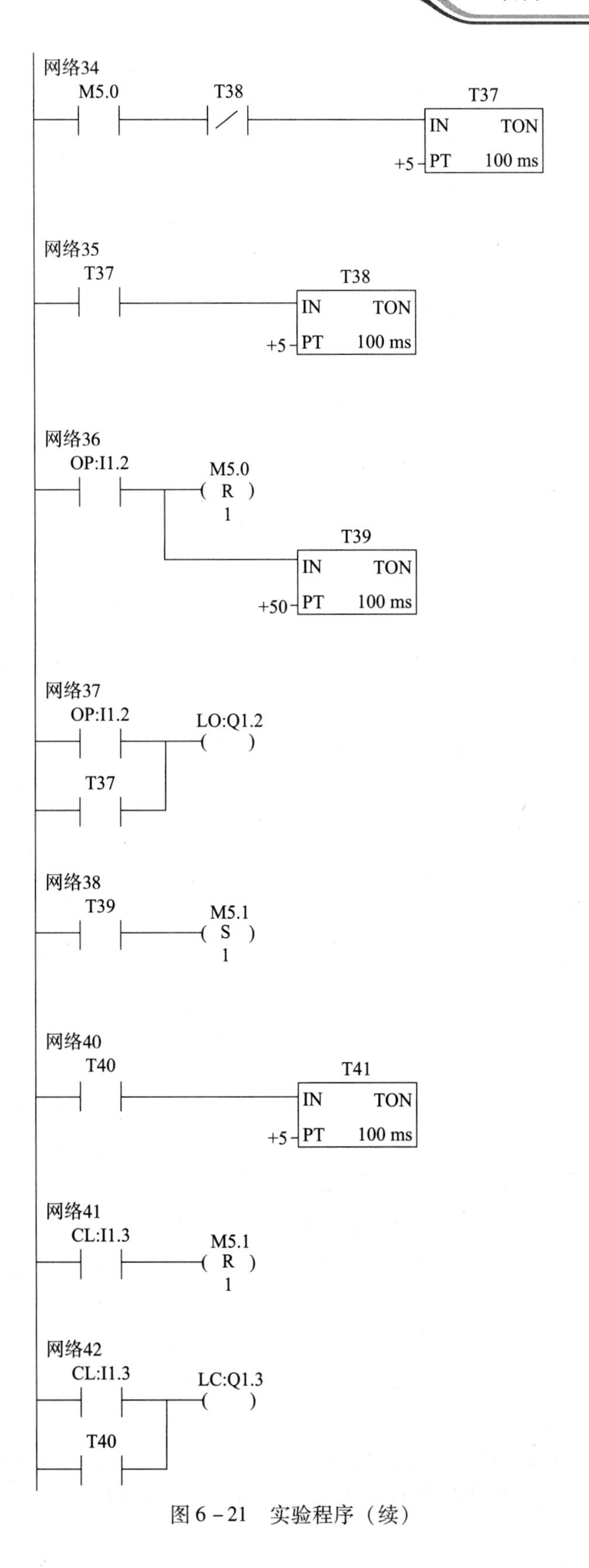

网络34
M5.0
T38
T37
IN
TON
+5
PT
100 ms
网络35
T37
T38
IN
TON
+5
PT
100 ms
网络36
OP:I1.2
M5.0
R
1
T39
IN
TON
+50
PT
100 ms
网络37
OP:I1.2
LO:Q1.2
T37
网络38
T39
M5.1
S
1
网络40
T40
T41
IN
TON
+5
PT
100 ms
网络41
CL:I1.3
M5.1
R
1
网络42
CL:I1.3
LC:Q1.3
T40

图 6－21　实验程序（续）

（3）下载编写的程序到PLC，并运行程序。

（4）模拟动作实验板上的按钮和开关，验证所编程序的逻辑功能。

任务评价

为全面记录和考核任务完成的情况，表6－31给出了任务评分标准。

表6－31 “电梯控制”任务评分表

实施步骤	考核内容	分值	成绩
接线	拟定接线图，完成各设备之间的连接	10	
编程	编程并录入梯形图程序，编译、下载	10	
调试及故障排除	调试：PLC处于RUN状态时，按下输入观测结果。 故障排除：逐一检查输入和输出回路。 说明：（1）能准确完成软硬件联调，显示正确结果； （2）若结果错误，能找出故障点并加以解决	20	
成果演示		10	
总评成绩		50	

拓展提高

四条传送带的模拟

一、实验目的

（1）通过对工程实例的模拟，熟练掌握PLC的编程和程序调试方法。

（2）进一步熟悉PLC的I/O连接。

（3）熟悉传送带等类似逻辑的工程实际的编程方法。

二、实验原理

首先启动最末一条皮带机，经过5 s延时，再依次启动其他皮带机。

停止时应先停止最前一条皮带机，待料运送完毕后再依次停止其他皮带机。

当某条皮带机发生故障时，该皮带机及其前面的皮带机立即停止，而该皮带机以后的皮带机待运完后才停止。例如，M2故障，M1、M2立即停止，经过5 s延时后，M3停止，再过5 s，M4停止。

当某条皮带机上有重物时，该皮带机前面的皮带机停止，该皮带机运行5 s后停止，而该皮带机以后的皮带机待料运完后才停止。例如，M3上有重物，M1、M2立即停止，再过5 s，M4停止。

SD、ST分别为启动、停止开关；A、B、C、D分别模拟四条传送带的故障输入；KM1、KM2、KM3、KM4显示四条传送带的电动机的运转状况，如图6－22所示。

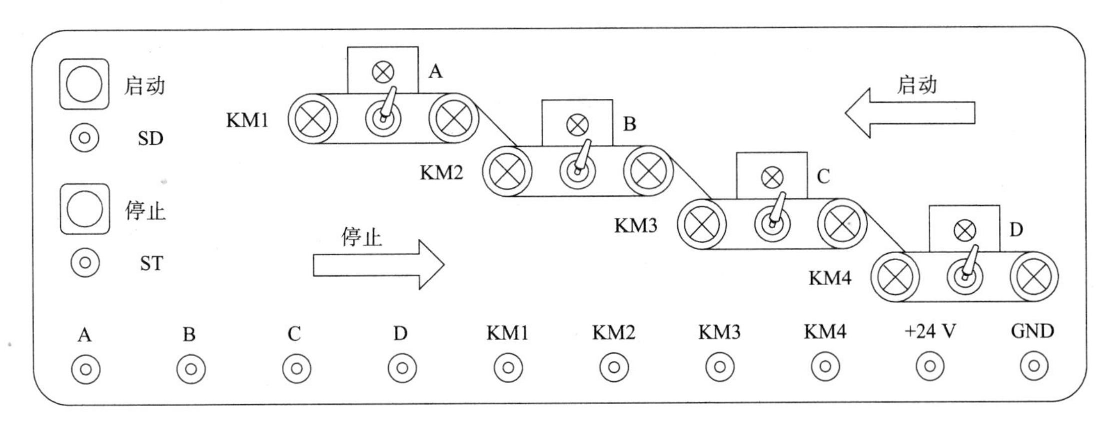

图6－22　四条传送带控制模拟

三、输入/输出分配（见表6－32、表6－33）

表6－32　输入配置

序号	名称	面板符号	程序符号	输入点
0	启动	SD	Start	I0. 0
1	故障 A	A	Fault1	I0. 1
2	故障 B	B	Fault2	I0. 2
3	故障 C	C	Fault3	I0. 3
4	故障 D	D	Fault4	I0. 4
5	停止	ST	Stopped	I0. 5

表6－33　输出配置

序号	名称	面板符号	程序符号	输出点
0	1号电动机	KM1	M1	Q0. 0
1	2号电动机	KM2	M2	Q0. 1
2	3号电动机	KM3	M3	Q0. 2
3	4号电动机	KM4	M4	Q0. 3

四、实验方法

（1）按照输入和输出两个配置表，将PLC的输入/输出与相应面板符号的插孔用连接线连好。

（2）按照输入/输出配置，参照参考程序，编写梯形图程序。

（3）下载编写的程序到PLC，运行程序。

（4）模拟动作实验板上的按钮和开关，验证所编程序的逻辑功能。

五、参考程序（见表 6－34）

表 6－34　参考程序

初始化	
LD　SM0. 1	第一个扫描周期
R　V0. 0，16	清空 V0. 0～V1. 7
程序状态置位	
LD　Start	启动按钮输入
S　V0. 0，1	置启动位
LD　Stopped	停止按钮输入
S　V0. 1，1	置停止位
LD　Fault1	故障 1
S　V0. 2，1	置故障 1 位
LD　Fault2	故障 2
S　V0. 3，1	置故障 2 位
LD　Fault3	故障 3
S　V0. 4，1	置故障 3 位
LD　Fault4	故障 4
S　V0. 5，1	置故障 4 位
LD　V0. 1	启动时
O　Fault1	有故障 1
O　Fault2	或有故障 2
O　Fault3	或有故障 3
O　Fault4	或有故障 4
R　V0. 0，1	复位启动位
LDN　M1	M1 不运行
AN　M2	同时 M2 不运行
AN　M3	同时 M3 不运行
AN　M4	同时 M4 不运行
R　V0. 1，15	复位停止位、故障位
启动程序	
LD　V0. 0	有启动位
S　M4，1	启动 M4
TON　T37，＋150	T37 开始计时

续表

启动程序	
LD　　V0.0	有启动位
AW =　+50，T37	计时 5 s
S　　M3，1	启动 M3
LD　　V0.0	有启动位
AW =　+100，T37	计时 10 s
S　　M2，1	启动 M2
LD　　V0.0	有启动位
AW =　+150，T37	计时 15 s
S　　M1，1	启动 M1
停止程序	
LD　　V0.1	有停止位
A　　M1	同时 M1 运行
R　　M1，1	停止 M1
S　　V1.0，1	置 M1 停止位
LD　　V0.1	有停止位
TON　T38，+50	T38 开始计时
LD　　T38	T38 计时 5 s 到
LDN　　V1.0	或无 M1 停止位，即 M1 未启动就有停止输入
OLD	
A　　V0.1	同时有停止位
A　　M2	同时 M2 运行
R　　M2，1	停止 M2
S　　V1.1，1	置 M2 停止位
LD　　V1.1	有 M2 停止位
TON　T39，+50	T39 开始计时
LD　　T39	T39 计时 5 s 到
LDN　　V1.1	或无 M1、M2 停止位，即 M1、M2 未启动就有停止输入
AN　　V1.0	
OLD	
A　　V0.1	同时有停止位
A　　M3	同时 M3 运行
R　　M3，1	停止 M3

续表

停止程序	
S　V1.2，1	置 M3 停止位
LD　V1.2	有 M3 停止位
TON　T40，+50	T40 开始计时
LD　T40	T40 计时 5 s 到
LDN　V1.2	或无 M1、M2、M3 停止位，即 M1、M2、M3 未启动就有停止输入
AN　V1.1	
AN　V1.0	
OLD	
A　V0.1	同时有停止位
R　M4，1	停止 M4
故障程序	
LD　V0.5	有故障 4
R　M1，4	停止所有电动机
LD　V0.4	有故障 3
R　M1，3	停止 M1、M2、M3
TON　T41，+50	T41 开始计时
LD　T41	T41 计时 5 s 到
R　M4，1	停止 M4
LD　V0.3	有故障 2
R　M1，2	停止 M1、M2
TON　T42，+100	T42 开始计时
LDW = +50，T42	T42 计时 5 s 到
R　M3，1	停止 M3
LDW = +100，T42	T42 计时 10 s 到
R　M4，1	停止 M4
LD　V0.2	有故障 1
R　M1，1	停止 M1
TON　T43，+150	T43 开始计时
LDW = +50，T43	T43 计时 5 s 到
R　M2，1	停止 M2

续表

故障程序		
LDW =	+100，T43	T43 计时 10 s 到
R	M3，1	停止 M3
LDW =	+150，T43	T43 计时 15 s 到
R	M4，1	停止 M4

练习与思考

1. 试用其他指令完成天塔之光的设计，如用比较指令或者多个定时器完成设计。

2. 按照其他显示规律编写相应的 PLC 控制程序，如按照 L1→L2、L3、L4、L5→L6、L7、L8、L9→L1……如此循环，周而复始。按下停止按钮后停止运行。

3. 要求用移位指令对五相步进电动机完成五相十拍的模拟控制，即各相按以下方式通电：

→A~AB~B~BC~C~CD~D~DE~E~EA—

4. 传送带共有 3 个工位，工件从 1 号位装入，分别在 B（操作 1）、D（操作 2）、F（操作 3）3 个工位完成 3 种装配操作，经最后一个工位后送入仓库；其他工位均用于传送工件（见图 6－23）。用循环移位指令实现。

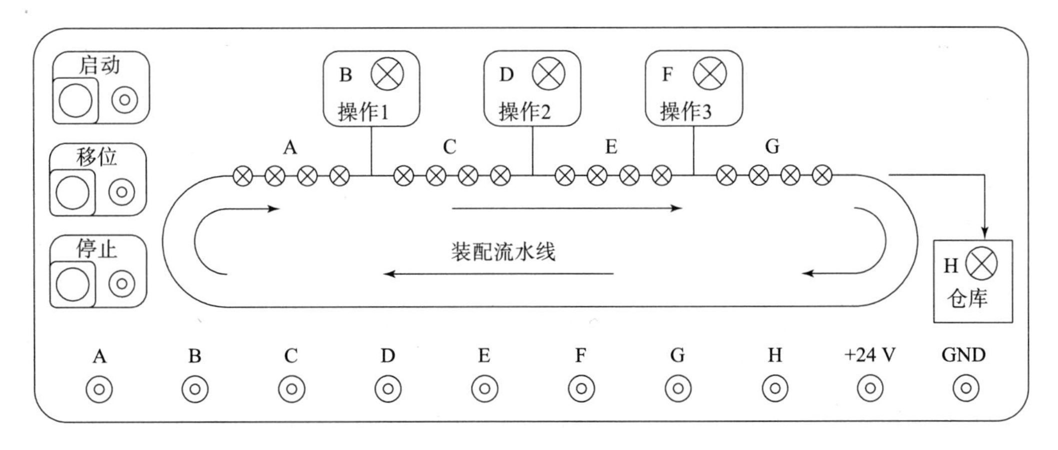

图 6－23　装配流水线控制模拟

5. 按下启动开关之后，由 8 组 LED 发光二极管模拟的八段数码管开始显示：先是一段一段地显示，显示次序依次是 A、B、C、D、E、F、G、H；随后显示十六进制数码，显示次序依次是 0、1、2、3、4、5、6、7、8、9、A、b、C、d、E、F，再返回初始显示，并循环不止，LED 数码显示控制如图 6－24 所示。

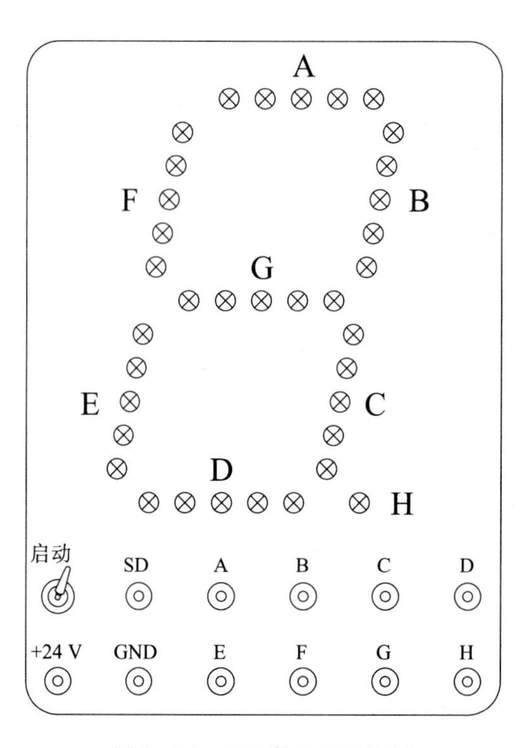

图 6－24　LED 数码显示控制

参 考 文 献

[1] 李海波，徐瑾瑜．PLC 应用技术项目化教程（S7－200）［M］．北京：机械工业出版社，2012.

[2] 侍寿永．S7－200 PLC 编程及应用项目教程［M］．北京：机械工业出版社，2013.

[3] 邱俊．可编程控制技术与应用（西门子 S7－200）［M］．北京：中国水利水电出版社，2013.

[4] 张淼，王永东．西门子 S7－200 PLC 应用技术［M］．北京：北京理工大学出版社，2017.

[5] 王永华．现代电气控制及 PLC 应用技术［M］．北京：北京航空航天大学出版社，2006.

[6] 廖常初．S7－200 PLC 编程及应用［M］．北京：机械工业出版社，2011.

[7] 程玉华．西门子 S7－200 工程应用实例分析［M］．北京：电子工业出版社，2007.